FISH REPRODUCTIVE CYCLES

海面下的性与爱

从求爱到离别的自然观察手记

〔日〕阿部秀树◎著　马　琳◎译　张　浩◎审订

北京科学技术出版社

目　录

鲽形目 /213

鲀形目 /220

枪形目 /244

乌贼目 /250

十足目 /258

序　言

生态观察就是观察生物的生存方式。除了求爱、产卵以外，生物的捕食、蜕皮等行为也大有学问。而在进行海洋生态观察时，既要尽量不给生物压力，又要避免错过它们细微的行动，从而必须集中注意力长时间潜水。

我并没有在专业学校专门学习水产学基础知识。其实，只要静下心来，通过潜水就会有许多新发现。我在很多年前就开始进行生态观察，那时还是胶片时代，因此无法随时随地确认拍摄时间。而且那时的相机也没有录像功能，无法完整地记录生物的生态行为，所以周末两天潜水时我一定会随身携带记事本，就是为了能够拍完照后立马将观察内容记录下来。不去潜水的话，我会去东京的神田旧书街和日本国立国会图书馆寻找相关的书籍和资料。看了很多论文之后我发现，来自野外观察的资料少得出乎意料。以我的写生记录和照片为基础，我在 1995 年左右开始正式做观察记录。最初的几年我在记事本上做记录，之后就开始用电脑来做记录了。

本书收录了我曾观察过数次、对其求爱等一系列行为有所了解的海洋生物。除了我的观察记录以外，本书还收录了我几位朋友准确性较高的观察记录。书中有一些照片是因为当时拍得不够清晰，之后重新拍的，所以一些观察记录的地点和照片拍摄地点不同，这一点还请包涵。此外，本书还收录了一些没有详细观察记录但行为非常有趣的物种。

大部分海洋生物的生态都是未解之谜，我们并不知道它们是如何捕食或被捕食的，又是如何生存和繁衍后代的。希望本书能为你揭秘它们的生态提供些许帮助，也能让你享受观察的乐趣并帮助你更好地摄影。

阿部秀树

关于本书

本书通过照片、解说和观察日记（有些物种未附观察日记）介绍了作者所观察、拍摄的海洋生物的繁殖行为。这些海洋生物以鱼类为主，外加无脊椎动物共 54 种。此外，本书还介绍了一些繁殖细节饶有趣味却还不为人知的物种。

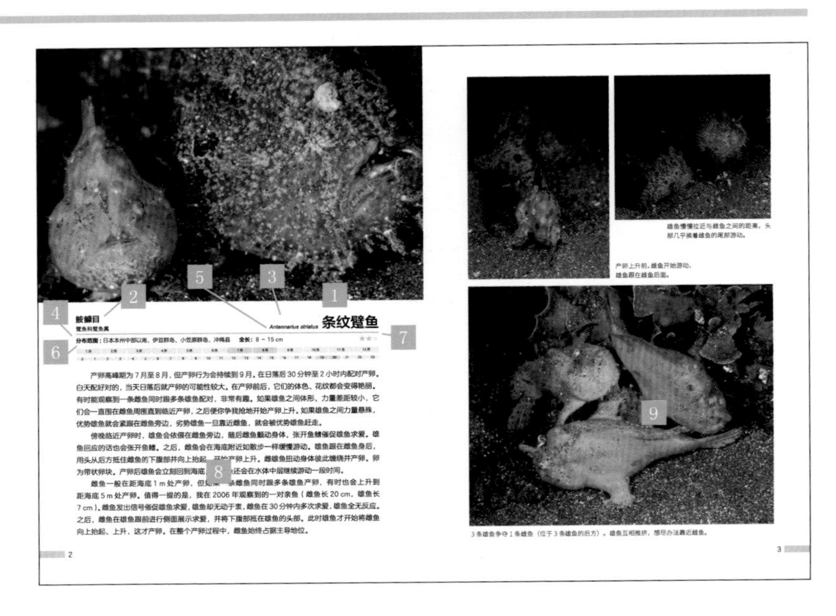

鮟鱇目

躄鱼科躄鱼属

Antennarius striatus 条纹躄鱼

分布范围：日本本州中部以南、伊豆群岛、小笠原群岛、冲绳县　全长：8 ~ 15 cm

产卵高峰期为 7 月至 8 月，但产卵行为会持续到 9 月。在日落后 30 分钟至 2 小时内配对产卵。白天配好对的，当天日落后就产卵的可能性较大。在产卵前后，它们的体色、花纹都会变得艳丽。有时能观察到一条雌鱼同时跟多条雄鱼配对，非常有趣。如果雄鱼之间体形、力量差距较小，它们会一直围在雌鱼周围直到临近产卵，之后便你争我抢地开始产卵上升。如果雄鱼之间力量悬殊，优势雄鱼就会紧跟在雌鱼旁边，劣势雄鱼一旦靠近雌鱼，就会被优势雄鱼赶走。

傍晚临近产卵时，雄鱼会依偎在雌鱼旁边，随后雌鱼颤动身体，张开鱼鳍催促雄鱼求爱。雄鱼回应的话也会张开鱼鳍。之后，雌鱼会在海底附近如散步一样缓慢游动。雄鱼跟在雌鱼身后，用头从后方抵住雌鱼的下腹部并向上抬起，开始产卵上升。雌雄鱼扭动身体彼此缠绕并产卵。卵为带状卵块。产卵后雄鱼会立刻回到海底，还会在水体中层继续游动一段时间。

雌鱼一般在距海底 1 m 处产卵，但如果一条雌鱼同时跟多条雄鱼产卵，有时也会上升到距海底 5 m 处产卵。值得一提的是，我在 2006 年观察到的一对亲鱼（雌鱼长 20 cm，雄鱼长 7 cm）。雌鱼发出信号催促雄鱼求爱，雄鱼却无动于衷，雌鱼在 30 分钟内多次求爱，雄鱼全无反应。之后，雌鱼在雄鱼跟前进行侧面展示求爱，并将下腹部抵在雄鱼的头部。此时雄鱼才开始将雌鱼向上抬起、上升，这才产卵。在整个产卵过程中，雌鱼始终占据主导地位。

2

雄鱼慢慢拉近与雌鱼之间的距离，头部几乎挨着雌鱼的尾部游动。

产卵上升前，雌鱼开始游动，雄鱼跟在雌鱼后面。

3 条雄鱼争夺 1 条雌鱼（位于 3 条雄鱼的后方）。雄鱼互相推挤，想尽办法靠近雌鱼。

3

正文的说明

1. 中文学名　　物种的正式中文名称。

2. 分类　采用最新的分类系统，有些物种的分类跟以往的不同。

3. 拉丁学名　物种的国际通用名称。

4. 分布范围　物种在日本的分布情况。

5. 大小　物种中大多数成体的大小。

6. 繁殖期　上排时间轴表示该物种大致的繁殖月份。一般水温越高，生物就越早开始繁殖，繁殖期也就越长。下排时间轴表示该物种一天内出现繁殖行为的大致时间段。▒ 表示该物种的产卵期和产卵时间段，▒、▒、▒ 分别代表交配期和交配时间段、产仔期和产仔时间段以及孵化期和孵化时间段。颜色的深浅对应该物种不同繁殖行为的活跃度，颜色越深，就意味着繁殖行为越活跃。

7. 观察难易度　作者根据自己的经验得出的观察难易度。★越多，观察难度越大。

8. 解说　作者根据观察所得对物种的繁殖行为所做的总结和说明。

9. 照片　展示了物种的繁殖行为。无特别说明的照片都是在日本静冈县大濑崎拍摄的。

观察日记的阅读方法

观察时间　本书主要收录了 2000 ~ 2004 年间的记录。

观察地点　潜水地点和该地潜点名称。潜水地点大部分为日本静冈县大濑崎（请参照第 xiv 页大濑崎潜点示意图）。

水深、水温等　观察者的下潜深度和（或）水温。部分记录还标注了当天的潮流、天气等相关信息。

潮汐　跟潮汐有关的案例记录了潮汐时刻，和潮汐可能无关的案例则省略这部分内容。满月或新月时会出现大潮，形成较大的潮位差（涨潮和退潮之间的落差），上下弦月时则会出现小潮。连续大潮之间的时长约 2 周，其间潮汐会出现大潮、中潮、小潮、长潮、若潮、中潮、大潮的周期性变化。

月龄　●代表新月，○代表满月。

图　部分物种还收录了作者在水中观察后手绘的图。

出场人物　日记中主要的出场人物如下。（除此之外，用大写字母代替的是作者的友人、熟人。）

竹女士：作者的夫人，曾在大濑崎一家名为大濑馆的潜店工作。

中村老师：中村宏治，日本水下摄影师中的翘楚。

樱井：水下摄影师樱井季己。

峰水：水下摄影师峰水亮。

山本先生：山本典暎，已故水下摄影师。他提供了星点多纪鲀的照片。

井上：井上周弥，大濑崎一家名为羽衣的潜店的现任店长。

峰田：原大濑馆员工。

相原：相原岳弘，大濑崎一家名为浜木绵的潜店的现任店长。

东野：原浜木绵员工。

深泽女士：深泽纪子，现为静冈县一家名为海童的潜店的老板兼潜导。

瓜生先生：瓜生知史，伊豆海洋公园内“潜水生活指南”潜水服务区的老板兼潜导。

奥村先生：奥村康，株式会社日本水下影像的员工。

什么是繁殖生态观察？

日本多样化的海洋环境为海洋生物提供了适宜的栖息环境

世界上四周环海的国家有很多，其中岛国日本应该大家都很熟悉了。日本被两支完全不同的大型洋流包围，这两支洋流分别是从北海道东部流入的寒流——亲潮（千岛寒流）和从冲绳方向流入的北半球规模最大的暖流——黑潮（日本暖流）。这两大洋流的水温差异就不用说了，它们的盐分浓度也不同。从外海到内海，从浅海到深海，日本的海洋种类多样，包括几乎被陆地包围的宛如巨大池塘的日本海、因众多河流流入导致盐分浓度极低的内海（东京湾、有明海等）以及世界上屈指可数的深海湾（骏河湾、相模湾、富山湾）等。从浮冰到热带珊瑚礁，从岩礁质海底到沙泥质海底……日本的海洋环境多种多样。

多种多样的海洋环境孕育了多种多样的海洋生物。日本的鱼的种类在世界上处于顶级水平这一点就是佐证。目前，在日本确认发现的海水鱼约有 3900 种，约为世界上确认发现的海水鱼种数的 25%（值得一提的是，日本的海洋面积仅占世界海洋面积的 0.1%）。这些生物不分昼夜地重复着捕食和被捕食行为，以及为了留下子孙后代而进行的繁殖行为。换句话说，日本拥有世界少有的适合人们对海洋生物进行生态观察的大海。

温带海域。从深海垂直迁移而来的独角红虾覆盖了这片海底。（和歌山县须江）

亚热带海域。沙质海底的一丛鹿角珊瑚周围聚集着三带圆雀鲷。（冲绳县）

生态观察的乐趣

生态观察的乐趣与观察的难易度或观察对象的珍稀程度都没关系。当然，在完成较难的观察工作之后的成就感是无可比拟的，如果是观察到了无人知晓、无人见过的物种就更是如此。但就算这样，也绝不能说观察常见的物种就是无聊的。雄性间围绕领地和雌性展开的争斗，雌性间为了优势雄性而展开的争斗，等等，即使是常见物种也有着活泼生动的生态行为，观察它们所获得的乐趣无穷无尽。

在学术研究中，将生物拟人化是一种禁忌。但在我的观察中，将海洋生物想象成人类能说通的事例有很多。既有雄性长期伪装成雌性来生存，也有雌性经常对雄性“动手动脚”，海洋生物的很多行为与人类的相似。它们的行为不能完全用“本能”来解释，如果单纯地称之为“繁殖战略”未免太小瞧它们了。无论你赞成与否，但把它们当成人类之后再来看它们的行为，确实很多地方就都说得通了。再也没有比解读它们的行为更有趣的事情了。并且，在一定程度上读懂这些生物的行为也有助于拍摄，这一点是毋庸置疑的。

生态观察、生态摄影难吗？

如果你想观察栖息在远离陆地的外海，或者栖息在我们没办法自由到达的深海等地方的物种，难度自然较高。因无法轻易到达而难以进行观察就不用说了，但是有很多生活在我们可以到达的海域里的物种也不容易观察到。本书收录的褐菖鲉的产仔行为，我花了整整 7 年时间才观察到，观察黑棘鲷的产卵行为我花了 9 年时间。虽然花费了很长时间，但我知道这些记录肯定会成为十分重要的资料。

生态摄影的乐趣就在于将转瞬即逝的机会变成作品。

物种不同，观察难度也各不相同。星点多纪鲀和红螯螳臂蟹等的观察工作都是在陆地上进行的，所以观察起来没那么辛苦，只要掌握好地点和月龄（月相的变化）、具体的时间，基本上就可以成功。即使是需要在水中观察的物种，像裂唇鱼、丝鳍拟花鮨、长鳍高体盔鱼等，只要找到种群聚集的地点并且掌握其繁殖的季节和具体时刻，观察工作也可以 100% 成功，换句话说就是观察难度较小。此外，像条纹鰕鱼等，只要在傍晚发现配对的亲鱼，剩下的一切交给时间就可以了，这样的物种多得出奇。魔拟鲉等即使被夜潜者的潜水灯照得通亮也会产卵。

当然，也有很多非常敏感的物种。上文提及的褐菖鲉，在产仔时就非常讨厌潜水灯的光。在意识到这一点之前的 6 年时间里，观察雌性褐菖鲉时我一直用潜水灯照射它们。在第 7 年进行无灯观察时，我才第一次看到褐菖鲉产仔的模样。不过即使只成功了一次，哪怕是偶然的，之后的观察也会轻松许多。还有过去甚至连近缘种数据都没有发表的物种，我完全不知道它们在何时、何处产卵。比如我对黑棘鲷的观察，当时唯一的线索就是我看到一条雌性黑棘鲷腹部鼓胀，明显正在怀卵。由于没有其他线索，我只能从早到晚一直跟踪它。虽然毫无把握，但我有自己的信念，想着“只要有处于繁殖高峰期的雌鱼就必定能观察到繁殖行为”，为此我不知游了多久。当然，正因如此，在观察到黑棘鲷的繁殖场景时我才更加喜悦，感觉所有的辛苦都有了回报。

适用于夜间观察的红光潜水灯

红光潜水灯在我们观察和拍摄繁殖行为时，特别是在海洋生物繁殖行为的初期阶段进行夜间观察时有很大的用处。有些物种在繁殖进入最终阶段时，我们即使用普通潜水灯照射也没关系，不过最好避免用强光直接照射。但在观察很多临近产卵时没有太大动作或是极度厌光的物种时，用红光潜水灯会有超乎想象的效果。早在 2000 年的时候，有些国家的研究人员就已经对红光潜水灯的这种特性有所了解，但当时在日本还没有人注意到。然而现在，红光潜水灯已经成为观察、拍摄鱼类繁殖行为不可或缺的工具。一般认为，使用红光潜水灯和封闭式呼吸系统（循环式呼吸器）会使拍摄效果更佳，用它们拍摄海洋生物可谓如虎添翼。

在进行生态观察时，至少需要一台红色滤光器以配合潜水灯使用。

从行为上观察

在进行生态观察的过程中十分重要的一点是，发现观察对象不同寻常甚至是不可理喻的行为。例如，本应该单独行动的物种却成对行动，虽然不彼此依偎，但也离得很近。这是很奇怪的行为。如果是肉食性动物，有这种行为就更奇怪了。平时单独行动的肉食性动物如果成对行动，就意味着食物的减少。在大自然中，不知何时才有一次的捕食机会与生物的生存紧密相关，因此当捕食退居次位时，肯定意味着有更重要的事情发生了。另外，即使是单独行动的个体，当它们不捕食，但好像在寻找什么似的或好像忽视了我们的存在一样游来游去，这时候我们就需要重点关注了。对它们来说，我们是体形数千倍大、具有威胁性的生物，忽视我们，就证明对它们来说有其他更重要的事情。也就是说，这是即将发生事关种族存续的行为的证据。再举几个具体的例子：雌鱼在捕食，雄鱼却不捕食，只是一直跟在雌鱼的后面游动；或者配好对的两条鱼彼此依偎，雄鱼用胸鳍向雌鱼发送信号——如果发生这样的情况，通常它们当天就会繁殖。当然，要想观察到这些不同寻常的行为，需要先知道它们平时的行为，这就不用我多说了。

我所观察到的海洋生物的很多行为不能单纯地用“本能”来解释。说到海洋生物在视线范围外找到异性时，很多人觉得它们是通过分泌信息素来达成的。当然，它们或许有这样的能力。但是据我观察，它们实际上很多时候是利用自然环境进行导航的。经过哪块石头后就需要迅速向右转，到达下一块石头再向左转，诸如此类，它们能准确地判断地形并加以利用。我不禁感慨这种行为跟我们人类的一样，感觉自己离它们又近了一步。还有其他例子，比如某一个物种通常是雄性向雌性求爱，我却观察到雌性向雄性求爱；又比如雌性赶跑了向自己求爱的优势雄性，跑去向弱小的雄性求爱，这样的行为我看到了不止一两次。总之我认为，用平等的视角去关注水中生物是至关重要的。

鞍斑蝴蝶鱼。蝴蝶鱼科中有很多平时就出双入对的物种。（冲绳县久米岛）

繁殖模式

本书所收录物种的繁殖模式大致可以分为单配制和多配制。有些物种有固定的繁殖模式，有些物种会根据情况选择不同的繁殖模式。单配制指从求爱到产卵（部分物种还有护卵行为）都是一雌一雄成对参与。在多配制中，雌雄不会形成明确的配对：有些物种是单个或少数雌性排卵，多个雄性追逐雌性一齐排精；也有些物种是多个雌雄个体一齐排卵排精的；还有一些物种的优势雄性有备选雌性，即使排卵排精的瞬间形成了配对，但总体来看它们的繁殖模式应该还属于多配制。

很多物种有特殊的求爱或产卵模式。有一种说法是，包括人类在内，生物在繁殖时更加辛苦或风险更大的那一方是接受求爱的一方。这一说法对大部分海洋生物都适用。例如，繁殖方式为胎生的生物，在繁殖期内雌性需要长时间挺着大腹部，即需要承受一定的风险。因此大部分情况下，雌性都是接受求爱的那一方。以下是雄性接受雌性求爱的两个例子：天竺鲷科的雄鱼会含着雌鱼产下的卵块，不吃不喝地守护直到卵孵化；雄性海马会将卵放入育儿囊，挺着大肚子直到卵孵化。

钝头锦鱼产卵时，有很多与雌鱼体色相近的IP雄性（见术语表）参与。（冲绳县久米岛）

繁殖行为发生的地点因为物种的不同而多种多样，有的在海底附近，有的在水体中层，而虾虎鱼等会在肉眼无法观察到的洞中产卵。同一类生物的繁殖模式和繁殖场所大致相似。

产卵后的护卵行为

产卵后会发生什么？在水体中层产卵的物种大部分都是产卵后就不管了，这样受精卵会随着水流分散开来，去到更远的地方，从而尽可能存活下来。

但也有些物种的亲代在卵孵化之前会对其进行保护。这些物种的护卵行为大致可以分为两类。一类是将卵产在可以作为产卵床的地方。繁殖期的生物会变得凶暴，只要发现有谁靠近产卵床，哪怕是比自己大数十倍的潜水者也会咬上去。以这种方式护卵最有名的就是绿拟鳞鲀。中国真蛸对卵的保护也很有名，为了保护自己的卵，雌性中国真蛸在卵孵化之前什么都不吃。日本北部寒带的海域中有很多体形很大的水蛸，它们会一直守护卵，时间长达半年以上。当卵孵化时，它们会因疲惫而死去。在有护卵行为的物种中，既有由雄性或雌性单独护卵的，也有雌性和雄性协同护卵的。

要是被绿拟鳞鲀咬到可就糟糕了。（冲绳县久米岛）

繁殖与潮汐的关系

潜水者应该都听说过，许多海洋生物的繁殖都受到潮汐（海水涨落）的影响。实际上，比起不好的潮汐条件（潮位差较小时），在好的潮汐条件（潮位差较大时）下能观察到更多物种（如红鳍拟鳞鲉）的繁殖行为。但是在大濑崎，在新月、满月时，大潮后的两三天是很多物种（如条纹鲣鱼、魔拟鲉等）繁殖的高峰期。日本西部的星点多纪鲀的繁殖高峰期在大潮前的两三天，日本东部的则在大潮后的两三天，这样想来实在是有趣。顺便一提，与太平洋一侧的星点多纪鲀相比，潮位差显著较小的日本海一侧的星点多纪鲀受潮汐的影响较小，在大潮前后两三天以外的日子也会产卵。潮汐的变化跟潮流密切相关。接下来看看潮流与生物繁殖行为的关系。

干潮（左）和满潮（右）。潮位差因地域和地形而不同。（静冈县川奈）

繁殖与潮流（水流）的关系

潮汐引起的海水流动就是潮流。一般而言，潮汐的潮位差越大，潮流流速越快，并且在水道狭窄或地形复杂的地方，潮流会更快、更复杂。在不同地域，潮流还受洋流、季风的影响。因此，事先了解观察地点的潮汐、潮流的情况，对观察工作是有帮助的。在大濑崎，春季和秋季，外海或岬角前端会出现非常强的潮流。有的时候，岬角前端的潮流很强，外海却几乎没有潮流；有时候却正好相反，外海潮流强劲，岬角前端却一点儿潮流都没有。另外，有时大濑崎在干潮、满潮的高峰这样潮流稳定的时候也会有较强的潮流。

潮流的强弱也会给大部分海洋生物的繁殖行为带来影响。例如，双斑尖唇鱼、远东拟隆头鱼等在白天产卵，但是比起潮流较强的时间段，潮流和缓的时候它们的繁殖行为更活跃。如果一整天潮流都很强，它们甚至不会求爱、产卵，这可能是因为在激流中排卵、排精，受精概率小。另外，如前面所述，在春季和秋季，岬角前端、外海的潮流会变得非常强。可是在这两个季节，只要潮流变暖，它们甚至会不顾光周期、潮汐的状况立刻产卵。观察发现，由于潮流的变化，通常在日落时分产卵的珠樱鮨有时也会在上午产卵。

潮流太强的时候，大部分鱼都不会产卵。但是，也有一些鱼只在潮流较强的时候产卵。我在岬角前端看到的新月锦鱼会在白天产卵，但我没有见过它们在没有潮流时产卵。潮流出现时它们开始产卵，潮流越强，其产卵行为越活跃。环带锦鱼的集体产卵行为似乎也是这样,但尚不十分明确。

大濑崎的湾内可见的微波和海面上的海洋锋（特性明显不同的两种或几种水体之间的狭窄过渡带）因潮流而起。

即使是繁殖行为不受潮汐、潮流影响的物种，也有很多会选择在潮流刚刚出现时或潮流由急变缓时一齐开始繁殖。因此，如果通过精确计量得出一张准确的潮汐表，把这张表与繁殖行为的发生时刻进行对照，应该会找到规律。如果能找到繁殖的规律，应该就能预测繁殖行为，使观察工作变得更容易。但这是一项艰巨的任务，仅凭我个人的力量是怎么都办不到的。

繁殖与时间和明暗度的关系

影响繁殖行为最重要的因素就是光的周期性，也就是时间和明暗度。如何可靠又安全地留下子孙后代是关系到种族存续的问题。多数时候，鱼类产卵的时间集中在破晓前、黄昏时或天刚黑夜行性动物正式开始活动之前。在这些时间段产卵或产仔，特别是所产的是接近透明的卵或仔鱼，是最不引人注意、最安全的。大濑崎——本书中多数物种的拍摄地点、我主要的野外观察地，就是这样的地方。

大濑崎被岬角隔开的东西两侧都有潜点。在傍晚，同一时间点岬角东侧的潜点和西侧的潜点的水下明暗度是有差别的。当然，季节不同，水下明暗度也会随之变化。甚至当天的天气（晴天还是阴天）、能见度也会影响水下明暗度。另外，即使是同一物种，也会因为在水中生活的深度不同而产生产卵时间上的差异。丝鳍拟花鮨、长鳍高体盔鱼等一般在傍晚时分开始产卵，如果在深水区它们就会提前开始产卵。随着天色渐暗，我们还能观察到生活在浅水区的丝鳍拟花鮨、长鳍高体盔鱼等产卵的样子。

黄昏是白天和夜晚的分界，是鱼类繁殖行为最为活跃的时间段之一。有一种解释是，它们在昼行性动物和夜行性动物都不活动的时间段产卵是为了保证卵的安全。

夜晚的大海跟白天的大海完全是两个世界。虽然贝类、甲壳类等无脊椎动物多为夜行性动物，但是它们的产卵行为并非只由光（日照）所决定，还受潮汐、水温、水质变化的影响。（和歌山县日高町）

海洋生物恋爱的模样

通过在水中观察众多生物，我发现它们的繁殖生态有很多模式，多种多样。并非只有强壮的雄性有繁殖的机会，也有雌性会特意选择弱小的雄性；有些生物能够依靠海底地形来导航，准确找到异性；有些生物每天都于同一时间在同一路线上巡游；有些鱼类会根据不同时间段内海水的能见度来寻找异性并求爱；还有些雌性为了让雄性能够准确找到，会集中出现在显眼的地方并停留在雄性的视线范围内……越观察，我所发现的复杂、有趣和令人感动的事情越多。而且，观察得越多，我的直觉就越灵敏，这也非常有趣。你退我进、你进我退，欺骗与被骗，这正是生态观察和摄影的乐趣所在。繁殖期正是这些海洋生物一年中最美、最耀眼的时期，希望你也能和我一起欣赏这些海洋生物恋爱的模样。

术语表

U 形求爱　雄性一边颤动身体一边重复快速下降、快速上升的动作的求爱行为。丝鳍拟花鮨就是以这样的方式求爱的。

波浪状 U 形求爱　与进行 U 形求爱的动物相似，进行波浪状 U 形求爱的动物也会一边快速上升或下降，一边颤动身体，但是后者的动作幅度非常大。这种求爱行为可见于丁氏丝隆头鱼的繁殖过程中。

侧面展示求爱　也叫“体侧夸示”，多指雄性立起背鳍棘向雌性靠近，停留在雌性的前方展示侧身来求爱的行为。这种求爱行为可见于红鳍拟鳞鲉、魔拟鲉的繁殖过程中。从雄性和雌性的位置关系看，这种求爱行为还可称为“T 形求爱”。

产卵　指受精方式为体外受精的物种，其雌性和雄性同时排卵和排精的行为；对于受精方式为体内受精的物种，则指其雌性与雄性交配后，雌性产下受精卵的行为。

产卵场　雄性的领地内一处或多处供雄性与聚集于此的雌性接连产卵的地方。

产卵床　排出附着卵的地方，如岩石、沙地、海藻、海绵等，各式各样。

产卵上升　临近产卵时，雌性和雄性一起向正上方或斜上方游动至一定高度后分别开始排卵和排精的行为。

产仔　受精卵不是被直接排出，而是发育成仔鱼后才脱离亲体，如褐菖鲉等胎生鱼直接产下幼体、海龙在育儿囊完成卵的孵化后释放幼体、天竺鲷在口内完成卵的孵化后释放幼体。还指虾、蟹将受精卵置于腹部进行保护，使胚胎在卵中发育成为幼体。幼体会在亲代释放幼体的同时从卵中孵化。

雌性访问型多配制　多个雌性一同前往一个雄性的领地，与该领地内的雄性一一配对并产卵。产卵结束后，它们又会前往下一个雄性的领地，这种繁殖模式被称为雌性访问型多配制。长鳍高体盔鱼就是以这种模式繁殖的。

雌性先熟　个体最初作为雌性发育成熟，伴随着成长变为雄性的现象。在繁殖模式为聚集型多配制的物种中常见。在这种情况下，雄性如果没有较大的体形和较强的力量则无法拥有自己的领地和繁殖机会。而雌性即便体形较小也能参与繁殖，因此由雌性变成雄性可能是因为有利于繁衍后代。成熟的雄性有的生来就是雄性，被称为“一次雄性”；有的是由雌性转变而来的，被称为“二次雄性”。雌性先熟的鱼类有隆头鱼科、鹦嘴鱼科、刺盖鱼科、鮨科等科的鱼类，其中鮨科的雄鱼都是二次雄性。

单配制　雄性个体和雌性个体在一段时间内一对一配对繁殖的模式。克氏双锯鱼就是这种繁殖模式的代表，丝尾鳍塘鳢也是以这种模式繁殖的。

复雄性　一个物种中存在两类雄性的现象，以隆头鱼科的鱼类为代表。

初期型（Initial Phase，简称 IP）：指绝大多数的一次雄性。它们的体色一般与雌性的体色相似。也被称为“IP 雄性”。

最终型（Terminal Phase，简称 TP）：指所有二次雄性和极少数的一次雄性。它们与绝大多数一次雄性和雌性的体色不同，有着十分华丽的体色。也被称为“TP 雄性”。

混群 不同种类的鱼混在一起形成群体的现象。这种现象存在的真正意义还不明确，但在饵食（浮游生物）密度大的地方常见。在大濑崎的岬角就可以见到。

集体产卵 一个或少数雌性排卵，同时多个雄性一齐排精的行为。在环带锦鱼或断带紫胸鱼等的繁殖过程中可以见到这种产卵行为。

聚集型多配制 这种繁殖模式与雌性访问型多配制和雄性访问型多配制不同，以这种模式繁殖的物种，雄性个体的领地内有多个雌性，原则上领地雄性只与领地内的雌性产卵。领地雄性越强大，它的领地就越稳定。在其领地中，只有它可以跟多个雌性产卵。而不够强大的领地雄性的领地往往不稳定，因为领地对它来说过大，或对它来说领地中栖息的雌性密度过大，导致它巡游的范围无法覆盖整个领地和其中的全部雌鱼。这给了没有领地的劣势雄性可乘之机，它们混入其中得到了与领地内雌性产卵的机会。

螺旋上升行为 配对的亲鱼呈螺旋状上升的行为。裂唇鱼有这样的产卵行为。它们仿佛在将自己的繁殖行为广而告之一样，即使在大型肉食性鱼类附近，它们也会慢慢地螺旋上升。只是在产卵的瞬间，雄鱼才会将下颌放到雌鱼头的后部，然后它们会一起向没有其他鱼的地方行进并产卵。

配对产卵 雄性、雌性配成一对产卵的行为。远东拟隆头鱼、红鳍拟鳞鲉通常配对产卵，但有时也会有采取偷袭逃跑策略的劣势雄性参与产卵。

接吻行为 雌性和雄性面对面像接吻一样互啄的行为，在雀鲷科鱼类的繁殖过程中常见。做出此行为，可能是雄性在催促雌性排卵。

倾斜晃动求爱 雄性在水体中层倾斜身体，像被波浪轻轻拂动一般游动并向雌性求爱的行为。在长鳍高体盔鱼的繁殖过程中可以见到这种求爱行为。

求偶空间 雄性求爱的区域。繁殖期，很多雄性聚集在某一区域，各自拥有一块领地，向进入领地的雌性求爱。一般是优势雄性与多个雌性产卵，但也有劣势雄性会参与优势雄性和雌性的产卵。

群聚行为 领地雄性在产卵后暂时聚集在一起的行为。背斑拟鲈在产卵后聚集一段时间就会各自回到原来的领地。此行为可能是雄性为了了解竞争对手的数量和评估它们的状态而产生的。

群落 群落中有固定的秩序和精妙的体制，生活在其中的个体与他种、同种的个体都存在竞争关系。

入侵雄性 没有领地的劣势雄性。它们会潜入其他雄性的领地，侵占此领地的雌性。

跳跃行为 白尾光鳃鱼的雄鱼通过快速上升、快速下降的动作向雌鱼求爱，并通知雌鱼产卵床已经准备好的行为。

偷袭抢占式产卵 没有领地的劣势雄性趁领地雄性不备向雌性求爱并与之配对的行为。但雌性在面对领地外雄性的求爱时一般比较慎重，因此成功产卵的概率较小。

偷袭逃跑式产卵 没有领地的劣势雄性挤进领地雄性和雌性之间参与繁殖的行为。劣势雄性偷偷潜入领地雄性的领地，并隐藏起来等待领地雄性向雌性求爱。待它们进入产卵阶段，劣势雄性便以迅雷不及掩耳之势快速参与配对，在领地雄性排精的瞬间同时排精，然后逃跑。

雄性访问型多配制 雄性前往一个雌性的领地产卵，产卵结束后前往下一个雌性的领地产卵的模式。日本美尾䲁、裂唇鱼就是以这种模式繁殖的。

雄性先熟 个体首先作为雄性发育成熟，在地位处于优势时变成雌性的现象。克氏双锯鱼以及鲬科、平鲷亚科的鱼类就是这样。克氏双锯鱼出生时都是雄鱼，随着成长，群体中体形最大的个体会转变为雌鱼，与群体中第二大的个体配对产卵。它们之所以采用这种模式，是因为雌鱼的体形大小决定着其排卵的数量。因此，在体形还很小的幼年时期，克氏双锯鱼会以雄鱼的形态参与繁殖，等长到体形足够大后再转变为雌鱼，这样可以更有效率地留下更多的后代。鱼类中还有可以进行雌雄双向性转换的种类，已知的有副叶虾虎鱼属的鱼类等。

震动求爱 像痉挛一样微微颤动身体来求爱的行为。丝鳍拟花鮨的雄鱼在求爱的最后阶段会有这样的行为。

大濑崎潜点示意图

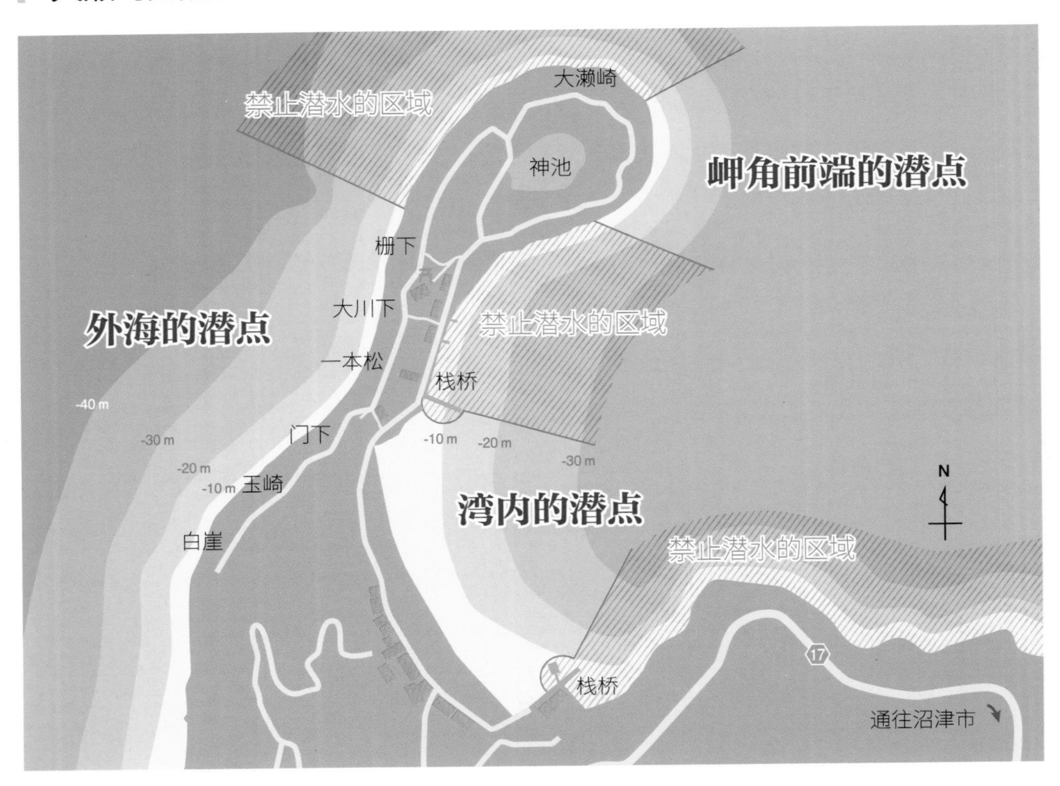

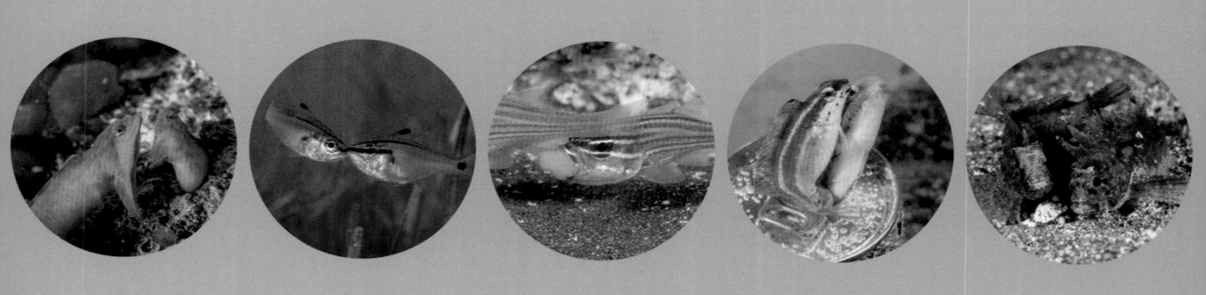

从求爱到离别的
自然观察手记

鮟鱇目
躄鱼科躄鱼属

Antennarius striatus # 条纹躄鱼

分布范围：日本本州中部以南、伊豆群岛、小笠原群岛、冲绳县　**全长：**8 ～ 15 cm

1月	2月	3月	4月	5月	6月	7月	8月	9月	10月	11月	12月

0	1	2	3	4	5	6	7	8	9	10	11	12	13	14	15	16	17	18	19	20	21	22	23

产卵高峰期为 7 月至 8 月，但产卵行为会持续到 9 月。在日落后 30 分钟至 2 小时内配对产卵。白天配好对的，当天日落后就产卵的可能性较大。在产卵前后，它们的体色、花纹都会变得艳丽。有时能观察到一条雌鱼同时跟多条雄鱼配对，非常有趣。如果雄鱼之间体形、力量差距较小，它们会一直围在雌鱼周围直到临近产卵，之后便你争我抢地开始产卵上升。如果雄鱼之间力量悬殊，优势雄鱼就会紧跟在雌鱼旁边，劣势雄鱼一旦靠近雌鱼，就会被优势雄鱼赶走。

傍晚临近产卵时，雄鱼会依偎在雌鱼旁边，随后雌鱼颤动身体，张开鱼鳍催促雄鱼求爱。雄鱼回应的话也会张开鱼鳍。之后，雌鱼会在海底附近如散步一样缓慢游动。雄鱼跟在雌鱼身后，用头从后方抵住雌鱼的下腹部并向上抬起，开始产卵上升。雌雄鱼扭动身体彼此缠绕并产卵。卵为带状卵块。产卵后雄鱼会立刻回到海底，但雌鱼还会在水体中层继续游动一段时间。

雌鱼一般在距海底 1 m 处产卵，但如果一条雌鱼同时跟多条雄鱼产卵，有时也会上升到距海底 5 m 处产卵。值得一提的是，我在 2006 年观察到的一对亲鱼（雌鱼长 20 cm，雄鱼长 7 cm）。雌鱼发出信号催促雄鱼求爱，雄鱼却无动于衷，雌鱼在 30 分钟内多次求爱，雄鱼全无反应。之后，雌鱼在雄鱼跟前进行侧面展示求爱，并将下腹部抵在雄鱼的头部。此时雄鱼才开始将雌鱼向上抬起、上升，这才产卵。在整个产卵过程中，雌鱼始终占据主导地位。

雄鱼慢慢拉近与雌鱼之间的距离，头部几乎挨着雌鱼的尾部游动。

产卵上升前，雌鱼开始游动，雄鱼跟在雌鱼后面。

3 条雄鱼争夺 1 条雌鱼（位于 3 条雄鱼的后方）。雄鱼互相推挤，想尽办法靠近雌鱼。

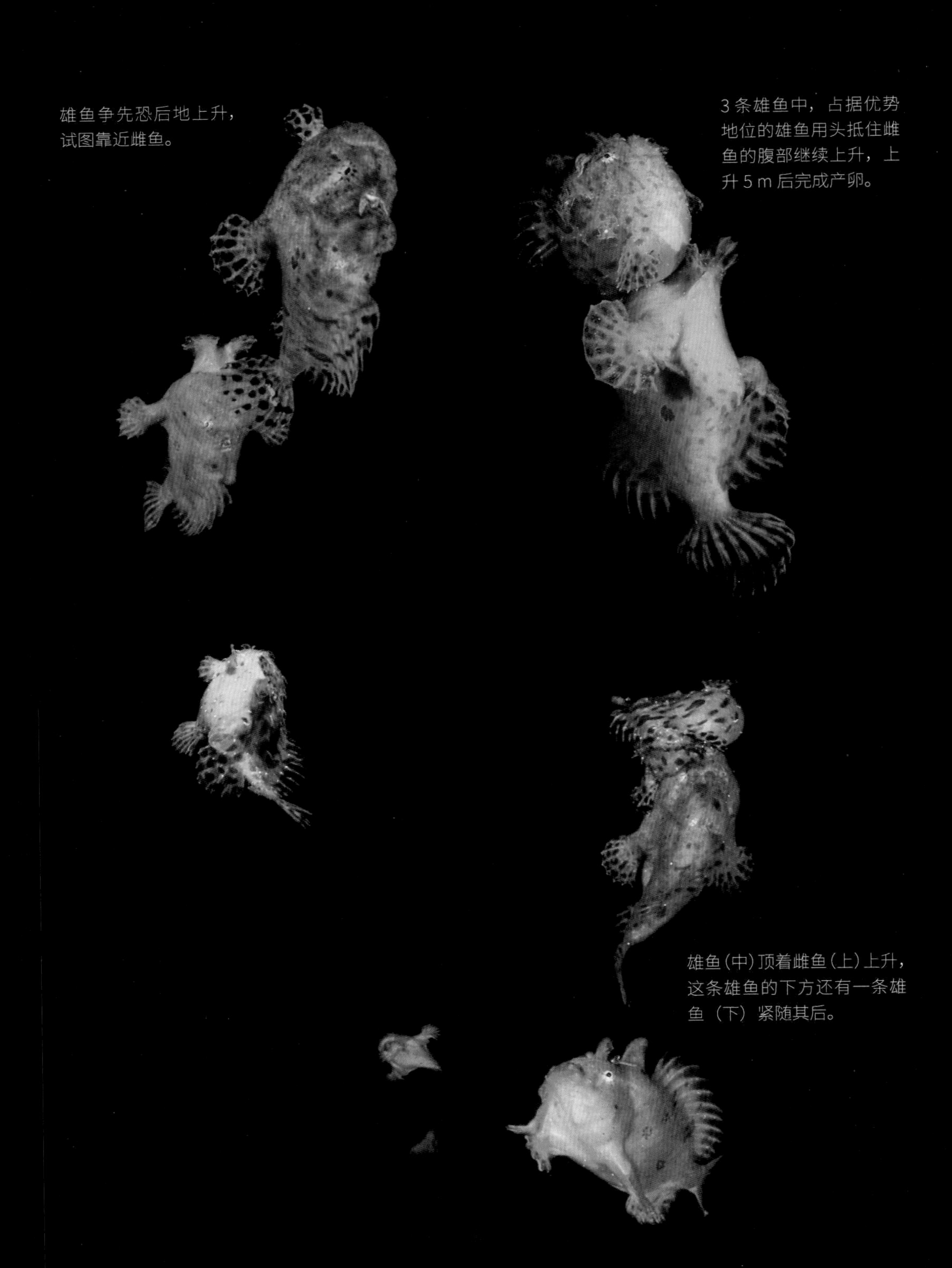

雄鱼争先恐后地上升，试图靠近雌鱼。

3 条雄鱼中，占据优势地位的雄鱼用头抵住雌鱼的腹部继续上升，上升 5 m 后完成产卵。

雄鱼（中）顶着雌鱼（上）上升，这条雄鱼的下方还有一条雄鱼（下）紧随其后。

观察日记

2000.7.1

大濑崎的湾内左侧 −6 m 19:30 ●前1天（大潮） 满潮17:45 干潮23:29

图1 1条♀、3条♂从白天开始就呈团簇状。我用引导棒将♀稍稍引开，几条♂就争先恐后地抢着骑在♀上面。19:20，它们依旧呈团簇状待在距白天的观察地点约2 m的地方，大概10分钟之内一直未动。19:30，♀打头，3条♂紧随其后，它们在海底附近像行走一样缓慢游动了2 ~ 3 m。之后，♀几乎垂直游向水面，3条♂转着圈在后面追赶。♀上升了约50 cm后，离♀最近的♂将头抵在♀的腹部上升，其他♂也跟着上升。上升到距海底3 ~ 4 m的地方，体形最大的♂占据优势地位，与其他♂上下排列继续上升了1 m左右，好像就在此处产卵了。当天水下能见度大概只有0.3 m，因此我未能清晰地观察到产卵过程。这应该是田野调查中条纹鳚鱼产卵行为首次被记录。

以这些观察信息为基础，K、相原等人也进行了观察，并观察到了条纹鳚鱼的产卵过程。信息的公开促使更多观察案例诞生，有助于提高人们对海洋生物产卵行为的认知度以及认知的准确性。因此，信息公开是很重要的，这一点在对褐菖鲉等物种的观察中也得到了证实。

2001.7.22

大濑崎的湾内 −10 m ●1天后（大潮） 满潮19:27 干潮1:04（次日）19:45，竹女士发现了一对即将产卵的亲鱼。

2001.7.28

大濑崎的湾内 弦月2天后 −15 m 干潮18:38 满潮0:22（次日） 19:54左右，井上和竹女士在距海底2 ~ 3 m处发现了一对正在产卵上升的亲鱼。

2002.6.20

大濑崎的湾内 峰田发现一对亲鱼（长均为8 cm左右）。据说♀已经处于怀卵状态了。

2003.6[①]

大濑崎的湾内右侧 相原发现了一对亲鱼。今年真早。

2003.7.26

大濑崎的湾内中央 −14 m 水温21°C ●3天前（中潮） 干潮16:51 满潮22:21 **图2** 根据相原提供的信息，我在大濑崎的湾内中央看到了一对亲鱼（♀长18 cm，♂长12 cm），它们正依偎在一起。腹部圆鼓鼓的♀稍微动一下，♂就紧追其后。16:00观察时还是一样的状态。日落后，我和竹女士一起从19:30开始观察。一开始，两条鱼并排挨着，一动不动。19:40左右，♀开始游动，♂也跟着游动起来，然而♂并没有真正求爱。♀颤动身体将沙土卷起，看起来在催促♂求爱。之后，♀展开所有鳍向♂展示，♂做出回应，也将鳍展开。♀将尾部抬起，貌似在向♂展示泄殖孔，此时♂将头贴到♀的下腹部。19:50，♀开始游动，♂把头贴在♀的下腹部追随着♀离开了海底。在离开海底的过程中它们又变成了♂用头顶起♀的状态，并开始产卵上升。在上升了大概1 m后，♂和♀扭动身体完成产卵。卵为凝集浮性卵，卵块呈带状。产卵时，♀从泄殖孔中排出了像粪便一样的东西。产卵后，♂慢慢回到海底。♀则在排卵的地方（水体中层）转着圈游动了数秒，然后下降到海底，停在距♂大概20 cm的地方。♀朝浅水处游动了0.5 m左右，♂也跟了过去。之后，♀又继续向浅水处游动，这次♂没有跟过去。

① 原书中未记录具体日期。——编者注

雄鱼（下）托举着雌鱼开始产卵上升。

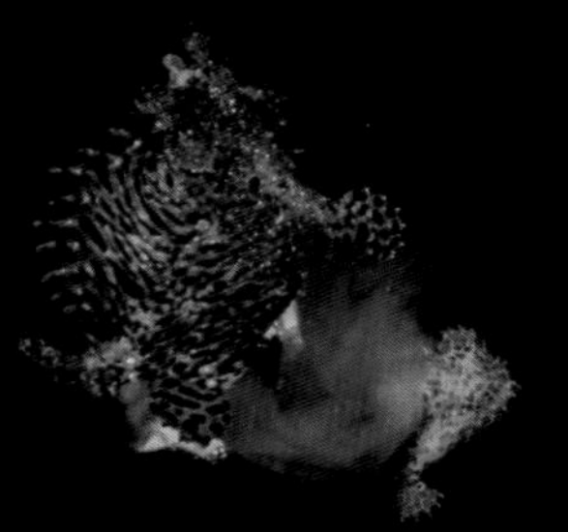

产卵的瞬间。雌鱼一排卵（卵块呈带状），雄鱼就开始排精。

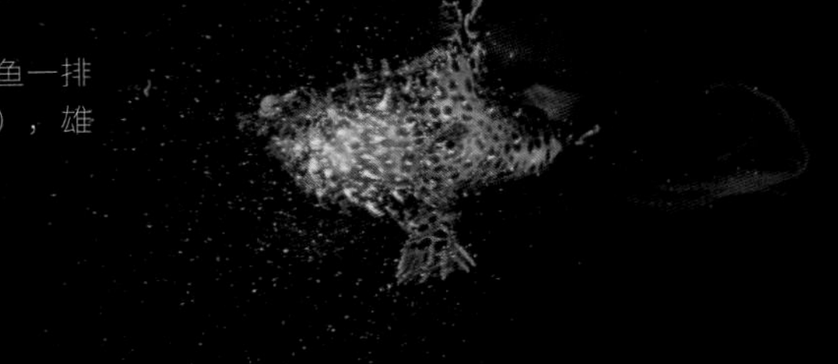

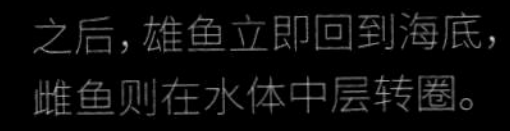

之后，雄鱼立即回到海底，雌鱼则在水体中层转圈。

图 1

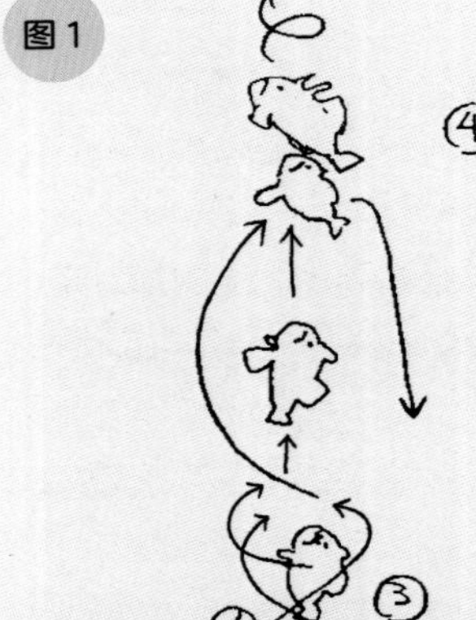

④19:30 产卵

① 从傍晚开始 4 条鱼就聚集在一起。
② ♀最先开始行动，3 条♂紧随其后。
③ ♀开始上升，3 条♂便转着圈追赶。
④ 19:30 产卵。之后，♀自己一边转圈一边上升。

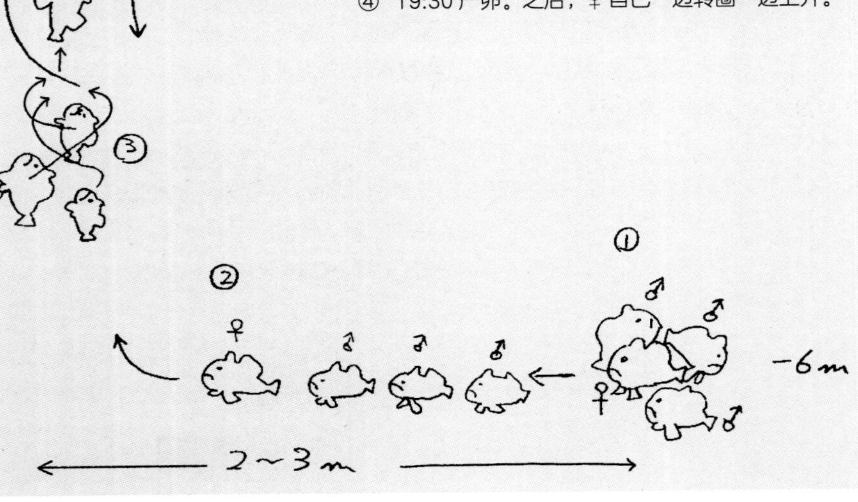

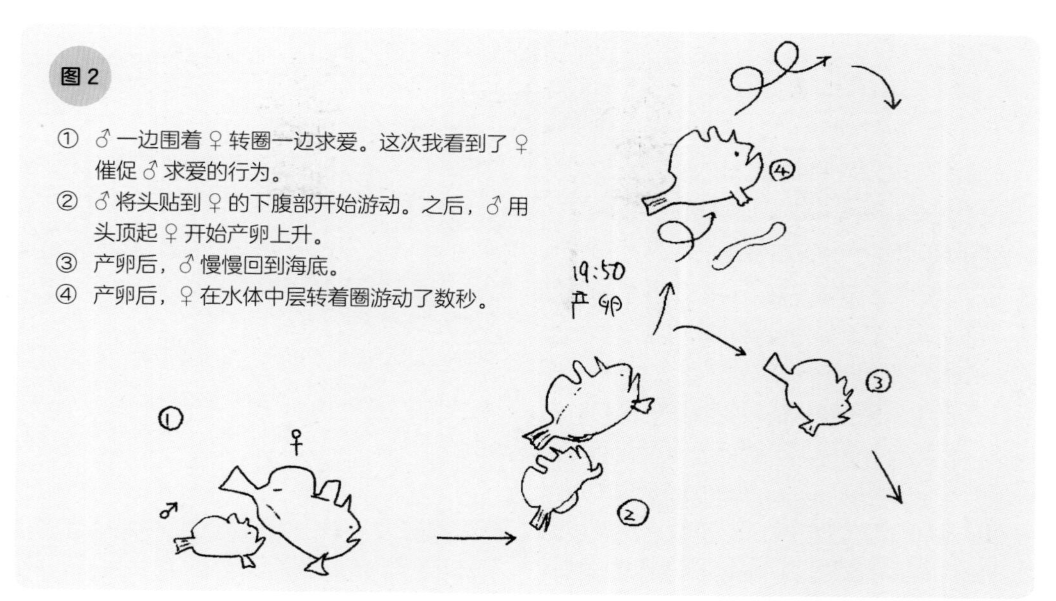

图 2

① ♂一边围着♀转圈一边求爱。这次我看到了♀催促♂求爱的行为。
② ♂将头贴到♀的下腹部开始游动。之后，♂用头顶起♀开始产卵上升。
③ 产卵后，♂慢慢回到海底。
④ 产卵后，♀在水体中层转着圈游动了数秒。

2003.8.14	大濑崎的湾内　○ 2 天后（大潮）　根据东野提供的信息，当天夜里好像有产卵行为。
2003.8.23	大濑崎的湾内　−10 m　水温 25°C　7 月 26 日产卵的那对亲鱼又开始配对了，但我没有看到产卵。
2003.8.30	大濑崎的湾内　−11 m　水温 21°C　我在 8 月 23 日观察到的那对亲鱼再次出现。我从上午开始断断续续地观察，到了傍晚它们就行踪不明了，我不得不放弃观察。
2004.8.14	大濑崎的湾内　−14 m　水温 26°C　我们在大濑馆前的碎石地带发现了一对亲鱼，♀腹部鼓鼓的。我和东野以及一位兼职的工作人员一起观察了一会儿，之后我就去观察魔拟鲉了，他们二人继续观察，直到 20:55 也没有看到产卵。
2004.8.15	大濑崎的湾内　−14 m　水温 26°C　15:00 左右，我看到了昨天的那对亲鱼。好像还没有产卵，期待今晚。19:07，我到达碎石地带观察，但♀的腹部变瘪了，产卵已经结束了——极有可能在 19:00 之前就结束了产卵。当天从早上开始就一直要下雨的样子，因此傍晚水中非常暗，提前产卵可能是受到了天色的影响。
2004.9.4	大濑崎的湾内　−7 m　水温 26°C　20:30，M 观察到了产卵。

长不足 3 cm 的幼鱼。幼鱼结束 1 ～ 2 个月的浮游生活后，会在约 10 个月大的时候沉降到海底生活。

恋爱模样不为人知的鱼儿们

蠕纹裸胸鳝

虽然有过几次好机会，但我至今仍未观察到蠕纹裸胸鳝的产卵行为。蠕纹裸胸鳝不是什么稀奇的鱼，而是温带海域的常见种类，但是它们的繁殖生态却不为人知。日本广播协会（NHK）近年的节目中虽然也介绍过这种鱼的繁殖生态，但其细节仍是未解之谜。

我在某天下午稍晚的时候曾看到过配对的亲鱼。这对亲鱼在一段时间内一直若即若离，好像并不在意对方的样子。但是到了傍晚时分，看起来是雄鱼的个体体色开始变化，从暗淡的浅黄色变成了深黄色。之后，雄鱼开始靠近雌鱼，我还能看到它们互相缠绕的动作。然后雄鱼戳了一下雌鱼并轻咬它。对于雄鱼的行为，刚开始雌鱼看起来并不喜欢，但之后两条鱼紧紧地缠绕在了一起。它们之后的行为就不得而知了。日落后过了一会儿，当我潜至同一个地点时，它们已经分开了，看样子是在日落时分产卵的。

蠕纹裸胸鳝虽然较常见，但其繁殖生态的细节却被重重迷雾包裹着，不为人知。

15:00，看起来是雌鱼的个体正在接受猬虾的“清洁服务”。雄鱼只是目不转睛地看着这一幕。

一对亲鱼中的雄鱼在日落前体色会有很大的变化，并且两条鱼的身体会缠绕在一起

海龙鱼目

海龙科海马属

Hippocampus sindonis 苔海马

分布范围： 日本千叶县以南的太平洋一侧和能登半岛以南的日本海一侧至冲绳县、伊豆群岛 **全长：** 8 ~ 10 cm ★★★

1月	2月	3月	4月	5月	6月	7月	8月	9月	10月	11月	12月

0 1 2 3 4 5 6 7 8 9 10 11 12 13 14 15 16 17 18 19 20 21 22 23

产卵高峰期为6月至8月。产卵当天，雌性会出现在雄性附近。临近产卵时，雌性会靠近雄性。有育儿经验的雄性会多次用水清洗育儿囊。最开始，雄性先游动，雌性在后面追。然后它们的尾部缠绕在一起，雌性稍稍在上，将泄殖孔抵在雄性的育儿囊处，将卵排入育儿囊。雌性的下腹部有泄殖孔张开，雄性的上腹部有育儿囊，所以雌雄很好分辨。求爱时，通常雌性比较主动。产卵多发生在7:00之后至15:00之前这段时间内，我还没有观察到15:00以后产卵的案例。

雄性大部分在日出时分产仔。产仔前，雄性的育儿囊会鼓到“用针挑一下就破”的状态。但这样的状态会维持几天，因此我们很难准确预测产仔时间。临近产仔时，雄性会不断开合育儿囊，让水流入育儿囊，并将身体向前倾，接着就会产仔。

苔海马的体色、体形差异很大，其中有一些会让人联想到龙。

产卵前，雄性（右）会大大张开育儿囊。

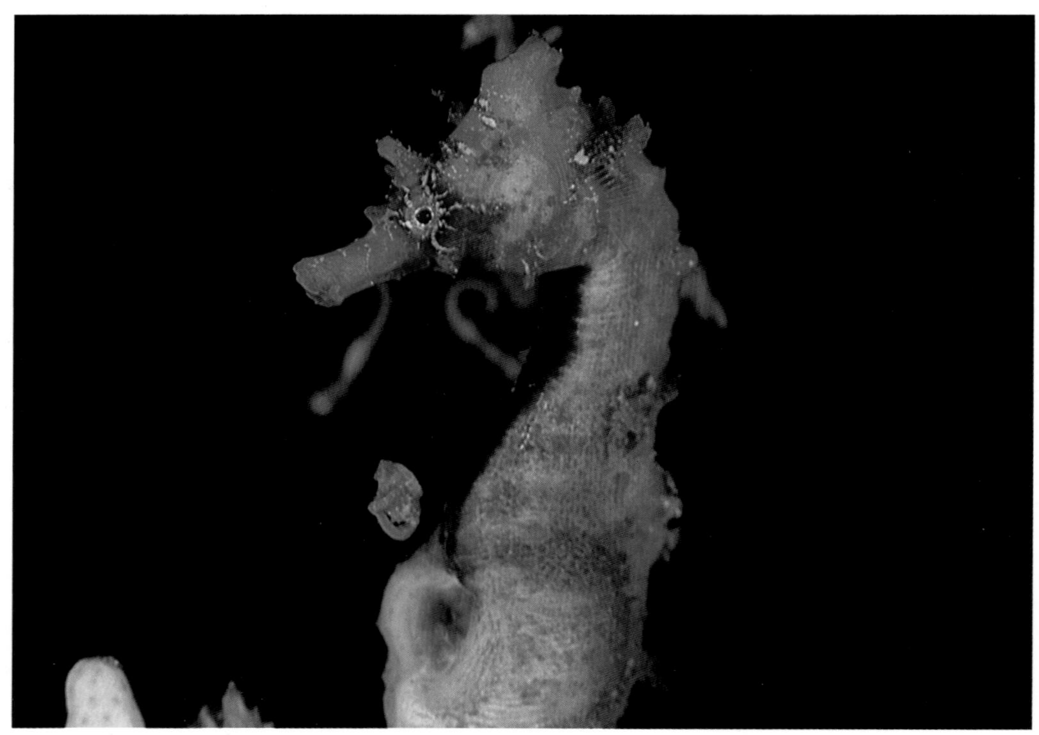

产仔多在日出时分进行，偶尔也会延后。刚出生的稚鱼个头就非常大。（摄影：赤堀智树）

观察日记

2003.6.7	大濑崎的门下　−23 m　水温 21 ℃　我观察到一只腹部很鼓的♂，是 5 月 31 日发现的那只，当时它的腹部就已经鼓起来了。次日（6 月 8 日）7:00 去确认时，我没有看到这只♂产仔。往下游了 2 m 后发现了两只，应该都是♀。
2003.6.14	大濑崎的门下　水温 21 ℃　我继续上周的观察。7:15 开始观察。♂所在的位置与上周的相同，它的腹中线隐约可见。♀所在的位置也几乎和上周的一样。
2003.6.15	大濑崎的门下　水温 21 ℃　我从 7:10 开始观察。♂的腹部鼓到几乎看不到腹中线了。♀的位置和昨天的一样。
2003.6.16	大濑崎的门下　水温 21 ℃　峰田从 15:00 开始观察。但是昨天观察的♂已结束产仔，腹部也完全瘪了，应该是在清晨产的仔。已经有♀开始向它求爱了。
2003.6.17	大濑崎的门下　水温 21 ℃　7:00，大濑馆的工作人员开始观察，但是之前观察到的那对亲鱼已经分开了。♂（昨天产仔的那只）腹部鼓起，貌似是在昨天 16:00 至今天 7:00 这段时间内完成交配、产卵的。这只♂下次产仔的时间应该在 7 月 1 日至 7 月 3 日。
2003.7.5	大濑崎的门下　水温 19 ℃　我看到一只怀卵的♂（应该刚刚怀卵）和两只♀。
2003.7.18	大濑崎的门下　水温 20 ℃　看样子早晨已经产完仔了。
2003.10.5	大濑崎的门下　−24 m　水温 23 ℃　我看到了正在怀卵的♂，但它应该还需要一段时间才会产仔。我还在附近看到了黄色的♀。
2005.8.2	大濑崎的栅下　−16 m　水温 21 ℃　11:08，我开始观察缠在软珊瑚上的一对苔海马，其中♂的腹部鼓鼓的，像要被撑破了一样。它们并排倚靠在一起，♂在微微颤动身体，所以我以为♂马上就要产仔了，但是♀就依偎在旁边，实在是奇怪！之后♂的育儿囊开始变瘪、变皱。过了 1 ～ 2 分钟，不知是不是因为水流了进去，♂的育儿囊又变得圆鼓鼓的。之后我还观察到两次育儿囊变皱然后让水流进去的行为。♀一游动，♂就会追过去并靠在♀旁边。11:20 左右，它们同时离开软珊瑚开始在水中游动，并将腹部顶在一起，但是否产卵不得而知。此时，♂和♀的尾部缠绕在一起。游了大概 20 秒，它们又回到了刚才的软珊瑚处。之后它们再次重复♀一动♂就追过去、缠绕♀尾部并靠在♀旁边的行为。♂张开育儿囊好几次，张得非常大，里面什么都没有。然后，♂和♀尾部缠在一起，吻部靠近，并同步缓缓上下移动头部。这个动作就像丹顶鹤经常做的抬头动作一样，我看到了好几次。12:00 左右，两只苔海马又将尾部缠绕在一起，离开软珊瑚开始游动，♀稍微在上面一点儿，将泄殖孔对着♂的育儿囊开始排卵。排卵后，♂和♀的尾部分开，各自回到了软珊瑚处。这个时候为了减压，我开始上升，竹女士又继续观察了几分钟。据说，回到软珊瑚的这对苔海马没有再靠在一起，也没有再互相表示关心。通常苔海马的产卵都是由雌性主导的，但这次我观察到的完全是由雄性主导的。不知道该说不可思议还是该说什么。 这天在此之前我还拍到了水纹尖鼻鲀的产卵行为，傍晚拍到了黄带鹦天竺鲷的产卵行为和蠕纹裸胸鳝的求爱行为，简直太走运了！要是每次都能有这样的收获就好了。可惜世上没有这样的好事呀！

鲉形目

平鲉科菖鲉属

Sebastiscus marmoratus **褐菖鲉**

分布范围：日本北海道南部以南至九州、伊豆群岛　**全长：**15 ~ 30 cm　★★★

1月	2月	3月	4月	5月	6月	7月	8月	9月	10月	11月	12月

0 1 2 3 4 5 6 7 8 9 10 11 12 13 14 15 16 17 18 19 20 21 22 23

交配高峰期为 9 月下旬至 11 月中旬，一般在 16:00 之后至 19:00 之前这段时间内交配。在大濑崎的湾内，从浜木绵前面到羽衣前面的这段海底陡坡是最适合观察的。因为繁殖方式不是体外受精，所以繁殖行为跟潮汐无关，时间才是重要的影响因素。9 月下旬至 10 月中旬，交配发生的时间较晚，多在 18:00 左右。10 月中旬以后则多在 17:00 左右，到 11 月中旬就提前到 16:00 左右了。这应该是因为日落时间提前了。雄鱼的领地内有多条雌鱼，雄鱼会一边向雌鱼求爱一边巡游。求爱时雄鱼先来到雌鱼旁边，然后交替靠在雌鱼的左侧和右侧，并微微颤动身体。做好交配准备的雌鱼会待在岩石表面或沙地等开阔的地方，未做好准备的雌鱼则会待在岩石后面或洼地。临近交配时，雌鱼会“打哈欠”。这个就是准备好了的信号，于是雄鱼的求爱越发活跃。只要雌鱼稍微动一下，雄鱼就会马上来到旁边，然后它们一同上升。交配发生在一瞬间，之后雄鱼就会用胸鳍“抱住”雌鱼，这是为了防止注入雌鱼体内的精子流出。

产仔的时间为交配的数月后。产仔高峰期为当年 12 月中旬至次年 2 月中旬，一般在日落后产仔。比起观察和拍摄交配，观察和拍摄产仔的难度要高得多。快要产仔的雌鱼多待在岩石上，此时它们腹部隆起，泄殖孔呈鼓肚脐状，呼吸也很急促，临近产仔时不断地看向上方。然后，雌鱼会以较小的倾斜角度向上游一小段，之后马上开始垂直上升，同时从泄殖孔释放仔鱼。红光潜水灯照射下的产仔场景真的美极了。

在领地巡游的雄鱼之间的争斗。雌鱼之间也有争斗。

优势雄鱼（左）正将战败的雄鱼（右）从自己的领地赶走。

进入繁殖期，雄鱼之间的争斗变得更加激烈。连着几天与对手互相撕咬，这条领地雄鱼头部受了伤，甚至嘴都歪了。

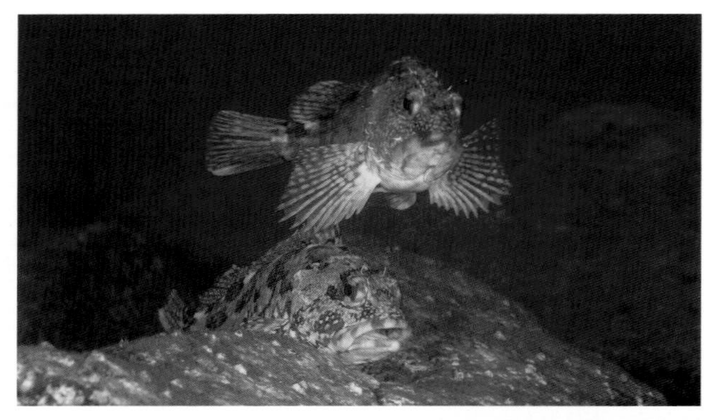

雄鱼（下）在领地内巡游，并向雌鱼（上）求爱。

对于雄鱼的求爱，雌鱼会用“打哈欠”来回应。“打哈欠”是雌鱼接受求爱的信号，基本上之后的 10 分钟内雌雄鱼就会交配。

临近交配时，雄鱼（左上）会从雌鱼（右下）的后上方靠近，在雌鱼左右两侧交替颤动身体并求爱。雄鱼用胸鳍“抚摸”雌鱼的背部就是马上要交配的信号。雌鱼如果没有准备好，会像逃走一样当场离开。

交配虽然发生在一瞬间，但是雄鱼会保持用胸鳍“抱住”雌鱼的姿势，防止精子从泄殖孔流出。这个姿势会保持几秒，为我按快门提供了好机会。

交配时流出来的精子。

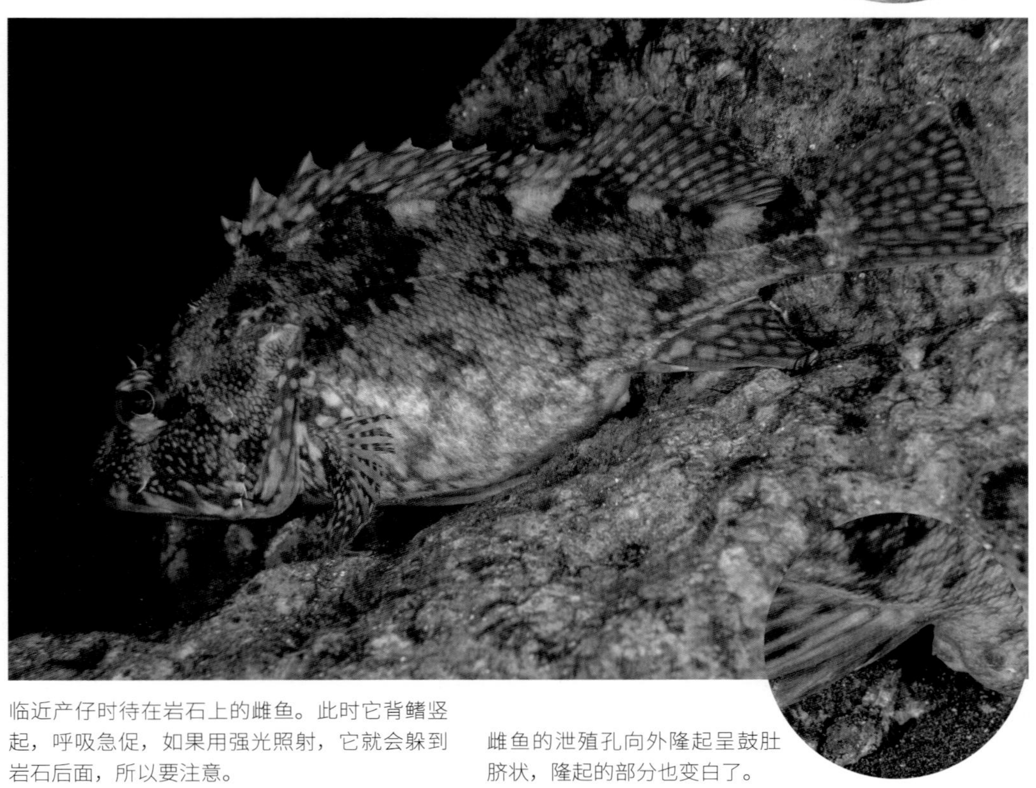

临近产仔时待在岩石上的雌鱼。此时它背鳍竖起，呼吸急促，如果用强光照射，它就会躲到岩石后面，所以要注意。

雌鱼的泄殖孔向外隆起呈鼓肚脐状，隆起的部分也变白了。

为了产仔开始游动的雌鱼。它的泄殖孔已经打开。

褐菖鲉产仔时的模样。雌鱼一边垂直上升一边产仔（呈烟雾状的就是被释放的仔鱼）。雌鱼产仔时非常敏感，极度厌光。这次观察是将红光潜水灯调暗后进行的。

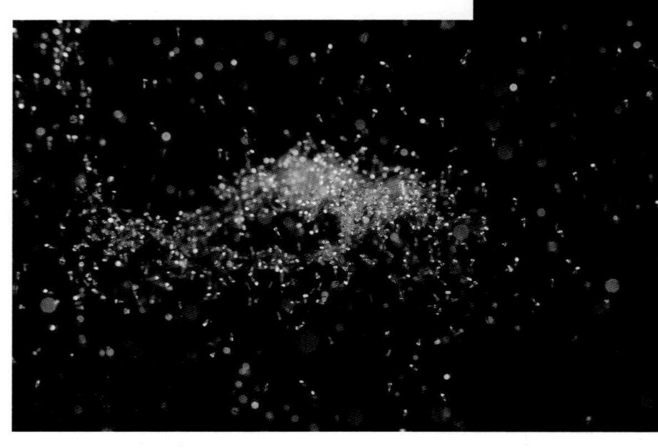

褐菖鲉一次会产下 3 万至 8 万条仔鱼。
刚出生的仔鱼长约 3 mm。

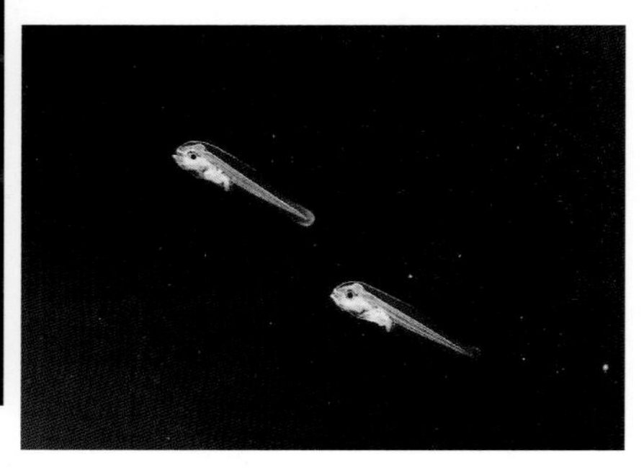

被释放的仔鱼四散开来。

观察日记

2000.11.4　大濑崎的湾内　−6 m　满潮 11:44　干潮 17:29　图1 16:45 我观察到了交配。

2002.10.20　大濑崎的湾内　−6 m　水温 22 ℃　○ 1 天前（大潮）　干潮 10:58　满潮 17:03　我从 16:00 开始观察，从大濑馆前的沉箱[①]到羽衣前的海底陡坡中下部都没发现要交配的个体。16:30 我开始观察大濑馆前面的右侧。16:35，我在浜木绵前面发现一条♂（①♂，长 16 cm）正在向一条♀（①♀，长 20 cm）求爱。①♂几次骑在①♀上面扇动胸鳍求爱，但①♀逃到了碎石地带。之后，附近又出现一条♂（②♂，长 30 cm）。②♂向①♀靠近，但①♀没有理睬它。②♂又开始在周围巡游，16:45，它靠近岩石间沙地上的一条♀（②♀），但是也被无视了。1 ~ 2 分钟后，另一条♀（③♀，长 20 cm）来到了附近的岩石上。②♂游到岩石上，骑在③♀身上扇动胸鳍开始求爱。这个动作重复几次后，16:56 两条鱼依偎着开始游动，以约 15° 角斜向上游了 1 m 左右后，相互对准腹部并转圈。它们在水体中层停留了约 1 秒多，进行了交配。这次没有看到精子流出。

2002.10.23　大濑崎的湾内　16:30 左右，M 看到了交配。

2002.11.9　大濑崎的湾内沉箱左侧　−6 m　水温 16 ℃　● 4 天后（中潮）　我看到♂按照常见的方式求爱，它从后方骑到♀身上，用胸鳍发送求爱的信号。16:25 左右，它们交配了。

2002.11.10　大濑崎的湾内大濑馆前　−3 m　水温 16 ℃　● 5 天后（中潮）　16:10 左右，我看到了交配。♂的求爱和往常不同，但这次♀如同回应♂一般，扇动了数次胸鳍。以前我也看到过类似的动作，但这次看得非常清楚。

2002.11.30　大濑崎的湾内　−8 m　水温 19 ℃　我发现了两对亲鱼，它们将尾鳍挨在一起呈八字状。体形较大的个体（性别不明）在用尾鳍发送信号，但是不知道这个信号的含义是什么。没有看到交配行为。

2003.1.15　大濑崎的湾内　−10 m　○ 3 天前（中潮）　满潮 14:50　干潮 21:58　井上在晚上 20:00 左右看到了产仔。用他的话说就是："它们先水平游动，之后开始上升，上升了 1 m 左右就产仔了。"

2003.9.22　大濑崎的湾内　−7 m　水温 22 ℃　我看到了雄鱼之间的领地争夺战，繁殖期应该快到了。

2003.10.11　大濑崎的湾内　瓜生看到了交配。这是我们最近第一次观察到交配。

2003.10.12　大濑崎的湾内　−6 m　水温 23 ℃　17:00 左右，中村老师拍到了交配行为。

2003.10.13　大濑崎的湾内　水温 23 ℃　我在大濑馆前的海底陡坡附近寻找要交配的亲鱼，但没看到正式求爱，也没看到交配。

2003.10.18　大濑崎的湾内　水温 21 ℃　我从 16:00 开始观察，但没看到交配。感觉最近大型♂较多，但♀较少。有求爱行为的亲鱼我也只看到了几对。

2003.10.25　大濑崎的湾内　水温 21 ℃　15:59 ~ 16:56，我在大濑馆前沉箱右侧的海底陡坡中部发现了有求爱行为的一对亲鱼。16:18，我正在做拍摄准备，看到这对亲

① 沉箱是用于码头、防波堤的异种箱型结构。——译者注

鱼一起上升了大概 0.3 m。它们的求爱时间很短，交配也在一瞬间就完成了。我没有拍到交配，只拍到了落在岩石上的精子，太不甘心了！

2003.11.1　大濑崎的湾内　水温 20 ℃　观察时段是 15:54 ~ 16:56。我在大濑馆前面的 −8 m 处看到一条♂（长 35 cm）正在向一条♀（长 20 cm）求爱。♀将尾鳍对着♂，没有回应求爱。♂追赶入侵♂而离开原先的地点时，岩石后面又有一条小型♂（长 20 cm）出现并靠近♀。♀对小型♂扇动尾鳍，看起来像是在催促求爱。小型♂马上开始向♀求爱。求爱开始 30 秒后的 16:32 进行了交配。不久，之前那条体形较大的♂回来了。它将已经结束交配的小型♂赶走，向♀求爱，然而♀没有回应。

关于交配，这次我们知道了并非领地♂就一定有优势。♀可能讨厌与其体形差异巨大的♂向其求爱。以前我们也并未看到体形差异巨大的亲鱼交配。

2003.11.1　大濑崎的湾内　水温 20 ℃　晚上 19:10，我在大濑馆前的海底陡坡下部 −6 m 处发现了正在求爱的一对亲鱼。这是我第一次在晚上看到求爱行为。观察了一会儿，我不小心用潜水灯照到了它们，♀警觉地躲到岩石后面去了。

2003.11.2　大濑崎的湾内　水温 20 ℃　16:31，我在大濑馆前的海底陡坡上部 −2.2 m 处看到了交配。16:25 K 在海底陡坡下部看到了交配。

2003.11.3　大濑崎的湾内　水温 20 ℃　16:15，我在一家名为潜伴的潜店前的海底陡坡上部 −2.5 m 处发现一对亲鱼。♂虽然在♀的旁边，但求爱并不积极。不过，为了将我的注意力从♀身上引开，♂开始慢慢游动，在 2 ~ 3 m 远处的岩石上停了下来。这跟交配前♂对领地内的警戒行为完全不同，我以为配对解除了。当我退到勉强可以看到♀的距离时，♂马上回到了♀身边。这个行为我看到了 3 次。16:31♂正式开始求爱，16:33 交配。

2003.12.6　大濑崎的湾内　−7 m　水温 19 ℃　我跟中村老师、日本东京放送（TBS）电视台的 I 以及相原和东野一起观察并拍摄褐菖鲉产仔。我们发现了快要产仔的 2 ~ 3 条♀。19:28 I 观察的♀在潜水灯被关掉后，马上开始垂直上升，一边产仔一边上升了约 2 m。无数的仔鱼刚被释放出来时像从泄殖孔娩出的线一样，随即它们如同向四处弹开了一般，慢慢扩散开来。

2003.12.7　大濑崎的湾内　−7 m　水温 18 ℃　我跟中村老师、东野一起继续昨天的观察。我在海底陡坡上部发现一条腹部很鼓、呼吸也很急促的♀，观察了 80 分钟，但没看到产仔。中村老师在 19:00 左右观察到了产仔。他用潜水灯一直照射直到♀临近产仔，把潜水灯关掉几秒后♀就开始游动并产仔了。12 月 6 日、7 日的观察案例的共同点是，观察时用潜水灯进行了长时间照射，关掉潜水灯后♀马上就有了行动。我在 12 月 7 日观察时只用了红光潜水灯，即便如此，用强光照射好像也会阻碍它们的行动。

2003.12.13　大濑崎的湾内　−9 m　水温 17 ℃　**图2**　我从 18:02 开始观察，发现♂的时候它正在♀附近。开始的 20 分钟，我把潜水灯放在远处，在较暗的状态下观察。但一打开潜水灯，♀就躲到了潜水灯照不到的岩石后面。我关掉潜水灯，打开红光潜水灯进行观察，♀又从岩石后面回到了岩石上。观察开始 60 分钟

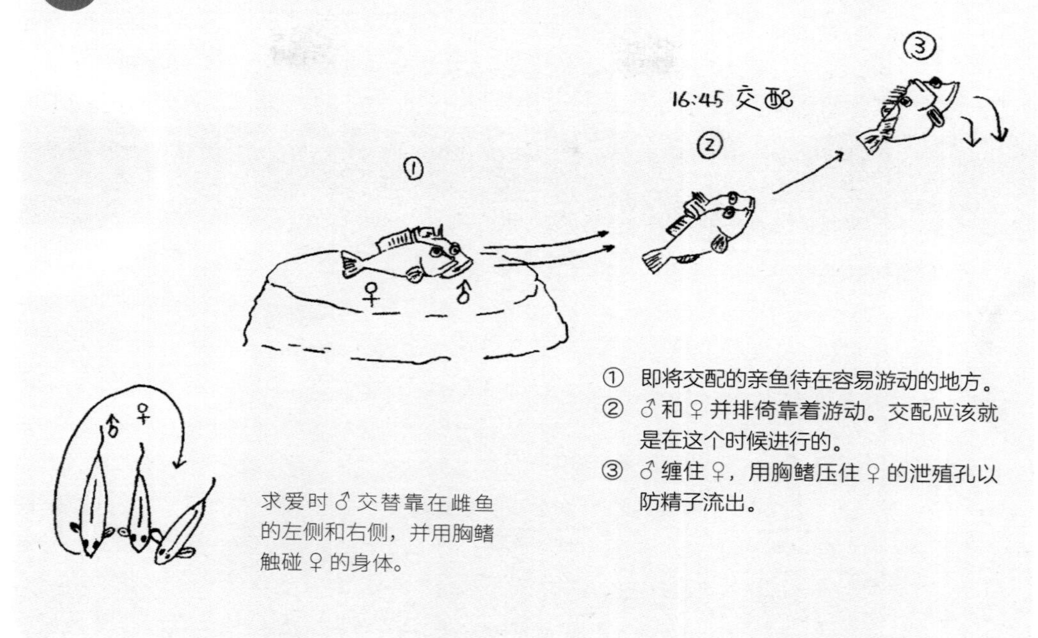

① 即将交配的亲鱼待在容易游动的地方。

② ♂和♀并排倚靠着游动。交配应该就是在这个时候进行的。

③ ♂缠住♀，用胸鳍压住♀的泄殖孔以防精子流出。

求爱时♂交替靠在雌鱼的左侧和右侧，并用胸鳍触碰♀的身体。

① 18:02，我发现一条♀，距离♀约 50 cm 的地方有一条♂。

② 尽管我是用潜水灯从远处照射的，♀还是躲到了岩石后面，♂也游走了。

③ 我将潜水灯关掉，换成红光潜水灯后，♀从岩石后面回到了岩石上面。

④ 潜水者经过时，将潜水灯打到♀身上仅一瞬，它马上就又躲到岩石后面去了。

⑤ 潜水者经过后，♀打了个大大的“哈欠”。5 分钟后♀再次回到岩石上。

⑥ 19:18，♀游到了岩石边缘。

⑦ 19:31，♀从岩石边缘轻飘飘地像悬浮一样游了出去，向斜上方游了 30 ~ 40 cm。

⑧ 之后♀垂直向上游了大概 3 m，一边上升一边产仔。

后，有一队潜水者经过，♀被潜水灯的光照到了一瞬，马上就又躲到岩石后面去了。潜水者经过后，♀打了个大大的“哈欠”。5 分钟后♀又回到了岩石上。19:18，♀游到了岩石边缘。19:31，♀从岩石边缘如同悬浮一般慢慢向斜上方游了 30 ~ 40 cm，之后极快地垂直上升了 3 m 左右，一边上升一边产仔。仔鱼从泄殖孔弹开、扩散，就像飞机喷出的机尾云一般。

2003.12.14　大濑崎的湾内　−8 m　水温 17 ℃　18:03 ~ 19:45 我一直在观察，但没看到产仔。我猜想没看到产仔可能是因为 19:40 左右潮流开始变化，夜光藻变多，并不是空气或光线的原因。

2003.12.20　大濑崎的湾内　−8 m　水温 16 ℃　18:27 ~ 19:56 我进行了观察。我搜寻了一下，只找到一条将要产仔的♀。由于我中途不小心打开了潜水灯，它躲到了岩石后面，之后再也没有出来。

2004.1.2　大濑崎的湾内　−9 m　水温 15 ℃　图3 我从 18:10 开始观察。岩石上有一条泄殖孔已经打开的♀，所以我换成红光潜水灯继续观察。18:45 左右，♀游动了大概 2 m 后躲到了岩石后面。我在距离岩石正面 1.5 m、隐约能看到♀的地方观察，19:05，♀在我右手方向 2 m 处，快速地一边产仔一边上升了 2 m。被释放的仔鱼就好像飞机喷出的机尾云一般。仔鱼形成的团块仿佛一层极薄的膜，仔鱼出生后团块马上散开。拍摄完仔鱼后我又观察了母体，母体的体色比产仔前暗淡。

2004.1.3　大濑崎的湾内　−9 m　水温 15 ℃　我在 18:10 ~ 19:38 进行了观察，但没看到产仔。刚开始观察时几乎找不到快要产仔的鱼，直到 19:00 左右才出现，估计是从岩洞里出来的。I 也进行了观察，但是跟我一样都没什么收获。到目前为止，我共观察了 9 次，花费了约 15 小时，只有 2 次收获颇丰。有收获的时候，回到岸上的步伐都是轻快的；没有收获的时候，觉得 2 小时无比漫长，而且水中实在太冷了……

2004.1.10　大濑崎的湾内　−8 m　水温 15 ℃　18:13 ~ 19:36 我进行了观察，看到了两次

图3

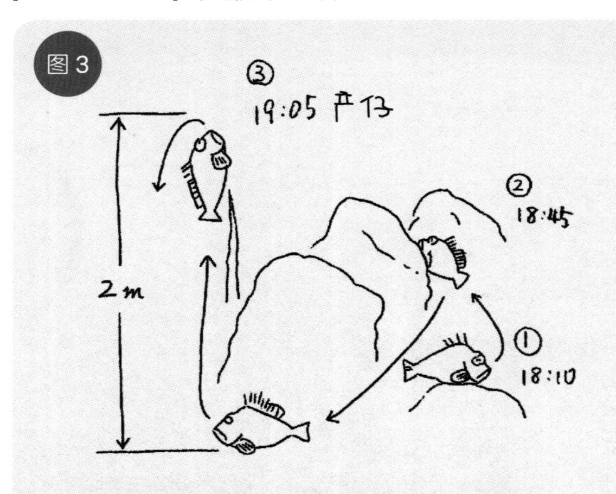

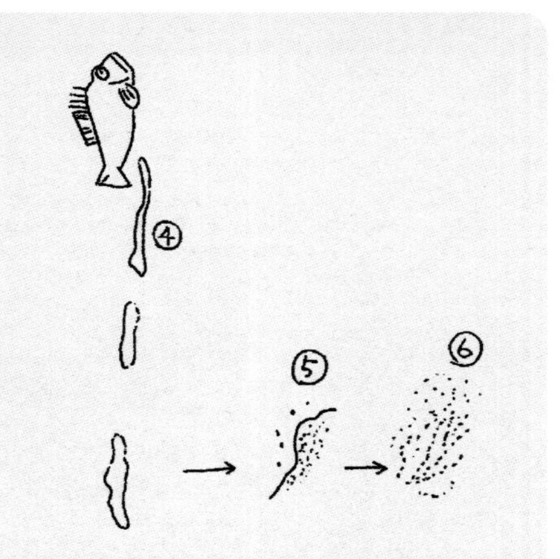

① 18:10，我在岩石上发现一条♀。
② 18:45，♀躲到了岩石后面。之后不知什么时候它又游到了岩石下面。
③ 19:05，♀垂直上升了 2 m，一边上升一边产仔。
④ 产仔时犹如火箭发射。
⑤ 聚在一起的仔鱼“支离破碎”地四散开来。
⑥ 扩散开后的仔鱼向水面游去。

产仔。

第 1 例 图4 我在 -7 m 处发现了预计会在 18:20 产仔的♀，在离它约 2m 远的地方我检查了相机，调整了闪光灯的角度。18:23，它上升约 1.5 m 后开始产仔。

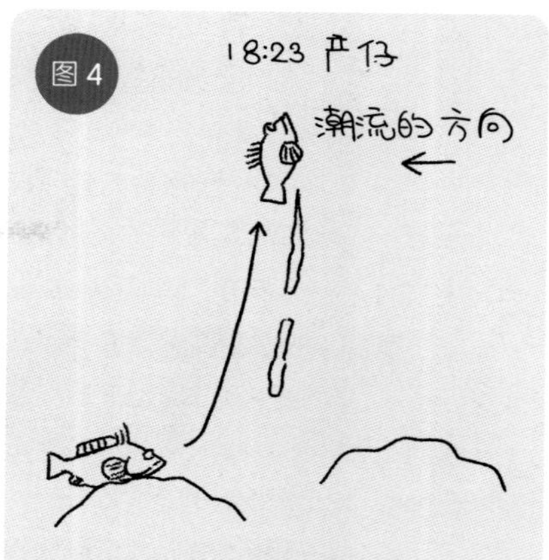

产仔行为跟之前观察到的一样。

第 2 例 图5 18:30，我在距离第 1 例 10 m 的地方发现了其他的♀。开始观察的时候我用普通的潜水灯照了一下，这只♀就躲到大概 2 m 外浅水区的岩石后面去了。我改用红光潜水灯继续观察，18:40，它开始行动，经过最开始我发现它的地方，游到了 -9 m 处沙地的一小块岩石上。5 分钟内它一直未动，18:48，它以 30° 角斜向上慢慢游起来，在水体中层暂停了一下。此时我开始摄影。之后它马上垂直上升了 1.5 m，一边上升一边产仔。

观察这两例时，潮流波动很小。并且，♀垂直上升前的上浮动作都是逆着潮流方向的。观察褐菖鲉产仔，用红光潜水灯效果最好，用普通潜水灯无法观察。

2004.1.17 大濑崎的湾内　-7 m　水温 15 ℃　19:00 左右我看到了产仔。产仔时我正在做拍摄的准备，因此被打了个措手不及，没有拍到。拍摄褐菖鲉产仔是一场摄影师和褐菖鲉之间的你进我退的较量，着实有趣。这次褐菖鲉赢了。

2004.1.24 大濑崎的湾内　-8 m　水温 15 ℃　18:40 左右，M 在 -7 m 附近看到了产仔。18:05 我开始搜寻要产仔的亲鱼，盯上了一个个体（长 20 cm），观察了 10 分钟它都不怎么动，所以我去找其他的个体了。18:20，我在离最初发现的个体大概 20 m 的地方发现了一条♀（长 25 cm）。它躲在岩石后面，背鳍张开，鳃盖

图5

① 18:30 我发现了♀。
② 18:35，♀游到上方的岩石后面。
③ 18:40，♀开始向下游动，到了 -9 m 处沙地的岩石上。
④ 18:48，♀逆着潮流的方向游动，在水体中层停了一下，之后垂直上升了 1.5 m，一边上升一边产仔。产仔时♀泄殖孔隆起且呈白色，背鳍立起，呼吸急促。

快速闭合，腹部也高高隆起。而且它极度厌光，我觉得很可能会产仔。19:20 左右，它游到了岩壁，停在了看上去会滑落下去的地方。我还以为接下来它就会产仔，但它又回到了岩石后面。19:30 左右，它游到了附近的岩石上。几分钟后，它像喝水一般数次开合嘴巴，身体微微颤动。这种仿佛在喝水的动作以前我也看到过。19:40，潮流开始微微流动，它就转了 180° 把身体调了个个儿，头朝着潮流来的方向。19:48，我靠近它，用红光潜水灯看了看它的泄殖孔，发现泄殖孔已经胀到大拇指那么大了，于是准备拍摄。可在我把手伸向相机的瞬间，它就开始轻巧地上浮，在下一瞬间一边加速垂直上升一边产仔。我没拍到产仔，观察了一个半小时居然是这个结果！这次也是褐菖鲉胜出了。

2004.2.21　大濑崎的湾内　−8 ~ −2 m　水温 12 ℃　我看到了 4 条临近产仔的♀。水下能见度较差，我没有长时间观察，不过 20:00 它们好像都产仔了。

2004.3.6　大濑崎的湾内　水温 13 ℃　傍晚我在碎石地带看到了一条腹部鼓胀的♀，但 19:00 再潜入同一地点时，♀的腹部已经变瘪了。

2004.10.28　大濑崎的湾内　水温 22 ℃　15:50 ~ 16:50，我在碎石地带看到了 3 对亲鱼的交配。临近交配时♂骑在♀身上的情况较多，但♀一“打哈欠”，♂就停止求爱跑到其他♀那里去了。这一幕好像漫画场景一样，实在是令人发笑，我希望有一天能把这一幕拍下来。

2004.10.30　大濑崎的湾内　水温 22 ℃　15:50 ~ 17:00，我在碎石地带附近观察，但没看到交配。同一时间 M、Y 两个人也在观察，也没看到交配。当天是周六，一直到傍晚都有很多潜水者，这可能导致褐菖鲉变得警戒或兴奋。

2005.1.10　大濑崎的湾内　水温 18 ℃　现在这个季节产仔行为很不活跃，12 月以来我一次都没观察到。

撒尿求爱?!

平鲉

雄鱼（上）转到雌鱼（下）前面求爱。此时它好像正在排尿。

平鲉原来只有 1 种，但在 2008 年被分成陈氏平鲉、无备平鲉、日本平鲉这 3 种。这 3 种平鲉的繁殖生态几乎一样。平鲉的繁殖从 10 月份正式开始，此时水温开始下降。平鲉在水体中层求爱，求爱时雄鱼会转到雌鱼前面，在雌鱼面前排尿。此行为在白天就可以频繁看到。由于是胎生，所以平鲉也会交配，交配期为当年 11 月至次年 1 月左右。交配会在午后晚些时候到日落时分进行，但若碰到阴天，则有可能在午后的早些时候进行。平鲉交配的观察难度非常高，我观察到它们交配的次数远比褐菖鲉的少。

平鲉产仔的观察难度极高。我知道的观察案例只有两例，都是在大濑崎的湾内观察到的。一例是中村老师观察到的，另一例是我在几乎一片漆黑中用红光潜水灯看到的不确定的一例。平鲉的稚鱼比褐菖鲉的大 4 ~ 5 mm。拍摄出清晰的产仔场景是我未来努力的方向。

大濑崎湾内的平鲉较多，并且数种并存（本页照片中的都是陈氏平鲉）。

平鲉一般不怎么来回游动，而是在离海底有一段距离的位置头朝上漂浮着。傍晚到夜间的时候它们会活跃地捕食。

（静冈县富户。摄影：中村宏治）

鲉形目

鲉科拟鲉属

Scorpaenopsis cirrosa **须拟鲉**

分布范围：日本新潟县以西的日本海一侧和千叶县以西的太平洋一侧至九州、伊豆群岛　**全长：** 5 ~ 25 cm　★★★

1月	2月	3月	4月	5月	6月	7月	8月	9月	10月	11月	12月

0	1	2	3	4	5	6	7	8	9	10	11	12	13	14	15	16	17	18	19	20	21	22	23

产卵高峰期为 6 月至 8 月。在大濑崎，它们会在日落后的 19:00 之后至 22:00 之前配对产卵。产卵当天它们会在白天就配好对，但多数会待在岩石后面。傍晚到日落前，雌鱼会游到开阔地的岩石旁，雄鱼会追随雌鱼。它们游到这个位置应该是为了在产卵上升时便于游动。雄鱼和雌鱼在产卵之前都几乎不动，但经常发出“咕、咕……”的声音，这应该是用鱼鳔发出的声音。日落时分单独行动的雄鱼也经常发出这种声音，所以这应该是寻找雌鱼的一种方法。雄鱼偶尔会在雌鱼的前方与雌鱼呈 T 形进行侧面展示求爱，但除此之外并没有明显的行动。临近产卵时，雄鱼发出声音的次数也多起来；雌鱼会微微颤动身体，慢慢浮起，向前方游去。同时，雄鱼会将嘴巴前端贴在雌鱼鳃部，它们一起向上游动并产卵。产卵在潮流流向外海一侧时进行，目前还没有观察到它们在潮流停止时产卵。

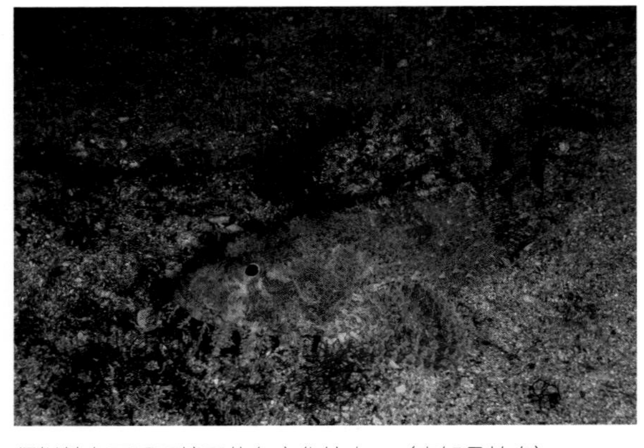

须拟鲉在不同环境下体色变化较大。（高知县柏岛）

雄鱼（左）与雌鱼（右）呈T形。雌鱼将下颌贴在沙地上，而雄鱼将头微微抬起，正在求爱。

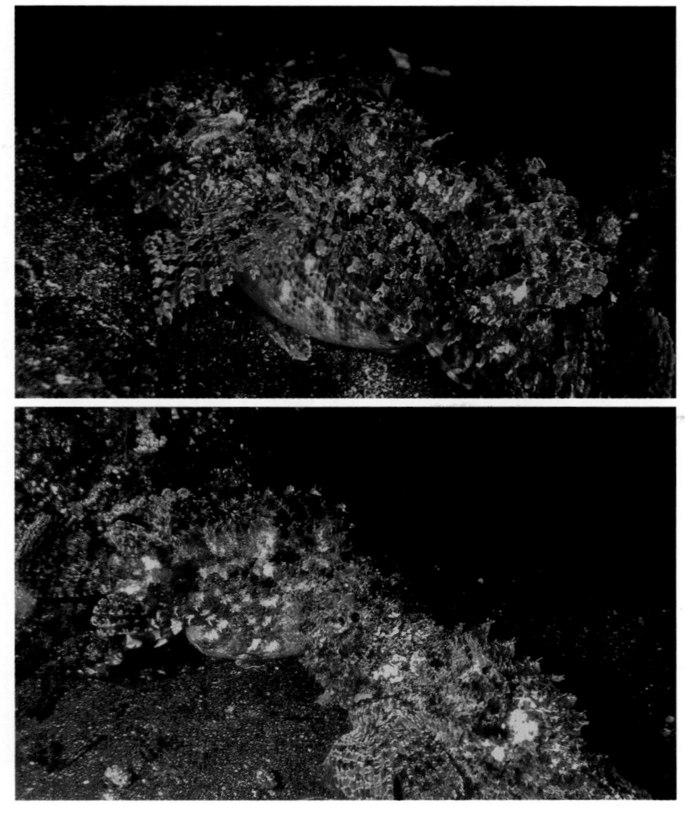

临近产卵的雌鱼。傍晚时分它会从岩石后面出来产卵。

雄鱼（右下）将嘴巴前端贴在雌鱼（左上）的鳃部。顺便一提，日落后，亲鱼极度厌光，如果用普通潜水灯照射，它们就会躲到岩石后面，所以我们观察时最好用红光潜水灯。

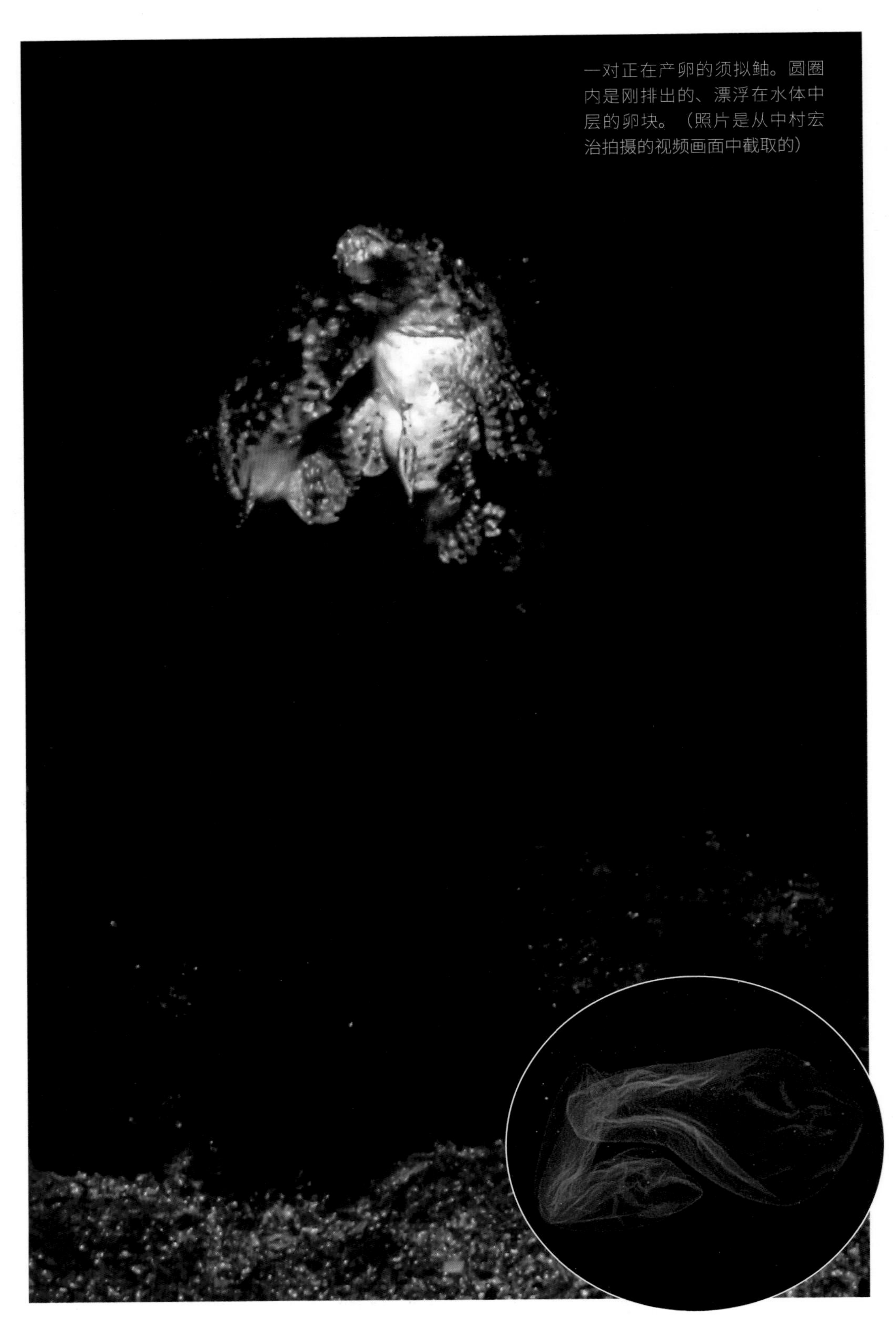

一对正在产卵的须拟鲉。圆圈内是刚排出的、漂浮在水体中层的卵块。（照片是从中村宏治拍摄的视频画面中截取的）

产卵上升时，雄鱼（右）会将嘴巴前端贴在雌鱼（左）的鳃部。（照片原文件丢失，用的是现存的低画质图像）

观察日记

2000.8.5　大濑崎的湾内　-8 m　● 5 天后（中潮）　我看到两对亲鱼，但没看到产卵。

2000.8.19　大濑崎的湾内　-8 m　○ 4 天后（中潮）　我观察了一对亲鱼约两个小时，但没看到产卵。22:00 左右，我在一家名为曼波的潜店前的海堤内侧的海水表层看到了卵块。往年夏天我在大濑崎的湾内的碎石地带能看到成对的须拟鲉，但是今年没有观察到产卵行为。

2002.6.22　大濑崎的湾内浅水处　-7 m　我没看到配对的亲鱼，可能时间还早。

2003.8.2　大濑崎的湾内中央　-7 m　水温 22 ℃　弦月 3 天前（中潮）　干潮 14:07　满潮 20:38　♀ 的腹部已经很鼓了，♂ 依偎在 ♀ 身旁。我从 19:20 观察到 20:20，但没看到产卵。♀ 一动 ♂ 就追了过去。附近有一个潜水团经过，所以我放弃了观察。

须拟鲉产卵时极度厌光，观察时应该使用红光潜水灯。

2004.5.29　大濑崎的湾内中央　-8 m　水温 20 ℃　能见度 3 m　弦月 2 天后（若潮）　干潮 19:26　满潮 1:59（次日）　我在湾内中央沙地上的岩石后面发现了面对面的一对亲鱼。♀ 的腹部很鼓，所以我开始了观察。由于没有准备红光潜水灯，我把普通潜水灯几乎埋进沙里，在微弱的光线下进行了观察。20:03 左右，♀ 稍微动了动（♂ 此时在 ♀ 旁边）。20:05，它们彼此依偎，以约 30° 角斜向上开始游动，游了 1 m 左右产卵了。卵为凝集浮性卵，因此慢慢地浮了上去。产卵前 30 分钟潮流就开始向着外海一侧流动。虽然在大概 3 m 远的地方有 3 名潜水者，不过它们还是产卵了。

2004.6.5

大濑崎的湾内中央 −8 m 水温 18 ℃ 能见度 6 m 图1 20:10，我在羽衣前的一大块岩石后面发现了一对亲鱼，♂和♀面对面。10 分钟后，♂将头贴在了♀的腹部（呈 T 形）。20:35 左右，潮流开始从陆地一侧流向外海一侧。几分钟后，♀慢慢游起来，但♂没有追过来。这大概是因为几分钟前我一直开着闪光灯拍摄，导致♂变得敏感。♀停在了离♂大概 1 m 远的地方，过了一会儿转身向♂靠近。♂没有理会，♀又向相反方向游动。此时♂仍没有追过去，于是♀加快速度游到了♂所在岩石的岩壁上（♀正下方就是♂）。20:45，♀从岩壁上游下来，来到♂旁边，之后♀又向浅水处游了大概 1 m 停了下来。过了一会儿，♂来到♀旁边，它们并排待在一起。20:52，♀的身体开始微微颤动。20:53，♀慢慢游起来，♂将嘴巴前端贴在♀的鳃部，它们并排游了起来。它们以约 20° 角斜向上逆着潮流游了大概 1 m 后产卵了，之后回到海底不动了。卵为凝集浮性卵，卵块呈带状，中间细。卵块缓缓上浮，被潮流冲向外海一侧。这次我是用红光潜水灯观察的。用未安装红色滤光器的潜水灯照射时，亲鱼看起来很不高兴。

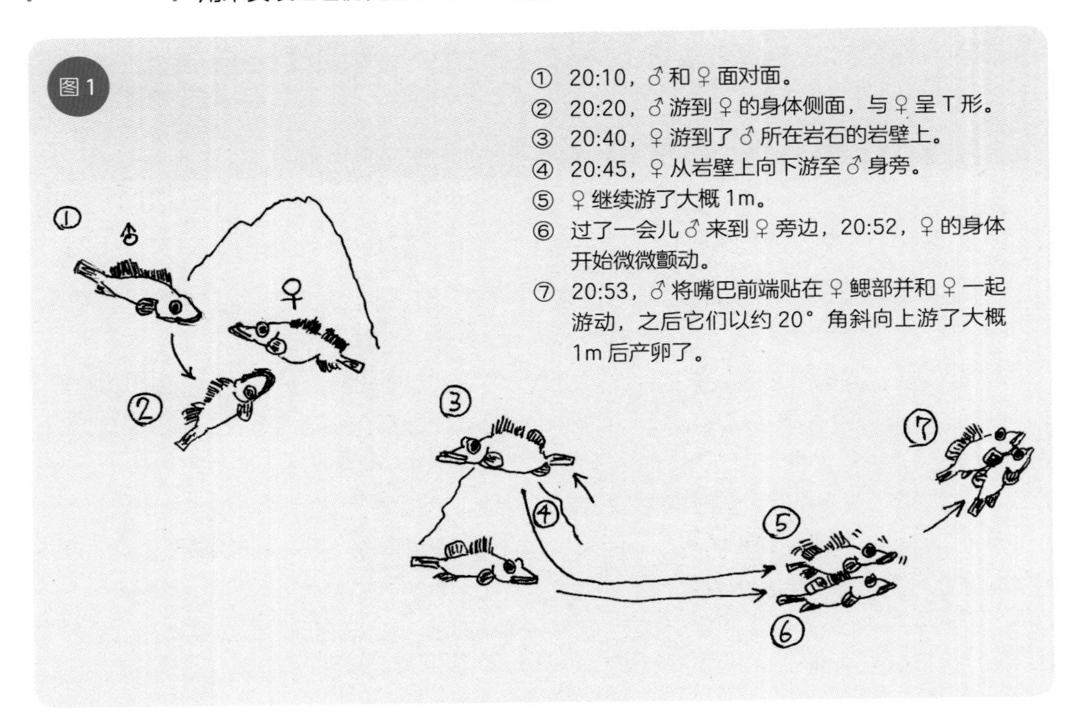

① 20:10，♂和♀面对面。
② 20:20，♂游到♀的身体侧面，与♀呈 T 形。
③ 20:40，♀游到了♂所在岩石的岩壁上。
④ 20:45，♀从岩壁上向下游至♂身旁。
⑤ ♀继续游了大概 1m。
⑥ 过了一会儿♂来到♀旁边，20:52，♀的身体开始微微颤动。
⑦ 20:53，♂将嘴巴前端贴在♀鳃部并和♀一起游动，之后它们以约 20° 角斜向上游了大概 1m 后产卵了。

鲉形目
鲉科拟鲉属

Scorpaenopsis neglecta 魔拟鲉

分布范围：日本本州中部以南至九州、伊豆群岛　**全长：**10 ~ 20 cm　★★☆

1月	2月	3月	4月	5月	6月	7月	8月	9月	10月	11月	12月

0 1 2 3 4 5 6 7 8 9 10 11 12 13 14 15 16 17 18 19 20 21 22 23

产卵高峰期为 6 月至 9 月，多在日落后的 19:30 ~ 20:30 产卵。到了 9 月，日落时间更早，因此有时产卵也会在早些时候进行。大濑崎的湾内各处均可观察到产卵，其中湾内右侧沉入水中的锁链沿线是最为理想的观察地。潮汐对产卵应该没有太大影响，但潮流流向外海一侧时是观察的好时机。产卵方式为雌雄配对产卵，雌鱼会产下两个扁圆锥状的卵块。

白天我们就可以观察到雌雄配对，但此时它们还是若即若离的，日落后才会互相靠近。产卵前雄鱼会离开雌鱼去放哨，这应该是为了确保产卵时领地内没有其他雄鱼。雄鱼的领地范围半径可达 10 m 以上。放哨行为会有 1 ~ 2 次，之后雄鱼就会靠近雌鱼，并在雌鱼周围游动，与雌鱼呈 T 形进行侧面展示求爱。临近产卵时，在雌鱼微微颤动身体向雄鱼发送信号后，它们就会以较小的倾斜角度向斜上方上升并产卵。魔拟鲉是拟鲉属中对光不十分敏感的物种，即使不用红光潜水灯，只要不用强光照射它们都能正常产卵。

刚刚结束浮游生活开始营底栖生活的幼鱼（长约 10 mm）。

很多魔拟鲉白天就开始配对，但在日落前配对的雌鱼和雄鱼都是若即若离的。

只要雌鱼一动，雄鱼就会追过去，但会和雌鱼保持一定的距离。

日落后，雄鱼常在雌鱼后方进行侧面展示求爱，直至产卵。

只要雌鱼开始游动，雄鱼就会马上把头靠上去与雌鱼一起上升。

紧紧挨在一起开始游动的一对亲鱼。产卵上升的高度大概有 1 m。

雌鱼会一边上升一边排卵。照片中后面的是雌鱼，它胸鳍后隐隐约约露出了卵块。

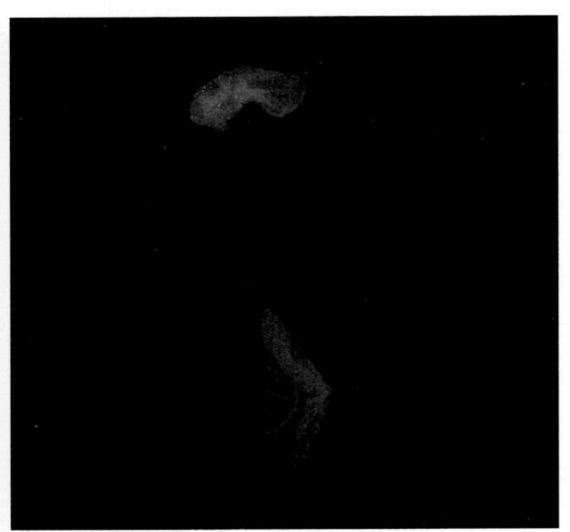

刚被产下的两个扁圆锥状的卵块。

产卵后雄鱼（下）会立刻返回海底。

观察日记

2000.8.5	大濑崎的湾内中央　−22 m　● 5 天后（中潮）　我看到一对亲鱼挨着，但它们好像并不亲密。
2002.6.1	大濑崎的湾内　−18 m　水温 18 ℃　○ 6 天后（中潮）　我给中村老师做向导，14:00 左右，我们看到已经配对的♂（长 15 cm）和腹部很鼓的♀（长 20 cm）。17:30 左右，它们之间相距大概 0.8 m。明明快要产卵了，却一点儿都不亲密。晚上我也进行了观察，但没看到产卵。 鲉科中的斑鳍鲉、须拟鲉等如果不处在适宜环境中，可能会推迟产卵或不产卵，所以最好不要用潜水灯直射，而应保持光线昏暗并在远处观察。
2002.7.13	大濑崎的湾内　−15 m　水温 24 ℃　● 3 天后（中潮）　干潮 13:31　满潮 20:23　峰田看到了配对的亲鱼，♀腹部很鼓。傍晚他又去确认，但只看到了♂，没有发现♀。
2002.08.25	大濑崎的湾内右侧　−9 m　水温 26 ℃　○ 2 天后（大潮）　满潮 19:14　干潮 01:03（次日）　图 1 我 19:00 潜入水中，想观察半线鹦天竺鲷产卵。19:20，我在 −9 m 处的锁链左侧 2 m 处看到一对魔拟鲉（长均约 20 cm），它们首尾相对。♀的泄殖孔已经隆起，应该会产卵，于是我开始观察和拍摄。19:30 左右，♂“步伐轻盈”地游向较浅的地方，在离♀约 6 m 处消失不见了。我以为它们不会成对行动了，所以就到附近寻找半线鹦天竺鲷了。但我没有发现成对的半线鹦天竺鲷，所以约 3 分钟后我又回到了魔拟鲉♀待过的地方，刚好看到♂从较浅

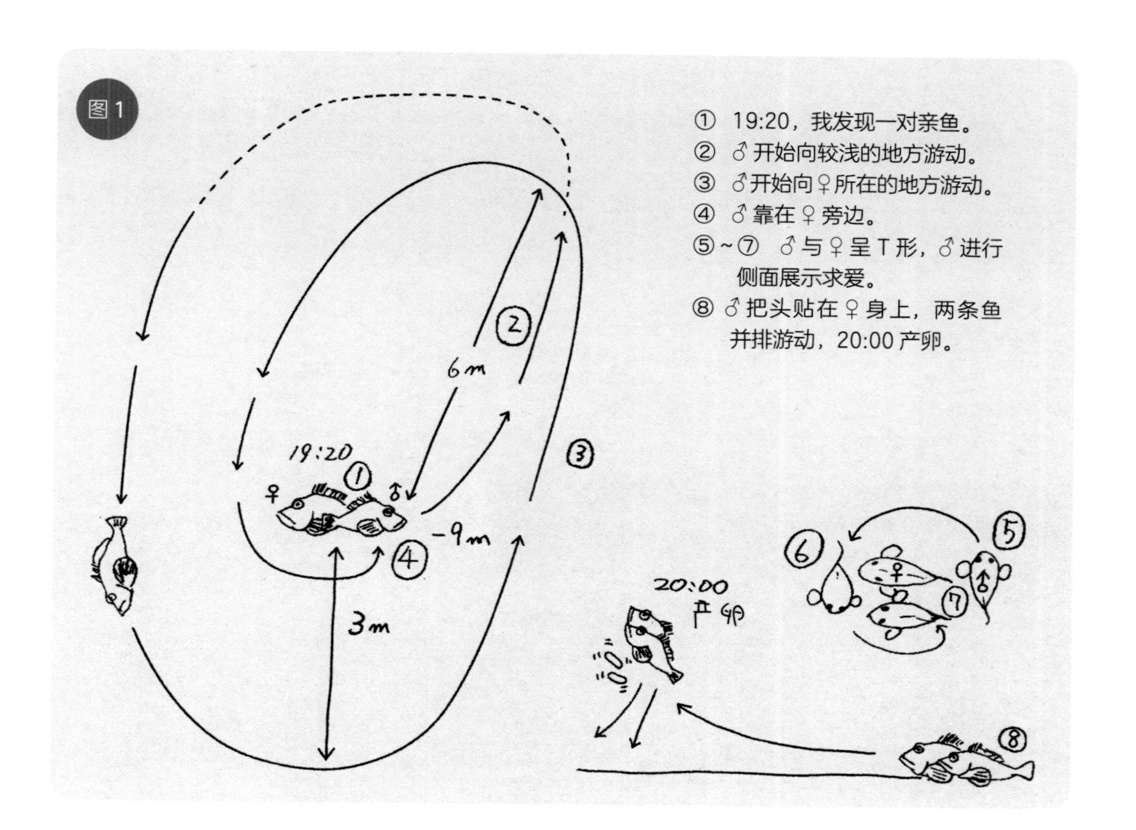

图 1
① 19:20，我发现一对亲鱼。
② ♂开始向较浅的地方游动。
③ ♂开始向♀所在的地方游动。
④ ♂靠在♀旁边。
⑤~⑦ ♂与♀呈 T 形，♂进行侧面展示求爱。
⑧ ♂把头贴在♀身上，两条鱼并排游动，20:00 产卵。
19:20
♀
♂
6m
-9m
3m
20:00
产卵

处“步伐轻盈”地下来了。♂自♀正面2 m附近的锁链处下降，在♀下方大概3 m的地方转向。♂以♀为中心旋转着靠近，在♀后方大概1 m处停了下来。♂在那里停留了大概5分钟，之后♂来到♀正面1 m附近，围着♀从下方绕了一圈并靠近。当♂游到♀的后面与之呈T形的时候，♀稍微向上顶了一下身体。在♀前方与之呈T形后，♂又从♀后面绕过来与♀并排。20:00左右，它们并排以约10°角斜向游了1 m左右就产卵了，产下的两个透明的扁圆锥状卵块（宽60 mm）缓缓漂向水面。从开始上升到产卵结束的时间约为2秒。产卵结束后，它们在同一个位置停留了几分钟，之后♂向上方游动，♀留在原地。♀的腹部在产卵后依旧有些鼓。卵为凝集浮性卵。没有拍到它们的产卵瞬间。

雄鱼漫无目的地四处游荡应该是一种放哨行为，应该是在确认产卵场内是否有其他雄鱼。

2002.10.26 大濑崎的湾内右侧 −10 m 水温23 ℃ ○5天后（中潮） 干潮13:47 满潮19:13 16:30，我发现一对亲鱼。♀腹部很鼓，泄殖孔也打开了。我用引导棒将♂稍微从♀身边引开，♂马上就向♀的方向靠了过去。我从19:00开始观察，但它们离了3 m远，产卵好像已经结束了。♀的腹部不那么鼓了，但还微微隆起，看起来卵并没有全部排出。雌鱼会在7 ~ 15天内持续产卵，在产卵季会产卵数次。

从时间上看，2002年一直到很晚都还能看到产卵行为，这应该是因为水温比往年高。不只魔拟鲉是这样，其他鱼类也一样。

2003.7.5 大濑崎的湾内左侧 −14 m 水温18 ℃ ♀和♂相距1 m，不知道是否配对了。

2003.7.12 大濑崎的湾内右侧 −10 m 水温19 ℃ ○2天前（中潮） 干潮17:26 满潮22:50 20:00左右，我在锁链沿线的碎石地带发现了一对亲鱼（♂长20 cm，♀长15 cm），♀的腹部微微隆起。♂在半径4 m左右的范围内放哨，但直到20:58都没有产卵。

2003.7.13 大濑崎的湾内右侧 −10 m 水温18 ℃ ○1天前（大潮） 满潮18:12 干潮23:37 12:00左右，我在昨天观察的地方发现了一对亲鱼。♀不是昨天那条了，体形大小跟♂差不多。它们相距20 cm左右。正在观察时，昨天的那条♀来到了距离♂50 cm左右的地方。♂向昨天的那条♀靠近，两条鱼就这样待在那里。晚上我来到同一地点想观察产卵，但3条鱼都不见了踪影。

2003.7.26 大濑崎的湾内浮码头下 −6 m 水温21 ℃ ●3天前 干潮16:51 满潮22:21 浜木绵的常客I在20:15左右看到了产卵。据他说看到了♂的放哨行为，以及♂绕着♀转圈等一系列产卵前会有的行为。

2003.9.6 大濑崎的湾内右侧 −13 m 水温23 ℃ 弦月3天前 满潮15:50 干潮21:26 19:40，我在延伸到远海的锁链附近发现了一对亲鱼。♀的腹部不是鼓鼓的，但♂在♀前面开始了T形求爱。♂围着♀转圈并靠过去。19:50，潮流开始向外海一侧涌去，♀向前游动了几厘米，♂马上跟了过去。♀把嘴巴前端贴在♂鳃部，它们以约20°角斜向上上升，并扭动着身体产卵了。卵块有两个，每个宽约70 mm，呈扁平的椭圆形。产卵后两条鱼缓缓返回海底，♂在距离♀0.3 m左右的地方停留几分钟后游向深处。这次没有看到♂的放哨行为，但由于我只观察了一会儿它们就产卵了，所以♂放哨可能是在我观察之前进行的。

2003.9.20	大濑崎的湾内右侧　-5 m　水温 24 ℃　17:30，我在锁链附近的碎石地带发现一对亲鱼（长均约 17 cm）。观察了 10 分钟后，由于要减压，我离开了那个地方。M 继续观察，17:45 看到了产卵。当时天看起来马上要下雨，海底比较昏暗，但没有潜水灯也能看清。
2003.9.23	大濑崎的湾内右侧　-4 m　水温 22 ℃　根据 O 提供的信息，石头背阴处有一对亲鱼。我去看了，但没有发现亲鱼。
2004.6.12	大濑崎的湾内右侧　-10 m　水温 19 ℃　白天就有两对亲鱼在延伸到远海处的锁链附近，但晚上我去确认时并没有看到产卵。第二天早上我去确认时，两条♀的腹部都瘪了。
2004.7.18	大濑崎的湾内右侧　-4 m　水温 24 ℃　20:45，I 拍到了产卵。♀的腹部并不是特别鼓，但泄殖孔微微隆起。
2004.8.13	大濑崎的湾内右侧　-4 m　水温 26 ℃　我 19:30 发现一对亲鱼。♀的腹部不是特别鼓，但泄殖孔微微隆起。19:50，♂开始第一次巡游，约 5 分钟后回到♀身边，之后没有太大的动作。20:10，♂开始第二次巡游，这次比第一次时间要长。不到 10 分钟后♂回到♀身边，开始 T 形求爱。这时潮流开始流向外海一侧。20:30，♂和♀开始呈螺旋状上升并产卵。
2004.8.21	大濑崎的湾内　-14 m　水温 26 ℃　傍晚我在锁链附近发现了腹部微微鼓起的♀。晚上我过去确认时，♂正积极地以 T 形求爱的方式向♀求爱。19:29，♂和♀一起画着不太圆的圈呈螺旋状上升并产卵。之后我向浮码头方向游去，20:00 左右发现了正在巡游的个体，仔细一看是怀卵的♀。♀这个巡游行为跟产卵前♂的巡游行为非常像，好像是在寻找♂。♀在半径 10 m 的范围内不停地改变路线游来游去，在 20:30 找到了一条体形较小的♂。但是别说求爱了，♂连动都不动一下，反而是♀靠近♂进行 T 形求爱。这种行为我在魔拟鲉中还是第一次见。♀看起来像是无法忍耐、马上就要产卵了，结果到 20:55 也没有产卵。
2004.9.18	大濑崎的湾内　-5 m　水温 25 ℃　我从 19:00 开始就在寻找要产卵的杜父拟鲉和魔拟鲉的亲鱼，但没有找到。我有点儿担心：难道到了这个时候观察机会就少了？我扩大了搜索范围，沿着锁链下潜。19:40 左右，我在 -12 m 附近发现了正在巡游的♂，它可能在寻找♀。♂朝浅水处游去，我开始追踪。它像快走一样几乎没有休息，一直游。追踪了一会儿后，我就发现了♀。♂向♀靠了过去，马上开始求爱。♂游到♀前面与♀呈 T 形，然后又与♀并排。这对亲鱼体形稍小（长均约 15 cm）。♂大概 10 分钟求一次爱，但是♀兴致不怎么高。20:56，当我觉得没戏了并开始收拾行囊时，♀稍微动了动。♂积极地把头贴到♀鳃部后，两条鱼并排游起来，20:57 产卵。产下的两个卵块有点儿小。20:58 拍摄结束后，我赶忙向岸边冲刺，总算在 21:00 出水了，真是累死了。

鲉形目

鲉科拟鲉属

Scorpaenopisi cotticeps **杜父拟鲉**

分布范围：日本三浦半岛、伊豆半岛、德岛县、高知县、对马等　**全长：** 6 ~ 8 cm　★★☆

1月	2月	3月	4月	5月	6月	7月	8月	9月	10月	11月	12月

0	1	2	3	4	5	6	7	8	9	10	11	12	13	14	15	16	17	18	19	20	21	22	23

产卵高峰期为 6 月至 8 月。亲鱼会在日落后一起上升并产卵，不知道是不是白天就配好对了。有的在傍晚配对，不过多数在日落后配对。配好对的亲鱼很少游动。产卵前一会儿雄鱼会离开雌鱼去放哨，以便驱赶入侵产卵场的雄鱼。这个放哨行为跟魔拟鲉的一样，但它们的巡游范围比魔拟鲉的小，直径只有数米。它们用鱼鳔发出声音，这个行为跟须拟鲉的一样，声音应该是某种信号。雄鱼有 T 形求爱或骑在雌鱼身上的行为。

到了产卵时，雄鱼会待在雌鱼旁边。雌鱼一动雄鱼就会马上靠过去，两条鱼并排上升并产卵。卵的成熟情况不知是否跟水温有关，但我观察的亲鱼产卵的频率是两天一次。它们对光略敏感，如果用强光或普通潜水灯直射，就会停止求爱，也不产卵了。因此，观察的时候最好用红光潜水灯。

一条红色的杜父拟鲉。虽然它体色鲜艳，但在水中看起来并不起眼。

产卵前雄鱼（右）有 T 形求爱、放哨和靠近雌鱼（左）等行为，之后两条鱼开始产卵上升。

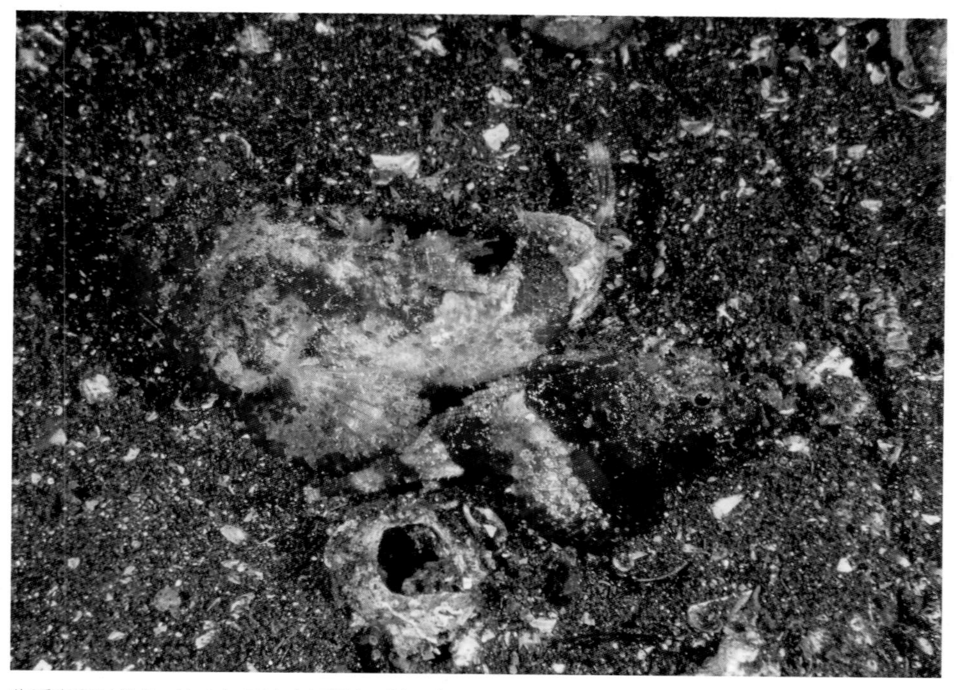

临近产卵时雄鱼（左上）不会离开雌鱼（右下）。

观察日记

2002.8.10	大濑崎的湾内右侧 −3 m 水温 25 ℃ ●1 天后（大潮） 满潮 19:17 干潮 00:59（次日） 20:00 左右，我看到一对亲鱼（♀长 5 cm，♂长 7 cm），但没看到明显的求爱行为。♀的腹部很鼓。
2002.8.17	大濑崎的湾内右侧 −3 m 水温 26 ℃ 17:50 左右，我发现了上周看到的♂和♀，但是♀的腹部已经不鼓了。
2004.6.12	大濑崎的湾内右侧 −5.7 m 水温 19 ℃ 20:45，M 看到了产卵。据说两条鱼依偎着，逆着潮流以约 45° 角斜向上游了大概 30 cm，互相缠绕着产卵了。但没看到卵块，据说是因为几乎没有灯光。这应该是杜父拟鲉产卵的首次记录。
2004.7.10	大濑崎的湾内右侧 −6 m 水温 24 ℃ 20:00，我发现一对亲鱼（♀长 6 cm，♂长 7 cm），它们几乎是并排挨着的。20:10，♂开始游动。♂先游到离♀大概 3 m 远的地方，之后又改变路线朝着♀游去。这跟魔拟鲉产卵前♂的放哨行为一样。途中有几次♂停止游动达数分钟。在此期间我听到了“咚咚”声，这可能是♂用鱼鳔发出的声音。声音一响，♂就又游了起来。20:40，♂回到♀身边进行 T 形求爱。我一直观察到 20:56，但到最后潮流都很平静，所以没看到产卵。
2004.8.13	大濑崎的湾内右侧 −4 m 水温 26 ℃ 20:10，我发现一对杜父拟鲉的亲鱼，又在 3 m 远处发现一对魔拟鲉的亲鱼，所以就着重观察魔拟鲉了。20:30，魔拟鲉产卵后，我又回来观察杜父拟鲉。刚开始亲鱼之间隔了约 60 cm。到了 20:40 左右，♂靠近♀并与之并排，并且在♀面前进行 T 形求爱。20:52，♀游了起来，♂也挨着♀一起游了起来。它们以约 15° 角斜向上游了大概 40 cm 就产卵了。卵为分离浮性卵。今天既看到了魔拟鲉产卵，又看到了杜父拟鲉产卵，太走运了！
2004.8.14	大濑崎的湾内右侧 −4 m 水温 26 ℃ 我确认了一下昨天发现的那对杜父拟鲉的亲鱼，但它们还没有产卵的征兆。
2004.8.15	大濑崎的湾内右侧 −4 m 水温 26 ℃ 我确认了一下 8 月 13 日产卵的那对杜父拟鲉的亲鱼。♂非常积极地缠着♀，但是♀像要从♂身边逃跑一样快速游动了 30 cm。这种行为我看到了几次。♀的腹部不怎么鼓，还很厌恶♂靠近。而且大前天这对亲鱼刚产过卵，所以我觉得产卵的可能性很低，于是转而去观察离它们约 8 m 远的另一对亲鱼去了。观察了大概 10 分钟，我发现这对亲鱼的♂不怎么积极，产卵的可能性也比较低，所以又回到了最初那对亲鱼这里。回来后我发现♂与♀并排挨在一起。明明十几分钟前♀还那么厌恶来着！我觉得可能会产卵，所以继续观察。♂一会儿骑到♀身上，一会儿进行 T 形求爱。20:14，两条鱼开始游动并产卵。产卵的过程跟我 8 月 13 日观察到的一样。这次明确了杜父拟鲉产卵的频率为两天一次。
2004.9.5	大濑崎的湾内 −4 m 水温 26 ℃ M 看到了产卵。

鲉形目

鲉科短鳍蓑鲉属

Dendrochirus zebra 花斑短鳍蓑鲉

分布范围：日本千叶县以南、冲绳县、伊豆群岛、小笠原群岛　**全长：**8 ~ 20 cm　★★☆

1月	2月	3月	4月	5月	6月	7月	8月	9月	10月	11月	12月

0	1	2	3	4	5	6	7	8	9	10	11	12	13	14	15	16	17	18	19	20	21	22	23

产卵高峰期为 7 月至 8 月，在日落后配对产卵。如果傍晚时发现一条腹部隆起的雌鱼且它附近有一条雄鱼，则产卵的可能性较大。在产卵期内，强壮的雄鱼会打造产卵场，雌鱼会聚集于此。也会有其他没有领地的劣势雄鱼进入产卵场，但领地雄鱼会鼓起腮盖来威吓劣势雄鱼，以将其赶出去。如果这样做没有效果，领地雄鱼还会向对手竖起背鳍并露出背鳍棘来一决胜负。

求爱会随着日落逐渐活跃起来。雄鱼会在产卵场内来回游动寻找雌鱼，找到后就会靠过去。然后雌鱼慢慢地开始游动，雄鱼就会紧跟在后面或稍微拉开些距离跟在后面。求爱到达高峰时，雄鱼的体色会略微发红并变得鲜艳。此时雄鱼会紧挨着雌鱼，把嘴巴前端贴在雌鱼的鳃部，两条鱼以较小的倾斜角度斜向上游去并产卵。在大濑崎我们可以观察到花斑短鳍蓑鲉产卵，不过在更靠南的高知县的柏岛和冲绳县，它们的产卵期更长，数量也更多，更适合观察。

产卵当天的雌鱼。傍晚时它的泄殖孔已经向外隆起。

雌鱼傍晚就会聚集在产卵场，但在日落前雌鱼和雄鱼不会相互靠近。

求爱时雄鱼（左下）会紧追在雌鱼（右上）后面，雄鱼的体色会略微发红并变得鲜艳。

临近产卵时，雄鱼时而在雌鱼周围游动，时而挨着雌鱼游动。

马上要产卵了，雌鱼和雄鱼并排挨着，雄鱼把嘴巴前端贴在雌鱼的鳃部。

雌鱼（左）也把嘴巴前端贴在雄鱼（右）的鳃部，之后它们会马上上升并产卵。

亲鱼会从海底上升到一定高度产卵。

观察日记

2003.7.20　大濑崎的湾内左侧　−3 m　水温 21 ℃　弦月 1 天前（中潮）　干潮 15:29　满潮 22:05　竹女士在观察完饭岛氏新连鳍䲗的产卵后回来时，17:45 左右在海底陡坡上部的岩石后面发现了一条 ♂ 和一条腹部非常鼓的 ♀。一直观察到将近 18:00，♀ 一直垂直于岩石，头朝下一动不动。♂ 也在距 ♀ 大概 0.8 m 的地方垂直于岩石，跟 ♀ 一样头朝下。中途 17:55♂ 来到了距 ♀ 大概 0.5 m 的地方，但是并没有大动作。

图 1 19:00 刚过，我就跟樱井一起去了同一地点。19:15 左右，樱井在海底陡坡上的沙砾地带发现了两条鱼。一条色彩鲜艳，应该是 ♂。另一条体色稍淡，白色部分很显眼，应该是 ♀（① ♀）。① ♀ 的腹部略微有些鼓。一开始 ♂ 在① ♀ 后面，过了一会儿 ♂ 游到了① ♀ 前面求爱，① ♀ 没有回应。我观察了一会儿，♂ 离开了① ♀，应该是去产卵场巡游了。♂ 在数米远处发现了另一条 ♀（② ♀）并接近它。♂ 跟在② ♀ 后面，然后又马上绕到② ♀ 前面，这个行为重复了好几次。之后 ♂ 与② ♀ 并排依偎着。只要② ♀ 开始游动，♂ 也会靠过去，与② ♀ 步调一致地游动。相机闪光灯亮起时，它们的动作戛然而止，但 1 ~ 2 分钟后它们又同时游起来。

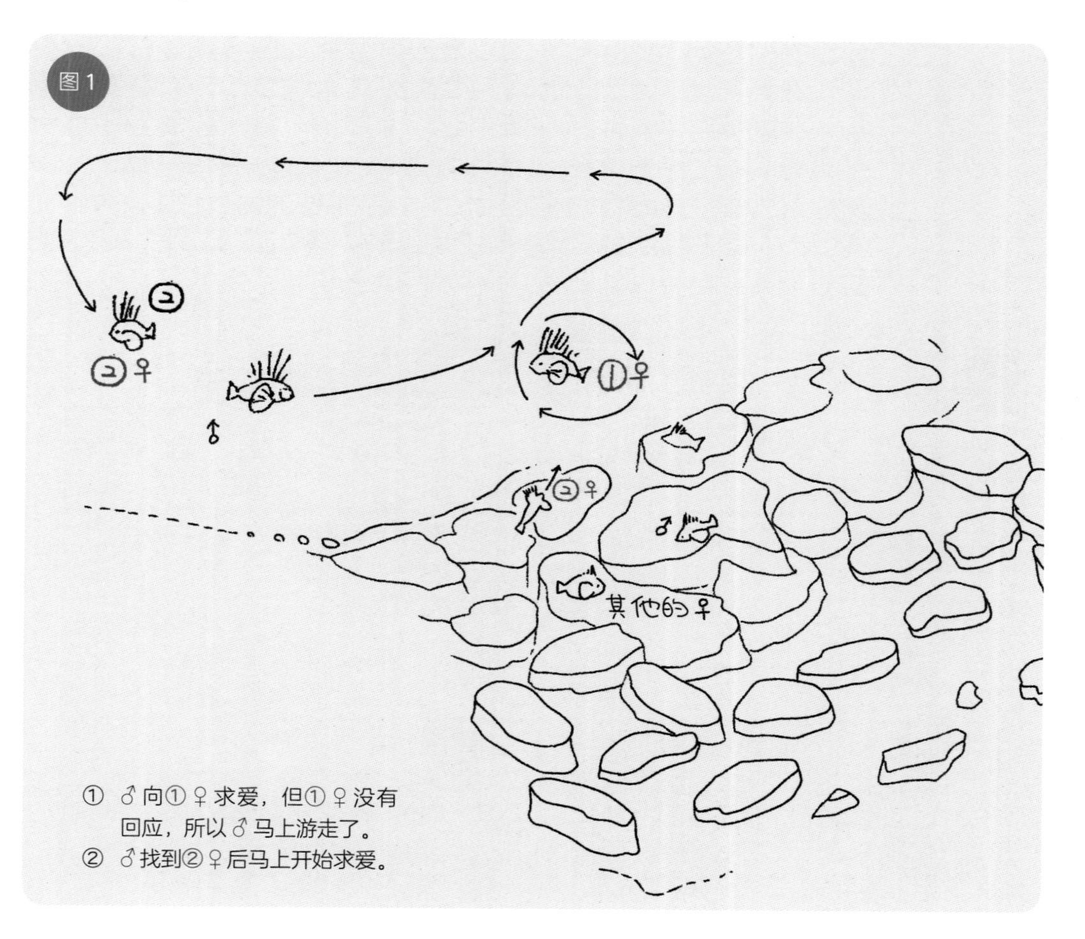

① ♂向① ♀求爱，但① ♀没有回应，所以 ♂ 马上游走了。
② ♂找到② ♀后马上开始求爱。

图2 ②♀一动，♂就追过来并绕着它游动。之后它们开始并排游动。由于开了闪光灯，所以它们一起游出去3次都没有进入产卵上升阶段。19:26两条鱼开始产卵上升，在距离海底30～40 cm的高度相互缠绕并产卵。卵为凝集浮性卵，卵块呈球形。产卵后它们迅速返回海底，一段时间内都没有动。几分钟后，♂对产完卵的②♀做出了类似求爱的动作，但不知道这是什么行为。之后♂开始游动，在产卵场巡游，好像在寻找其他的♀。途中遇到了应该是♀的个体并求爱了，但是没有得到回应，所以没有产卵。这次求爱的时间非常短。②♀也在附近，但♂只是看了看它就离开了。这还是我们在大濑崎第一次观察到花斑短鳍蓑鲉的产卵行为。由于有很多♂和♀聚集在产卵场，今天观察到多条♀排卵的可能性较大。冬天我们也在岬角等地较深处的岩石后面看到过花斑短鳍蓑鲉，所以它们很可能越冬后在大濑崎繁殖。另外，在产卵场内，优势雄鱼会跟多条雌鱼配对产卵，繁殖模式属于雌性访问型多配制。

2003.7.26

大濑崎的湾内左侧　−3 m　水温23 ℃　●3天前（中潮）　干潮16:51　满潮22:21　我17:00左右开始观察，但一条鱼都没看到，19:00后发现了4条♂（分别为优势♂、①♂、②♂和③♂），但没有找到♀。19:10左右，优势♂跟①♂相遇。优势♂身体上的横条纹清晰可见，①♂的花纹颜色较淡，两条鱼几乎一样长（12～13 cm）。优势♂缓缓靠近①♂，直到距离小于10 cm时，它将鳃盖大大地鼓起来威吓①♂。①♂体色立马变白，尾鳍朝着优势♂，逃也似的游动起来。优势♂追了大概0.5 m后就没有任何攻击行为了。19:20左右，优势♂又遇到了②♂。优势♂鼓起鳃盖向②♂靠过去后，②♂也鼓起鳃盖与之对峙。优势♂、②♂都展开胸鳍，头稍稍向下画圈互相威吓。这种状态持续了1～2分钟，之后优势♂低头将背鳍棘刺向②♂。②♂也采取了同样的行动，两条鱼“怒目相对”。不过，在优势♂将背鳍刺过去的瞬间，胜负就已见分晓。②♂体色变白迅速逃走了。19:30，优势♂在放哨时再次接近①♂，但①♂马上躲到岩石

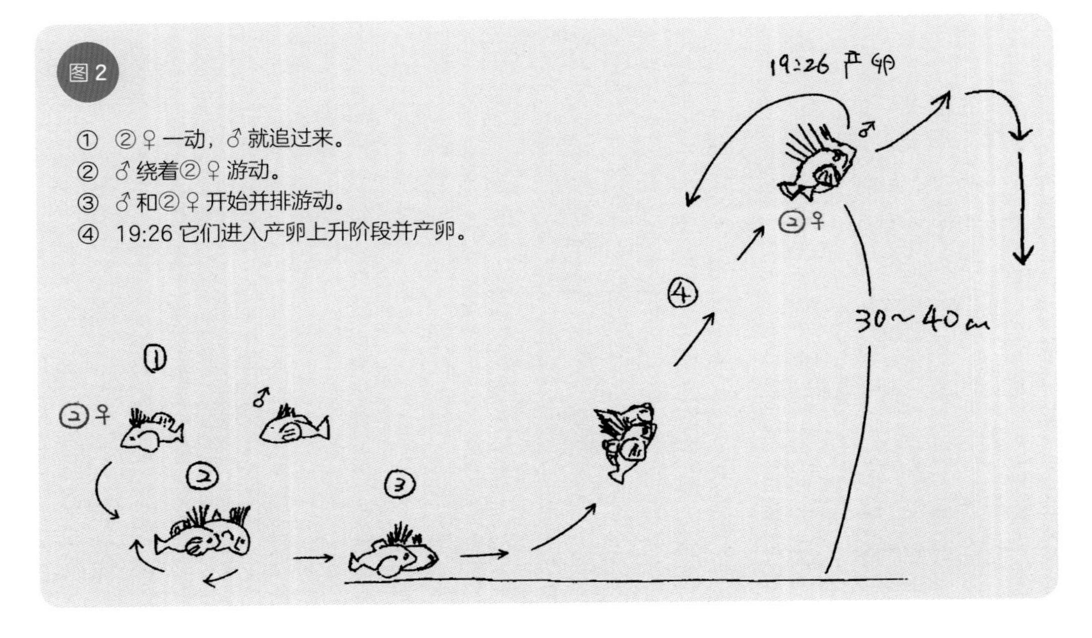

图2

① ②♀一动，♂就追过来。
② ♂绕着②♀游动。
③ ♂和②♀开始并排游动。
④ 19:26 它们进入产卵上升阶段并产卵。

	后面去了。优势♂追到岩石后面对其进行威吓，但没有进一步攻击。
2003.8.2	大濑崎的湾内左侧　－3 m　水温 22 ℃　弦月 3 天前（中潮）干潮 14:07　满潮 20:38　我从 19:05 开始在产卵场搜寻，但是♂和♀都没有看到。
2003.9.7	大濑崎的湾内右侧　－4 m　水温 23 ℃　满潮 16:29　干潮 22:09　17:50，我在海底陡坡上部附近的岩壁上发现了怀卵的♀和距♀约 0.8 m 远的岩壁上的♂。我没能继续观察下去，但它们应该是当天产卵了。
2003.9.17	大濑崎的湾内右侧　－5 m　水温 24 ℃　20:00 一过，M 就在沙地上发现了一对正在产卵的亲鱼。
2003.9.22	大濑崎的湾内中央　－1.5 m　水温 22 ℃　20:30 左右，快要结束潜水的时候，我在碎石地带发现了一对亲鱼。它们应该是刚刚产过卵。
2003.10.4	大濑崎的湾内右侧　－3 m　水温 23 ℃　17:00 左右，我在海底陡坡上部的岩石后面发现了一对亲鱼。在离这对亲鱼 1.5 m 远的地方有一条单独行动的♂，在离这对亲鱼 12 m 远的地方有另一对亲鱼。两对亲鱼的♀虽然腹部都不太鼓，但应该快产卵了。19:00 我去同一地点确认时，一条都找不见了。
2003.10.12	大濑崎的湾内右侧　－2 m　水温 23 ℃　我跟中村老师、I、相原一起潜水。17:12 左右，相原在离岸边数十米的地方发现了应该是刚刚产过卵的一对亲鱼。
2005.7.9	石垣岛的平川湾　－2 m　水温 28 ℃　22:00 左右，我在散布于沙地的呈台状的死珊瑚旁边发现一对亲鱼，感觉它们快要产卵了。5 分钟后，两条鱼依偎着游动起来，然后向斜上方游动并产卵了。产卵行为跟在伊豆群岛观察到的一样，但是卵块有两个。卵块像魔拟鲉的卵块那样有褶皱，这跟在伊豆群岛观察到的不一样。产卵不久前潮流开始向外海一侧流动。

花斑短鳍蓑鲉的黄色稚鱼

很多仔稚鱼在孵化后都会营浮游生活。浮游的仔稚鱼会随着潮流漂动，这被认为是一种繁殖策略，以便将后代分散到更广的范围。因为幼体体力较弱，如果都集中在一个地方，如果该地环境恶化，它们就会全军覆没。因此，这样做是为了降低风险。花斑短鳍蓑鲉的仔稚鱼也是这样：为了在水中隐形，它们在一段时间内营浮游生活，此时身体是透明的；在快要沉降到海底时，它们的体色会变成半透明的浅黄色。

花斑短鳍蓑鲉的稚鱼（15 mm）。晚上我在大濑崎拍摄浮游生物时遇到的，它应该快要沉降到海底了。进入海底生活数天后它的体色会逐渐变深。它的淡黄色条纹很漂亮。

鲈形目
真裸皮鲉科拟鳞鲉属

Paracentropogon rubripinnis # 红鳍拟鳞鲉

分布范围：日本本州以南至九州、伊豆群岛 **全长：** 5 ~ 10 cm ★★

1月	2月	3月	4月	5月	6月	7月	8月	9月	10月	11月	12月

0	1	2	3	4	5	6	7	8	9	10	11	12	13	14	15	16	17	18	19	20	21	22	23

产卵期为 5 月下旬至 8 月中旬，6 月为产卵高峰期。产卵行为跟潮汐和时间都有很大关系，多发生在大潮时日落后的 1 ~ 2 小时内，19:30 至 21:30 之间最多。我们至今还未观察到在白天产卵的。配对产卵，卵为分离浮性卵。在非大潮时当然也能观察到产卵，但还是大潮当天到数日后这种潮位差较大的时间段产卵最多。这可能是栖息在较浅海域物种的共同特点。比如星点多纪鲀、中华鲎等过去观察到的以较浅海域为产卵地的物种，以及生态与浅海密切相关的物种，潮汐是影响它们产卵的非常重要的因素。这一点在观察具有类似生态的物种时应该留意。

繁殖模式多种多样，有一条雄鱼跟多条雌鱼配对产卵的多配制，有两条雄鱼争夺一条雌鱼的偷袭逃跑式产卵，也有劣势雄鱼闯入的偷袭抢占式产卵，等等。但我没观察到在水族馆看到的多条雄鱼追随一条雌鱼，然后排卵、排精的模式。由于栖息密度等各种条件都不相同，所以在像水族馆这样的特殊环境中，产卵行为大多和野外不同。

雌鱼。背鳍棘比雄鱼短。

傍晚时我观察到的一对亲鱼。两条鱼并排挨在一起，几乎不动。

产卵前，雄鱼（左）一会儿与雌鱼（右）并排，一会儿向雌鱼进行侧面展示求爱。

两条雄鱼在争夺一条雌鱼（中）。重点在于雄鱼能否占据最靠近雌鱼的位置。

上图的场景之后，骑在雌鱼身上的雄鱼用嘴啄走了另一条雄鱼（左），从而分出了胜负。

有雄鱼闯入，两条雄鱼一时间胜负难分。最后，入侵雄鱼（左）被优势雄鱼（右）赶到大概 30 cm 远的地方。

产卵基本上是配对产卵，但有时劣势雄鱼也会以偷袭逃跑的方式参与产卵。这张图展示的是左页右下图的结局。

观察日记

2000.8.5

大濑崎的湾内 ●5天后（中潮） 干潮14:57 满潮21:18 夜晚我观察到了产卵。

2002.5.26

大濑崎的湾内 −15 m 水温19 ℃ ○（大潮） 满潮18:01 干潮23:35 我19:30左右潜入水下的时候，发现很多个体正在配对，配好对的亲鱼依偎着不动。♀的泄殖孔已经打开。光是傍晚的时候，我就观察到有50对好像将要产卵。夜晚去观察时，在离我1 m左右的地方，竹女士看到了3次产卵。

第1例 图1 19:05，♂靠着最初配对的那条♀（①♀）。此时另一条♀（②♀）过来了。♂离开①♀，向着靠过来的②♀游去，靠近后一边围着②♀转一边扇动胸鳍开始求爱。19:30，♂和②♀以约10°角斜向上游了数十厘米，之后几乎垂直上升了30 cm左右并产卵。产卵后两条鱼同时返回海底，依偎着待了2 ~ 3分钟。之后♂又回到了离它40 ~ 50 cm远的①♀身边，19:50产卵。产卵行为也是一样，但是返回海底后♂开始咬①♀的鳃盖，把①♀赶出了产卵场。①♀游了20 cm左右逃跑了。

第2例 20:20左右，跟第1例一样，一对亲鱼的附近来了另一条♀。♂跟后来的这条♀配对，跟第1例一样进行了求爱。具体行为是♂围着♀转，进行侧面展示求爱，几分钟后产卵。在第2例中我没观察到♂跟“正妻”配对产卵。卵为分离浮性卵。

2002.6.1

大濑崎的湾内 −10 m 水温18 ℃ ○6天后（中潮） 干潮15:16 满潮22:40 我傍晚潜入水下时没有发现要产卵的亲鱼。我19:00开始夜潜时，发现有2 ~ 3对亲鱼看起来像要产卵。我观察了一对雌雄体形都较小的亲鱼，♂正在向♀靠近。♂或骑在♀身上或用胸鳍触碰♀来催促排卵。在我为了拍摄而清理附近垃圾的时候，♀游到了离原来的位置50 cm远的地方。我用引导棒将♀引到另一条♂附近，但是♂没有求爱。19:45左右，最初配对的♂附近有另一条♀靠近，于是我用引导棒把新来的♀引到♂附近，几分钟后♂开始求爱。20:00左右，♀缓缓游起来，♂靠向♀，两条鱼并排游起来，几秒后离开海底向斜上方游去。它们一开始缓缓上升，上升到离海底10 cm左右的地方开始加速上升，在离海底50 ~ 60 cm的地方产卵了。产卵后它们迅速返回海底。只要不用灯光直射，即便不用红光潜水灯好像也可以。

2002.6.16

大濑崎的湾内 −15 m 水温17 ℃ ●5天后（中潮） 我看到一对亲鱼，♂跟在♀后面，但是因为有潜水团正好从正上方经过，所以两条鱼被冲散了。我试图用引导棒让它们恢复配对，但过了15分钟都没配上，只好放弃观察了。

2002.6.22

大濑崎的湾内 −14 m 水温18 ℃ ○3天前（中潮） 满潮16:22 干潮21:48 傍晚我看到3对亲鱼，但夜晚再去观察的时候它们已经分开了。19:30 ~ 20:20，我在−14 m处看到一对白天没看到的亲鱼（其中的♂称为①♂，其中的♀称为①♀，长分别为5 cm和3 cm）。之后②♂（长3 cm）闯入产卵场，但是被①♂击退。过了一会儿，①♂也离开了①♀。19:50左右，我把距离①♀ 3 m处的另一条♂（③♂）引导过来，但③♂咬了①♀的鳃盖，导致①♀逃跑了。实际上③♂是雌鱼（②♀），这条♀好像没有怀卵。②♀没有跑掉，

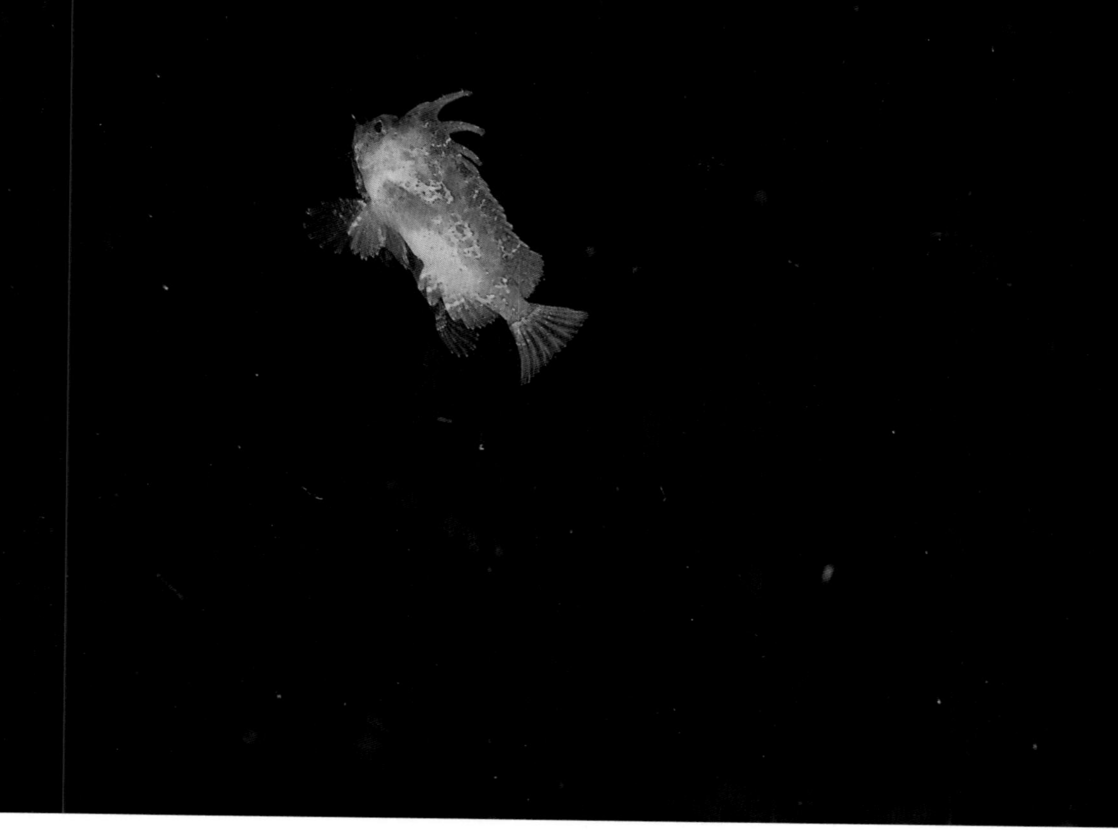

雄鱼将嘴巴前端贴在雌鱼鳃部开始产卵上升，它们从海底上升了 50 cm 左右并产卵。

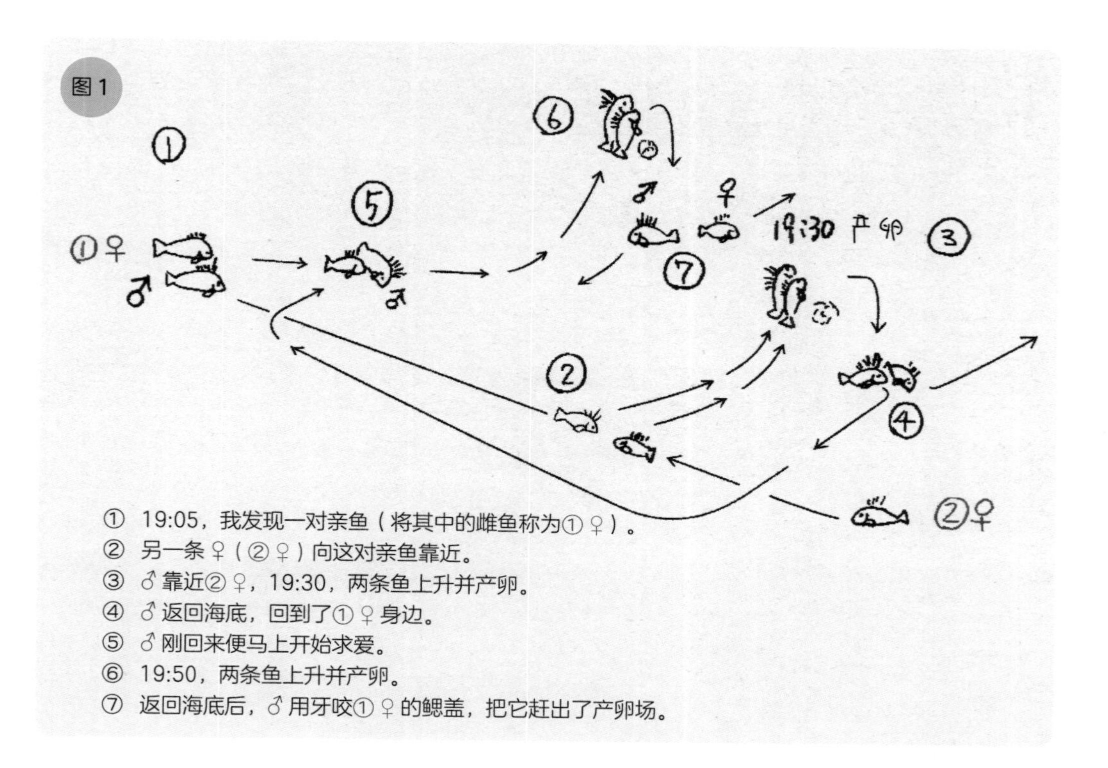

图 1
①
①♀
♂
⑤
♂
⑥
♂
♀
19:30 产卵
③
⑦
②
④
②♀
① 19:05，我发现一对亲鱼（将其中的雌鱼称为①♀）。
② 另一条♀（②♀）向这对亲鱼靠近。
③ ♂靠近②♀，19:30，两条鱼上升并产卵。
④ ♂返回海底，回到了①♀身边。
⑤ ♂刚回来便马上开始求爱。
⑥ 19:50，两条鱼上升并产卵。
⑦ 返回海底后，♂用牙咬①♀的鳃盖，把它赶出了产卵场。

①♂靠了过来但是没有求爱。然后我将①♂引导至①♀附近，①♂便与①♀并排挨在一起，用胸鳍开始求爱。之后①♂游到①♀后面，把胸鳍靠在①♀尾鳍上，颤动身体催促产卵，但我没看到产卵。相亲策略失败！果然人为引导还是不行啊！

2003.5.17　大濑崎的湾内　水温 18 ℃　○ 1 天后（大潮）　满潮 19:03　干潮 0:32（次日）　我傍晚潜入水下时，在湾内右侧看到了 3 对亲鱼。19:00 左右，我带着奥村先生和瓜生先生到了潜水点，但很快我的一台潜水灯就进水了。19:20 左右，我们发现了要产卵的一对亲鱼，奥村先生的团队负责拍摄这对亲鱼。它们好像 20:50 左右产卵了。这次是我邀请奥村先生来拍摄的，顺利完成了任务，我放心了！我看到附近有两对亲鱼有求爱行为，其中一对肯定能产卵，但为了不妨碍奥村先生的团队拍摄，我没有观察。

2003.6.7　大濑崎的湾内　水温 21 ℃　晚上我只发现了两对亲鱼。今年发现的数量较少。

2003.6.14　大濑崎的湾内　水温 21 ℃　○（大潮）　满潮 18:13　干潮 23:39　夜晚我在湾内右侧 −14 ～ −10 m 附近搜寻要产卵的个体，但没找到。不过，我看到一条当天已经结束产卵的♂和一条与♂稍微有些距离、腹部没有鼓起的♀（应该是刚刚产卵）。2003 年观察到的个体数比 2002 年要少，但整体上大型个体（长 6 ～ 7 cm）较多。

2003.6.21　大濑崎的湾内右侧　水温 20 ℃　弦月（小潮）　干潮 16:24　满潮 23:27　19:10 之后，我在 −13 m 处的一个旧轮胎上发现了一条腹部鼓起的♀（长 4 cm）和一条♂（①♂，长 7.5 cm）。①♂前后游动开始向♀求爱。求爱数次后，①♂在旧轮胎上方环绕一周威吓其他♂。附近的沙地上也有几条♂，但是只有轮胎附近的♂成了①♂的威吓对象。19:45 左右，①♂在轮胎上巡游，♀游到了轮胎下面。此时②♂向♀靠了过来。♀厌烦地稍微动了一下，①♂回来向②♂撞过去进行威吓。②♂逃跑了，游出数十厘米。①♂又开始与♀配对。②♂再一次靠近，①♂又进行威吓并与之争斗。战败的②♂逃了数十厘米，①♂再次追赶，将它赶到了 1 m 开外。遗憾的是，我今天只观察到了 20:00。这次观察到的准备好产卵的这对亲鱼周围有数条♂，继续观察下去说不定能看到更有意思的行为。

2003.7.5　大濑崎的湾内　−13 m　水温 19 ℃　弦月 2 天前（中潮）　干潮 15:10　满潮 21:58　**图 2**　19:50，我在延伸到远海的锁链附近发现一对亲鱼（其中的雄鱼称为①♂）。观察开始 5 分钟后，①♂开始向斜上方游动，游了大概 40 cm，那里有②♂。①♂没有对②♂采取激烈的追逐行动，只是观察了一会儿就回到了♀身边。回来后①♂的求爱变得频繁，与♀或首尾相对或呈 T 形。20:00 左右，两条鱼并排挨在一起，上升了约 70 cm 并产卵。

2003.7.13　大濑崎的湾内　−14 m　水温 19 ℃　○ 1 天前（大潮）　满潮 18:12　干潮 23:37
第 1 例　19:10，我在 −14 m 处的锁链上发现一对亲鱼。它们并排挨着，但♂时不时地围着♀（①♀）转并求爱。19:20 左右，②♀从上方来到了锁链下面。正在向①♀求爱的♂像是要确认②♀的情况一样来到了锁链下面。1 ～ 2 分钟内双方都没有大动作，但之后♂与②♀并排挨在一起，一会儿用胸鳍发送求爱信

	号，一会儿垂直于②♀的头部呈T形，甚至还利用锁链骑到了②♀上面。19:30左右，♂猛地撞过去，之后两条鱼彼此依偎着上升了大概60 cm并产卵。两条鱼下降到了几乎相同的位置。之后，我去观察附近的中间角鲆的求爱，5分钟后回到同一地点时，①♀的腹部也瘪了下去，应该是产过卵了。 **第2例** 图3 19:45，我在离第1例亲鱼大概1m远的锁链旁边发现一对亲鱼（我将其中的雄鱼称为①♂）。①♂像往常一样开始向♀求爱。19:55左右，跟①♂大小相当的②♂出现在距①♂和♀20 cm的地方。①♂只要一接近，②♂就会潜到锁链下面躲起来。20:10左右，♀游到了离锁链大概10 cm远的地方，①♂也跟着♀开始游动。①♂和♀依偎着开始上升，在上升了20 cm左右时，藏在锁链下的②♂以极快的速度接近它们，就这样以两条♂、一条♀的形式产卵了。这是我头一次观察到红鳍拟鳞鲉雄鱼的偷袭逃跑式产卵行为，但是之前我在别人发表的文章中看到过有类似行为的观察案例。
2003.7.26	大濑崎的湾内右侧　水温21 ℃　●3天前（中潮）　干潮16:51　满潮22:21　20:00左右，浜木绵的常客I在锁链附近看到了产卵。
2003.8.30	大濑崎的湾内　水温21 ℃　从8月中旬开始就没看到配对的亲鱼，应该是繁殖期结束了。

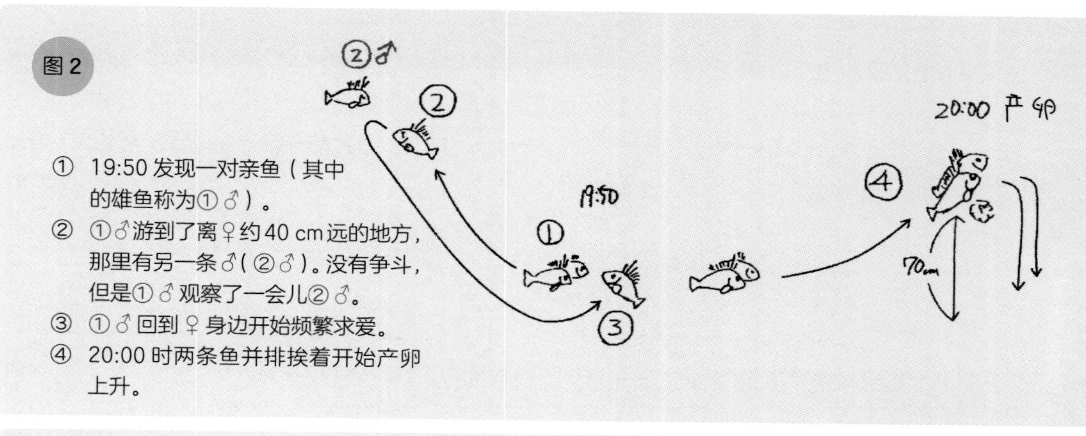

图2

① 19:50发现一对亲鱼（其中的雄鱼称为①♂）。
② ①♂游到了离♀约40 cm远的地方，那里有另一条♂（②♂）。没有争斗，但是①♂观察了一会儿②♂。
③ ①♂回到♀身边开始频繁求爱。
④ 20:00时两条鱼并排挨着开始产卵上升。

图3

① 19:45发现一对亲鱼（将其中的雄鱼称为①♂）。
② 入侵♂（②♂）出现，向亲鱼靠近。
③ ①♂驱赶②♂。②♂逃跑，躲到了锁链下面。
④ ①♂向♀求爱，两条鱼开始并排游动。
⑤ 20:10左右，两条鱼开始产卵上升。
⑥ 与此同时，②♂从锁链下面飞快游出，迅速追上亲鱼并参与了产卵。

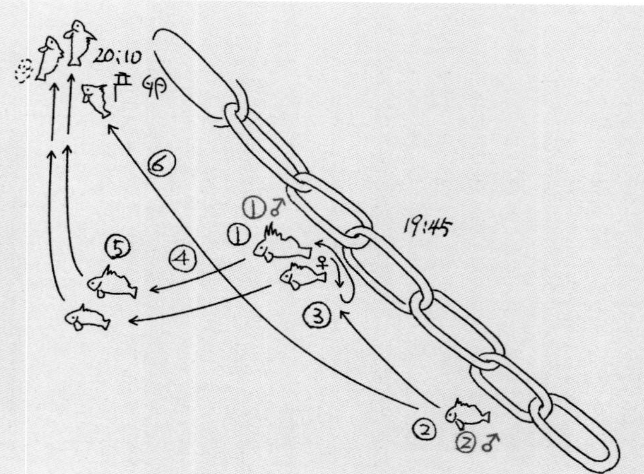

鲈形目
杜父鱼科鳚杜父鱼属

Pseudoblennius percoides 鲈形鳚杜父鱼

分布范围：日本北海道西南部至九州　**全长：** 12 ~ 21 cm　★★

1月 2月 3月 4月 5月 6月 7月 8月 9月 10月 11月 12月
0 1 2 3 4 5 6 7 8 9 10 11 12 13 14 15 16 17 18 19 20 21 22 23

繁殖方式不是体外受精，而是通过交配进行的体内受精。交配高峰期和产卵高峰期均为当年11月下旬至次年1月。交配和产卵都在白天进行。雌鱼会把卵产在海鞘的出水口，因此它们会“考察”很多海鞘，然后从中选择适合产卵的。即使它们当时离开了中意的海鞘所在的地方，多数情况下也会再次回到这个地方。产卵前的准备时间很长，但我们只要一直跟在腹部隆起的雌鱼后面就不难观察到产卵行为。这种鱼好奇心非常强，所以紧跟在后面也没关系。它们在“考察”海鞘时会扇动胸鳍窥探海鞘的内部，模样很有趣。很多时候它们只是瞥一眼后就向下一只海鞘游去了，但只要对那只海鞘有一点儿兴趣，它们就会将一只眼睛靠近海鞘的出水口，仔细观察海鞘的内部。产卵在午后更活跃，不过在傍晚天色稍暗的时候产卵就基本结束了。这应该是因为天色暗下来后就无法观察海鞘内部了。

正在窥探海鞘内部的雌鱼。它腹部隆起，产卵管明显突出。

交配比产卵更难观察。雄鱼会从后面接近与其他雄鱼产卵后疲惫不堪的雌鱼或者正在捕食猎物的雌鱼，迅速对准雌鱼的腹部进行交配。不然，雄鱼就有可能在交配失败时被雌鱼吃掉。

雄鱼（左）在离雌鱼（右）比较远的地方等待交配的机会。因为雄鱼如果不谨慎，就有可能被雌鱼吃掉。

雄鱼（右）在雌鱼（左）的后方等待交配的机会。雄鱼不会出现在雌鱼的前方。

雄鱼（左）试图接近结束一次产卵后正在休息的雌鱼（右）。雄鱼的交配器官伸出体外，它已经准备就绪了。

雄鱼一旦发现交配的机会，就会立即从雌鱼后方靠近，几秒钟就完成交配了。雄鱼如果不马上逃跑，则性命堪忧。

排卵的瞬间。雌鱼张开嘴，一边颤抖身体一边排卵。

产卵后，雌鱼保持着泄殖孔仍伸在外面的状态寻找下一个产卵地。

鲈形目
杜父鱼科鳚杜父鱼属

Pseudoblennius zonostigma 带斑鳚杜父鱼

分布范围：日本本州中部以南（日本海一侧则是在富山湾、佐渡岛以南）至九州　**全长：**6 ~ 15 cm　★★★

1月		2月		3月		4月		5月		6月		7月		8月		9月		10月		11月		12月	
0	1	2	3	4	5	6	7	8	9	10	11	12	13	14	15	16	17	18	19	20	21	22	23

交配高峰期为 10 月至 12 月上旬，产卵高峰期为当年 12 月至次年 2 月。跟鲈形鳚杜父鱼一样，先交配，体内受精后再产卵。交配、产卵都在白天进行。要想观察交配，需要在交配期内追寻看似漫无目的地游动的雄鱼。其实雄鱼的这一行为是为了寻找雌鱼，所以此时即便你近距离观察，它们也不会在意。如果能找到在 1 ~ 2 m 远处追赶雌鱼的雄鱼，就有机会观察到交配，但观察难度较高。

这种鱼会在羽绒埃珀海绵或 *Callyspongia confoederata* 等海绵上产卵。强壮的雌鱼大多会独占条件好的海绵，体弱的雌鱼则多条共用一只海绵。观察产卵的最佳时间是除早晨、傍晚以外的白天，不宜在天色较暗的时间段或天特别阴沉、好像要下雨的日子观察。因为光线较好的话，雌鱼更容易窥探海绵内部。产卵会进行一整天。产过一次卵后，雌鱼会在不远处休息 30 分钟至 1 小时。如果能找到腹部隆起、正在窥探海绵的雌鱼，那么不用等很长时间应该就能看到产卵。

腹部隆起的雌鱼。跟在它后面就能看到产卵。

雄鱼（下）伸出交配器官跟在雌鱼（上）身后，正在寻找交配时机。

雄鱼的交配器官上有一条红色线纹。

两条䲗鱼共用一只海绵。在捕食者多的环境中，产卵时多条䲗鱼共用一只海绵的话，能够提高它们从捕食者口中逃脱的概率。

䲗鱼正在窥探 *Callyspongia confoederata* 的内部。一旦找到喜欢的海绵，䲗鱼就会用两只眼睛仔细观察海绵的内部。

产卵的瞬间䲗鱼张开嘴巴，一边微微颤动身体，一边将卵产在海绵内部。产卵的频率大概是 30 分钟一次。

雌鱼一般将卵排在海绵内部的深处，但这张照片中的卵跑到了海绵外面。

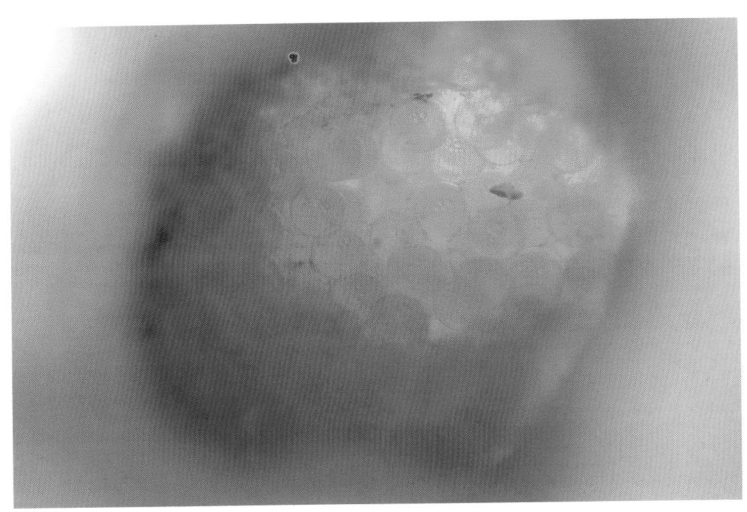

刚刚产下的橙色的半透明的卵。雌鱼排卵时会尽量使卵聚集在海绵内部的深处。

产下 3 周后的卵。随着水温的变化，这些卵会在 20 天至 1 个月内孵化。

观察日记

2003.10.12 大濑崎的栅下 −14 m 水温 23 ℃ 13:10，我发现了正在追赶♀的♂。♂若即若离地跟在♀后面，就像在跟踪♀一样。交配的瞬间它们躲到了岩石后面，所以我没观察到。我还看到其他几条已经进入交配期的♂，它们全都伸出了交配器官。

2003.11.22 大濑崎的岬角尖前端 水温 19 ℃ 11:40 左右，我在 −16 m 附近看到一对亲鱼，♂正在追赶♀。中途有另外两条♂靠近，都被亲鱼中的♂赶跑了。亲鱼中的♂在♀的后面保持 0.5 m 的距离跟着♀游了大概 8 m 后，也就是 11:45，它们在岩石后面交配了。交配持续了十几秒，一结束它们就朝不同的方向游走了。我这次是在岬角前端的右侧观察的，此处有很多带斑鲥杜父鱼。

2003.11.23 大濑崎的大佛岩 水温 17 ℃ 10:40 左右，我在 −19 m 处发现♂正在追赶♀，♂在♀后方大概 0.8 m 处。交配的瞬间它们躲到了岩石后面，所以我没观察到。

远东拟隆头鱼的雌鱼正在等待带斑鲥杜父鱼的亲鱼产卵。前者一靠近就会被后者赶走，所以二者保持着适度的距离。

带斑鲥杜父鱼的亲鱼结束产卵离开后，远东拟隆头鱼的雌鱼把头伸到海绵里面，试图吃掉海绵内部上缘的卵。

恋爱模样不为人知的鱼儿们

日本真鲈

求爱、产卵等繁殖行为为人所知的海洋生物，连海洋生物整体的 1% 都不到。一想到能够观察那些日常生活中就能见到的、繁殖行为不为人知的大型生物（日本真鲈就是其中的一种）的繁殖场景，我就十分激动。

在大濑崎的湾内栖息着日本真鲈。日本真鲈多生活在海湾深处能见度较差的海域，栖息在大濑崎这样环境好的水域中的极少。我第一次看到日本真鲈的一对亲鱼是在 21 年前。在鲜有人至的傍晚，两条鱼依偎着从我面前悠然自得地游过。之后我又在同一时间来观察，但是这个时候大型鱼本身数量就很少，因此遇到日本真鲈的概率也极低。大濑崎的湾内日本真鲈的数量在几年前呈爆发式增长，我以为观察的机会来了。但是后来日本真鲈因成了钓鱼者的战利品，数量再次减少。就这样，我对“梦中情鱼”的繁殖观察迟迟未能如愿。

日本真鲈白天不会到处游动，而是静静地待着。

日本真鲈属夜行性动物，日落以后会频繁觅食。

在晚秋的傍晚，我曾多次看到日本真鲈的亲鱼在浅水处游动。

鲈形目

鮨科拟花鮨属

Pseudanthias squamipinnis # 丝鳍拟花鮨

分布范围： 日本南部的太平洋一侧、伊豆群岛、小笠原群岛、九州西岸、冲绳县 **全长：** 8 ~ 10 cm

1月	2月	3月	4月	5月	6月	7月	8月	9月	10月	11月	12月

0 1 2 3 4 5 6 7 8 9 10 11 12 13 14 15 16 17 18 19 20 21 22 23

产卵高峰期为 8 月至 12 月，产卵在午后进行。卵为分离浮性卵。生活在大濑崎的岬角东西两侧的丝鳍拟花鮨产卵时间不同，生活在这里的珠樱鮨也是这样。在岬角东侧，湾内水下 15 m 以深处栖息的群体产卵开始得最早；随着所处深度变浅，生活在大濑崎其他水域的群体产卵时间也会逐渐变晚。而在岬角西侧，外海各处的群体产卵时间最晚。

白天，雄鱼会频繁地向雌鱼进行 U 形求爱。到了夕阳西下时，雄鱼的 U 形求爱行为开始变得激烈和频繁。大濑崎是丝鳍拟花鮨的主要栖息地之一，尤其在岬角内侧，数量多达上千条。因此，到了雄鱼频繁进行 U 形求爱时，场面就会非常壮观。雄鱼多次重复 U 形求爱后，雌鱼会从海底附近慢慢游到水体中层。此时雄鱼会在雌鱼上方不远处一边绕圈一边以极快的速度颤动身体。在求爱的最后阶段，雄鱼仿佛在跳桑巴舞。然后雄鱼会跟浮上来的雌鱼并排挨在一起，身体互相缠绕着产卵。

丝鳍拟花鮨幼鱼多跟霓虹雀鲷的幼鱼混游。

雄鱼之间的争斗。求爱时雄鱼会频繁、反复地争斗。

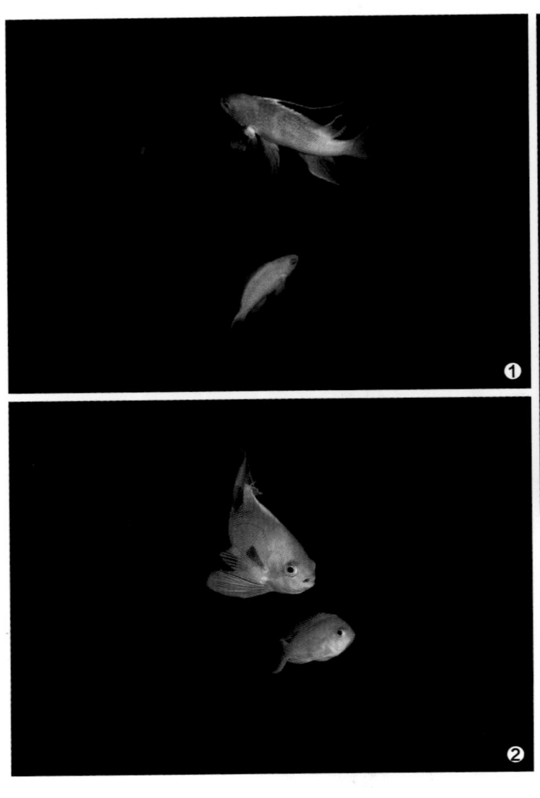

① 回应雄鱼（上）求爱的雌鱼（下）朝雄鱼游去。如果对雄鱼的“求爱舞”不满意，有些雌鱼也会游向其他的雄鱼。

② 即将产卵的一对亲鱼。之后它们会缠绕着彼此的身体排卵、排精。

③ 雌鱼（最右侧的那条）应允了多条雄鱼的求爱。趁着左边两条雄鱼正在争斗，靠近雌鱼的雄鱼成功地与雌鱼产卵。

在产卵期内，在大濑崎可以看到数千条丝鳍拟花鮨产卵。雄鱼在大量雌鱼上方跳“求爱舞”的场景值得一看。

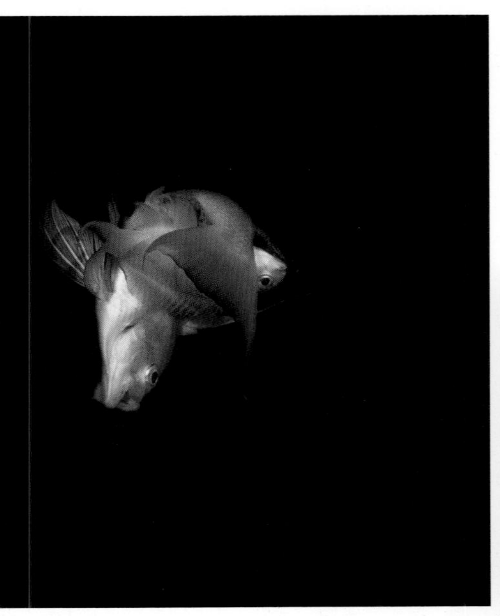

有缠绕动作的亲鱼中有一部分并没有产卵，似乎有伪产卵行为。

求爱前，雄鱼会聚集在雌鱼群附近。

雌鱼（右下）正在仔细观看雄鱼（左上）展开鱼鳍跳的“求爱舞”。

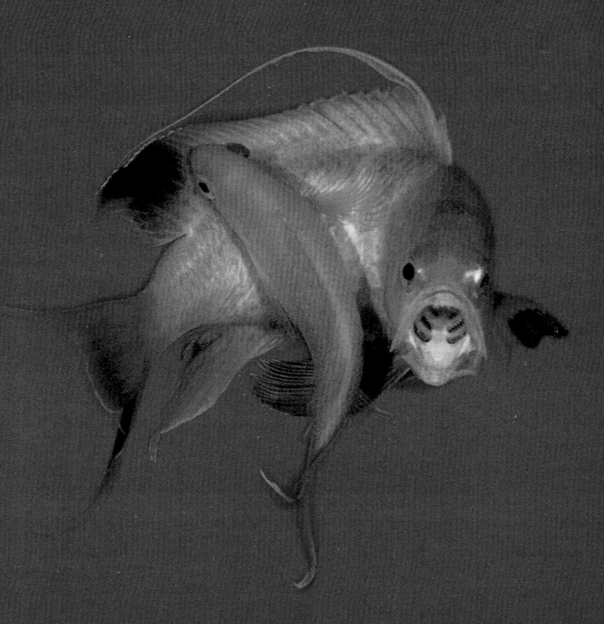

雄鱼翻转身体跟雌鱼缠绕在一起游动。

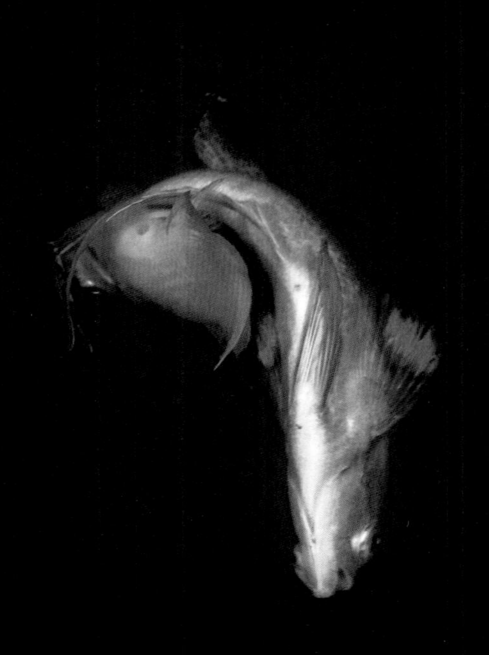

在雄鱼缠绕上来的瞬间，雌鱼排卵、雄鱼排精。在雄鱼张开的泄殖孔周围，刚被产下的卵隐约可见。

产卵后雌鱼（右下）马上向海底游去。雄鱼（左上）上方刚被产下的卵隐约可见。

观察日记

2003.8[①]	大濑崎全域　从 8 月中旬开始就能看到求爱行为。我想搞清楚丝鳍拟花鮨跟丁氏丝隆头鱼的敌对关系。
2003.11.2	大濑崎的岬角前端　水温 20 ℃　此时还能看到求爱行为。我看到 ♂ 在 ♀ 上方急速下降并求爱。跟拍摄珠樱鮨相比，拍摄丝鳍拟花鮨的难度较大。
2003.11.9	大濑崎的岬角前端　水温 19 ℃　此时求爱行为还很频繁。我在 −13 m 附近观察到了产卵。
2003.11.15	大濑崎的岬角内侧　水温 19 ℃　**图1** 我从 14:40 开始在 −18 m 附近观察产卵行为。观察刚开始时，可以看到有很多 ♂ 聚集成群，在 ♀ 群的上方一边颤动身体一边重复快速下降、快速上升的 U 形求爱行为。14:50 左右，♂ 体表出现了淡淡的横条纹，并开始快速颤动身体。接受了求爱的 ♀ 缓缓靠近 ♂，♂ 也向 ♀ 靠过去，它们并排挨在一起迅速产卵。♂ 在排精的瞬间张开了嘴。我观察了数条 ♂，它们全都在 14:50 以后开始正式求爱，并依次产卵。一条 ♂ 产卵 2 ~ 3 次后，数分钟内都没有再进行求爱。15:20 后我游到较浅的地方观察其他群体，但这里的 ♂ 都没有产卵前的求爱行为，我也没看到产卵。丝鳍拟花鮨应该是根据水下的明暗度来确定产卵时机的。
2003.11.22	大濑崎的岬角内侧　水温 19 ℃　15:30 左右，我在 −18 m 附近看到了产卵高峰。到了 15:45 左右，−11 m 附近的产卵也很频繁。♀ 聚集在海底附近时，♂ 会进行 U 形求爱。这个行为好像是让 ♀ 上浮的信号。一旦 ♀ 开始上浮，上方的 ♂ 就会斜着身子以较高的频率颤动身体，开始向 ♀ 求爱。回应求爱的 ♀ 一来到 ♂ 附近，♂ 就会游过来，两条鱼并排挨在一起。它们向斜上方游动一小段距离后，互相缠绕着产卵了。产卵的瞬间 ♂ 的嘴巴是张开的。

① 原书中未记录具体日期。——编者注

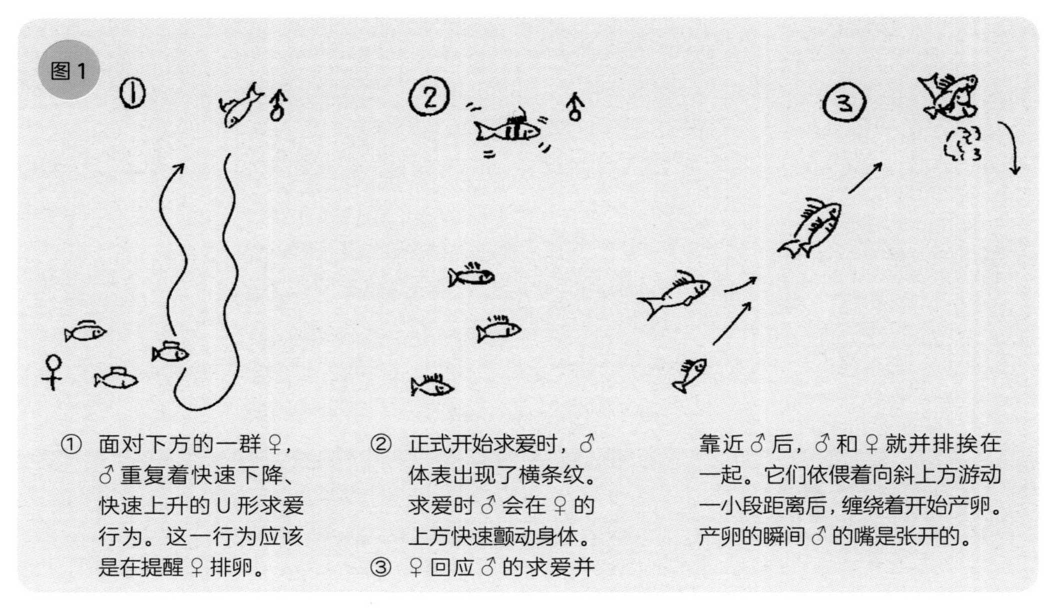

① 面对下方的一群 ♀，♂ 重复着快速下降、快速上升的 U 形求爱行为。这一行为应该是在提醒 ♀ 排卵。

② 正式开始求爱时，♂ 体表出现了横条纹。求爱时 ♂ 会在 ♀ 的上方快速颤动身体。

③ ♀ 回应 ♂ 的求爱并靠近 ♂ 后，♂ 和 ♀ 就并排挨在一起。它们依偎着向斜上方游动一小段距离后，缠绕着开始产卵。产卵的瞬间 ♂ 的嘴是张开的。

2003.11.24	大濑崎的岬角内侧　水温 18 ℃　15:15 ~ 15:38，我在 −16 m 附近观察到了产卵。产卵的个体还是很多，产卵行为比较活跃。
2003.11.29	大濑崎的岬角内侧　水温 19 ℃　13:30 左右，我在 −17 m 附近看到了求爱、产卵行为，然而 15:00 我再去同一地点确认时，大部分个体已经结束产卵了。1 小时内大概只观察到 10 次产卵。
2003.12.6	大濑崎的岬角内侧　水温 19 ℃　我从 14:15 开始在 −17 m 附近观察，不过产卵行为早就开始了。求爱的♂至少有 10 条。从当天的天气来看，我觉得产卵开始得相当早。
2003.12.7	大濑崎的岬角内侧　水温 19 ℃　我从 14:53 开始观察。求爱、产卵的个体比前一天稍微多一些，但产卵期好像快结束了。15:30 以后，我在 −10 m 以浅的地方看到了很多次产卵。今天观察到的产卵行为都跟平时的一样，但是我也看到了几例没有排卵、排精的。是伪产卵还是正式产卵前的预演？这种行为我以前也看到过几次。丝鳍拟花鮨产卵前的行为都一样，♀接受♂的求爱并向上游动靠近♂，♂也靠过来。然后两条鱼并排游动并互相缠绕，一般会在互相缠绕的瞬间产卵。
2003.12.20	大濑崎的岬角内侧　水温 15 ℃　我在 15:00 ~ 15:58 进行了观察。观察过程中，产卵断断续续地进行，非常活跃，我看到了 30 次以上。
2004.1.3	大濑崎的岬角内侧　−17 ~ −13 m　水温 15 ℃　从 2003 年 12 月 30 日到 2004 年 1 月 3 日，我在 15:00 ~ 16:00 连续进行了观察。怀卵的♀数量虽然明显减少，但仍可以观察到产卵的亲鱼。到了这个时期，一条♀会被 2 ~ 3 条♂求爱。繁殖期快要结束了吗？
2005.1.10	大濑崎的岬角内侧　水温 17 ℃　图 2 繁殖期接近尾声，但仍看到了多次产卵。

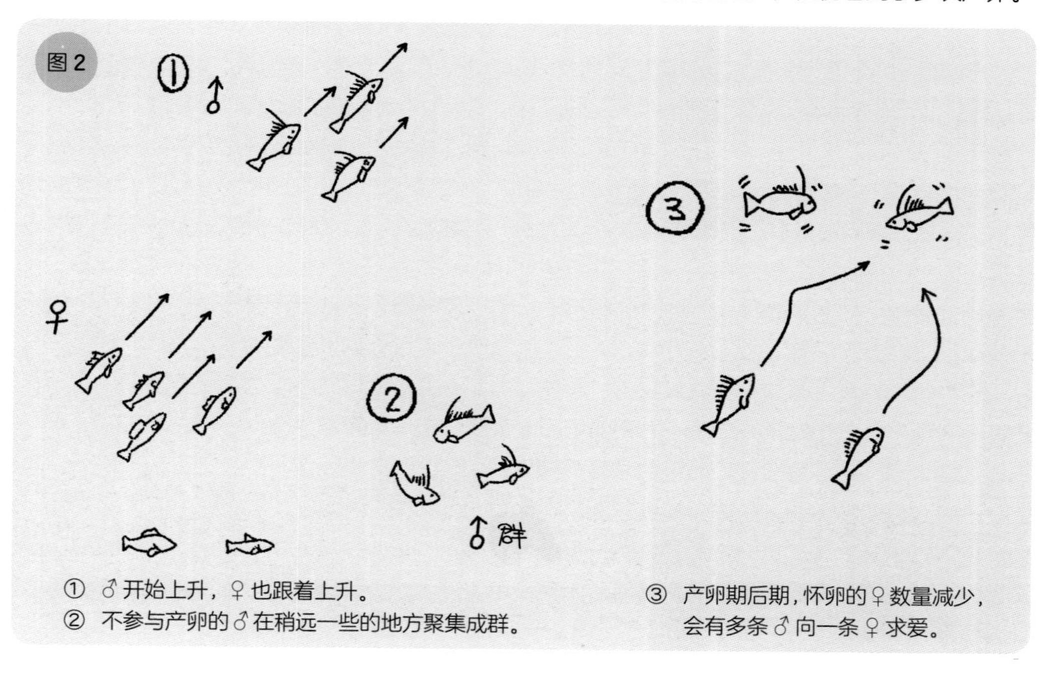

① ♂开始上升，♀也跟着上升。
② 不参与产卵的♂在稍远一些的地方聚集成群。
③ 产卵期后期，怀卵的♀数量减少，会有多条♂向一条♀求爱。

鲈形目

鮨科拟花鮨属

Pseudanthias pleurotaenia **侧带拟花鮨**

分布范围：日本骏河湾以南的太平洋一侧、伊豆群岛、冲绳县　**全长：** 7 ~ 12 cm　★★☆

1月		2月		3月		4月		5月		6月		7月		8月		9月		10月		11月		12月	
0	1	2	3	4	5	6	7	8	9	10	11	12	13	14	15	16	17	18	19	20	21	22	23

产卵期为 4 月至 11 月，其中高峰期为 6 月至 9 月。配对产卵，一般从上午就开始了。拟花鮨比较受潜水爱好者喜爱，其中美丽的侧带拟花鮨是我极力推荐观察的物种。和丝鳍拟花鮨一样，比起光线，水流等才是影响侧带拟花鮨产卵的重要因素。这种鱼的繁殖生态需要在久米岛拍摄，所以我需要熟悉环境的当地向导带路。听从向导的建议非常重要，本节的照片就是在当地向导的指引下拍摄的。因为向导对它们的繁殖时间和繁殖行为预测得很准，所以虽然每个场景都只有一次拍摄机会，但是拍摄效果都不错。这种鱼栖息于 −30 m 左右的深水处，因此无法长时间观察。在繁殖期，雌雄鱼体色差距极大，拍出的照片十分漂亮。

它们的求爱模式跟其他拟花鮨相似，也是雄鱼在有适当缓流的时候在雌鱼上方跳类似桑巴舞的求爱舞。雌鱼如果接受雄鱼的求爱，就会从下方靠近，然后两条鱼并排挨在一起。它们会依偎着进行产卵上升，之后缠绕着排卵、排精。只要发现快速游向雄鱼身边的雌鱼，就能看到产卵的瞬间。

亮黄色的雌鱼在深海也非常醒目。

雄鱼（下）展开鱼鳍展示其美丽的婚姻色并向雌鱼（上）求爱。

产卵的瞬间。雌鱼（左）一排卵，雄鱼（右）就翻转身体排精。雌鱼左下方的卵清晰可见。

雄鱼游进雌鱼群中求爱。之后亲鱼开始产卵上升。

凭借华丽的战服一决胜负

雄性拟花鮨

求爱时的紫红拟花鮨的雄鱼。（冲绳县久米岛）

紫红拟花鮨的雄鱼（上）正在向雌鱼（下）求爱。雌鱼也变得极美。（冲绳县久米岛）

无论对喜欢观察鱼类还是喜欢摄影的潜水者来说，拟花鮨都是“人气明星”。如果进行人气投票，它们绝对名列前茅。拟花鮨有着鱼类典型的矫捷的身形和看起来亲切的面容，而且大部分体色都以红色为主，与蓝色海洋十分相称。拟花鮨最美丽、最耀眼的时刻就是繁殖期，因为雄鱼有婚姻色。在繁殖期内，雄鱼的体色会变得非常鲜艳，但很多雄鱼的体色变化太大了，看起来像变成了其他科属的鱼。求爱时雄鱼的婚姻色会变得更美。此外，接受雄鱼求爱的雌鱼体色也会变得很美。虽然雌鱼并不像雄

黄点拟花鮨的雌鱼。（和歌山县须江）

黄点拟花鮨的雄鱼。（和歌山县须江）

午后较晚时，刺盖拟花鮨开始求爱。（冲绳县久米岛）

鱼一样会改变体色，出现十分明显的婚姻色，但它们的体色还是会变得更鲜艳，身体也更有光泽。我甚至有时候会将它们误认为是其他科属的鱼。

为了能用照片表现这种美，我拍摄时故意曝光不足，这样就可以拍出朦胧的色调。不同种类的拟花鮨求爱、产卵的时间也不同，有的在上午进行，有的在下午很晚时才开始，还有的在傍晚繁殖行为才达到高峰。如果能发现雄鱼体色的变化并把握变化的时机拟花鮨的产卵行为应该也很好预测。

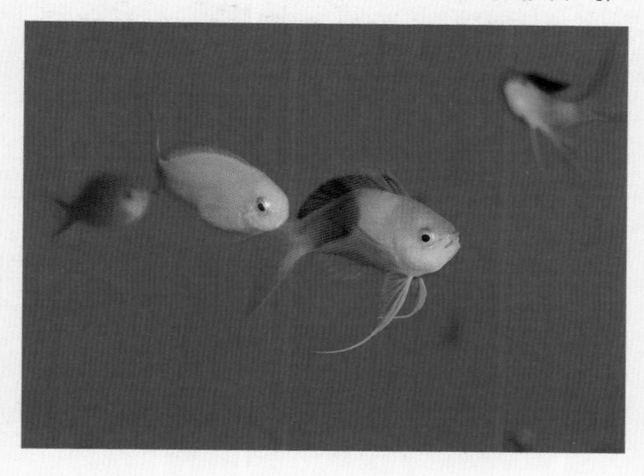

刺盖拟花鮨的一对亲鱼。（冲绳县久米岛）

白带拟花鮨的雄鱼。

红带拟花鮨的雄鱼。（和歌山县日高町）

鲈形目

天竺鲷科鹦天竺鲷属

Ostorhinchus holotaenia 全纹鹦天竺鲷

分布范围：日本相模湾以南、冲绳县、伊豆群岛、小笠原群岛　**全长：** 4 ~ 6 cm

1月	2月	3月	4月	5月	6月	7月	8月	9月	10月	11月	12月

0	1	2	3	4	5	6	7	8	9	10	11	12	13	14	15	16	17	18	19	20	21	22	23

产卵高峰期为 6 月至 8 月，产卵在下午到傍晚进行。这种鱼在一天中开始产卵的时间比黑点鹦天竺鲷晚，比半线鹦天竺鲷早。它们多在由岩石包围起来的地方产卵，很少在开阔的地方产卵。刚配对时，雌鱼会缠着雄鱼。为了将雌鱼产下的卵衔在口中，雄鱼会像打哈欠那样将嘴张开。之后，雌鱼如果也有类似打哈欠的行为，就说明马上要产卵了。产卵期初期，从雌鱼产卵到雄鱼将卵衔在口中的间隔时间很长，拍摄起来比较轻松。但到了产卵期后期，它们都变成“熟手”了，动作极快，拍摄也会变难。如果在午后较晚时发现配好对的亲鱼，则观察和拍摄产卵的难度不高。

通常在日落后产仔，产仔多在开阔的沙地进行。产仔时雄鱼一边游动一边将嘴一开一合地释放仔鱼，那样子就像正在喷出蒸汽的蒸汽火车。产仔前多数雄鱼会做出“栽倒”的动作。产仔的观察难度较高。

雌鱼之间的争斗。产卵期中期以后，单身雄鱼变得很抢手，雌鱼之间为争夺雄鱼展开的争斗逐渐变得激烈。

雌鱼（近处）通过好似亲吻雄鱼（远处）鳃部的动作向雄鱼求爱。雌鱼腹部很鼓。

产卵前，雄鱼在接受雌鱼的求爱后，会为了衔住卵而“打哈欠”。

产卵的瞬间。雌鱼一排卵，雄鱼就在卵上面排精（①～②）。之后雄鱼会将卵衔在口中（③）。到了产卵期后期，不知是不是因为技术娴熟了，雄鱼将卵衔在口中的动作快得出奇。

衔着卵的雄鱼。过一会儿雌鱼就会绕着雄鱼游动并啄雄鱼的嘴巴。

产仔时，仔鱼不仅会从雄鱼的嘴巴里出来，还会从鳃里出来。（摄影：中村宏治）

观察日记

2000.9.3	大濑崎的湾内右侧　●第 5 天（中潮）　干潮 14:20　满潮 20:21　20:00 左右，我在 −7 m 处看到了产仔。♂ 是在离海底 0.8 m 的高度一边水平游动一边产仔的，那样子仿佛正在喷出蒸汽的蒸汽火车。
2002.6.22	大濑崎的湾内浅水处　我看到了怀卵的 ♂。
2002.8.10	大濑崎的湾内　−7 m　水温 25 ℃　● 1 天后（大潮）　满潮 19:17　干潮 1:59（次日）　19:10，我在沙地上看到了将要产仔的 ♂，而在我寻找半线鹦天竺鲷亲鱼的间隙（大约 3 分钟）它好像就产仔了。我在离产仔前看到它的地点 2 ~ 3 m 远的地方发现了它，那时它口中已经没有卵块了。
2003.7.6	大濑崎的湾内　−6 m　水温 18 ℃　弦月 1 天前（小潮）　15:00 左右，我看到一对正在热烈求爱的亲鱼。因为想先去观察黑点鹦天竺鲷产卵，所以我没有继续观察。我看到 ♀ 轻撞 ♂ 的嘴巴，所以应该快要产卵了。
2003.8.23	大濑崎的湾内　−8 m　水温 25 ℃　弦月 3 天后　满潮 16:00　干潮 21:37　我看到多条产仔前后的 ♂，它们好像在 19:30 左右潮流开始涌动时产仔了。由于我去观察其他物种了，所以没有看到产仔的瞬间。
2003.8.31	大濑崎的湾内　−5 m　水温 21 ℃　我看到了刚刚结束产卵的一对亲鱼。
2005.7.31	大濑崎的湾内　水温 24 ℃　14:00，我看到 3 对亲鱼，其中的两对在我目光离开的间隙，也就是在 14:30 ~ 15:00 产卵的。另外一对的 ♂ 也开始追逐 ♀ 并积极回应 ♀ 的求爱，17:10 产卵。到了产卵前 10 分钟左右的时候，♀ 的求爱热情减退，用身体摩擦 ♂ 的行为也变少了。我还看到了与 ♀ 一动 ♂ 就追过去这种常见的求爱行为相反的行为。
2005.8.2	大濑崎的湾内　−8 m　水温 23 ℃　16:40，我和竹女士在横亘在海底的枯萎的马尾藻床上发现了正在求爱的一对亲鱼，求爱跟往常一样由 ♀ 主导。不知道是不是因为我们靠近的缘故，♂ 游动了好几次，♀ 也追了过去。17:10 左右，这对亲鱼回到了我们最初发现它们的地方，之后就没有太大动静了。这时 ♀ 也开始“打哈欠”了。这种行为在其他配对的亲鱼里也经常能见到。它们 17:15 产卵了。产卵后有部分卵从雄鱼的嘴里溢出。此时 ♀ 靠在 ♂ 旁边，没有特别的行动。♂ 将卵重新衔了一两次。在 ♂ 将卵全部放入口中后，♀ 开始追着 ♂ 跑，并轻撞 ♂ 的嘴巴，吃掉了 ♂ 漏掉的卵。♀ 这种吃掉自己产下的卵的行为令人费解，不过，假设这种行为是 ♀ 对 ♂ 护卵水平的测试，或者假设在 ♂ 不能很好地保护卵时，♀ 就用卵来补充营养，我们也就可以理解了。

鲈形目

天竺鲷科鹦天竺鲷属

Ostorhinchus semilineatus 半线鹦天竺鲷

分布范围：日本相模湾以南的太平洋一侧、本州中部以西的日本西海岸、伊豆群岛、小笠原群岛 **全长：**4 ~ 6 cm ★★★

1月	2月	3月	4月	5月	6月	7月	8月	9月	10月	11月	12月

0	1	2	3	4	5	6	7	8	9	10	11	12	13	14	15	16	17	18	19	20	21	22	23

产卵期为 6 月至 8 月，7 月中旬至 8 月末是产卵高峰期。它们会在日落后的 19:00 之后至 21:00 之前配对产卵，配对的雄鱼和雌鱼体形几乎一样。产卵期初期（6 月中旬至 7 月末）多是小型个体（初产个体）之间配对，它们在交接卵时因为比较笨拙，花费时间较多，因此拍摄难度低。与之相比，到产卵期后期，小型个体已经习惯了产卵，做出一连串动作时都很迅速，因此拍摄难度会增大。但是不管哪种情况，从雌鱼产卵到雄鱼衔住卵都只有约 10 秒钟时间，因此拍摄时机并不多。

产卵前，雌鱼从白天就开始积极向雄鱼求爱，并且亲鱼中的雌鱼会追赶其他试图参与产卵的雌鱼。从傍晚到日落，配好对的亲鱼会脱离鱼群来到水体底层单独相处。过“二人世界”的亲鱼在当天晚上产卵的可能性非常大。此时如果看到雌鱼的泄殖孔略微突出，那么产卵的概率就会更大。到了产卵前 30 分钟左右，亲鱼几乎不动，在海底附近准备产卵。雌鱼一会儿撞击雄鱼肛门附近的位置，一会儿靠近雄鱼。接着，如果雄鱼开始做张嘴的练习，那就说明亲鱼马上要产卵了。临近产卵时，经常会有须拟鲉或褐菖鲉等肉食性鱼类聚集过来盯上它们的卵。产卵后，雄鱼会将卵衔在口中。雄鱼即使把卵块弄掉了，也不会将掉下的卵块重新衔起。产卵时它们对光非常敏感，在普通潜水灯的照射下不会产卵；不仅不产卵，还会逃到暗处去。观察时用红光潜水灯效果较好，但最好不要用强光直射。

在产卵期以外的时间，半线鹦天竺鲷会成群出现，到了产卵期它们则会成对出现。

到了产卵期，从白天开始雌鱼（右）会靠近雄鱼（左），摩擦雄鱼的身体来求爱。（和歌山县日高町）

产卵前的白天，亲鱼的接吻行为变得十分常见（和歌山县日高町）

产卵前，雄鱼会张大嘴以便更容易衔住卵。如果雄鱼开始做张嘴的练习，说明亲鱼会马上产卵。

产卵在日落后进行。亲鱼会远离鱼群，在“二人世界”中产卵。图1

图1

配对的亲鱼如果还在鱼群当中，当天就不会产卵。

离开鱼群来到海底附近的亲鱼在当天产卵的可能性较高。

产卵时雌鱼和雄鱼并排游动，产卵后雄鱼会游到雌鱼身下将卵衔住。

衔着卵的雄鱼（左）。产卵后雌鱼（右）会在附近待一会儿，有时还会从侧面轻撞雄鱼的嘴巴。

衔着卵的雄鱼的嘴部特写。

观察日记

2000.7.12 大濑崎的湾内（若潮） 个体数较少，没有观察到产卵。

2000.7.22 大濑崎的湾内（中潮） 没有观察到产卵。

2000.8.5 大濑崎的湾内（中潮） 没有观察到产卵。

2000.8.13 大濑崎的湾内（大潮） 20:00 和 20:30 左右，我看到两对亲鱼产卵。

2000.8.19 大濑崎的湾内（中潮） 看样子当天会产卵，但我没看到产卵。

2000.8.20 大濑崎的湾内（中潮） 19:50 和 20:10 左右，我看到两对亲鱼产卵。

2000.8.26 大濑崎的湾内（中潮） 没有观察到产卵。

2000.9.6 大濑崎的湾内（小潮） 没有观察到产卵。

2000.9.16 大濑崎的湾内（中潮） 没有观察到产卵。

2002.6.22 大濑崎的湾内 −14 m、−12 m 水温 18 ℃ ○ 3 天前（中潮） 20:00 左右，我看到一对大型亲鱼（长均为 10 cm 左右）上升至离海底 40 cm 处产卵。

2002.7.13 大濑崎的湾内 −16 m、−14 m 水温 24 ℃ ● 3 天后（中潮） 满潮 20:23 这次是我和竹女士一起观察的。19:40 左右，我们在 −16 m 距海底沙地 10 cm 高的地方发现一对亲鱼。♀积极地向♂求爱，20:00 左右产卵了。之后，我们在 −14 m 处也看到了求爱中的一对亲鱼，它们也在约 20 分钟后产卵了。

2002.8.3 大濑崎的湾内（长潮） 没有观察到产卵。

2002.8.10 大濑崎的湾内 ● 1 天后（大潮） 满潮 19:17 我 19:20 左右在 −7 m 处（水温 25 ℃）看到了产卵，19:40 左右在 −11 m 处（水温 20 ℃）也看到了产卵。我还发现了其他将要产卵的亲鱼，不过没看到产卵。

2002.8.17 大濑崎的湾内右侧 −9 m 水温 26 ℃ ○ 6 天前（小潮） 干潮 18:56 19:40 左右，我看到了一对亲鱼和另一个个体组成的小团体，它们已经结束产卵。

我在查证 2000 年、2002 年的数据时发现，在很多观察案例中，亲鱼是在大潮向中潮变化时产卵的。我原以为半线鹦天竺鲷的产卵跟潮汐没有关系，但现在看来可能有关系。其他鱼类在小潮时也会产卵，但在大潮向中潮变化时产卵的较多。

2003.6.7 大濑崎的湾内 水温 21 ℃ 没有看到配对的亲鱼。

2003.6.14 大濑崎的湾内 水温 21 ℃ 我在海底陡坡附近看到了配对的亲鱼。

2003.7.15 大濑崎的湾内 水温 19 ℃ 我在海底陡坡附近看到了正在口中衔着卵的♂。

2003.7.19 大濑崎的湾内右侧 −12 m 水温 20 ℃ 弦月 2 天前（中潮） 干潮 14:55 满潮 21:35 我 19:15 开始观察，20:20 左右看到了产卵。

2003.8.31 大濑崎的湾内、岬角 水温 21 ℃ ~ 23 ℃ 我看到了即将产卵的亲鱼，不过没有继续观察。

2003.10.4 大濑崎的湾内 −6 m 水温 23 ℃ 20:00 左右，我在碎石地带看到了口中衔着卵的♂，它停留在岩石上方 0.8 m 处的水体中层，看起来马上要产仔。

据我观察，2003 年大濑崎的半线鹦天竺鲷的数量很少，黑点鹦天竺鲷的数量非常多。

鲈形目

天竺鲷科鹦天竺鲷属

Ostorhinchus notatus 黑点鹦天竺鲷

分布范围：日本千叶县以南、冲绳县、伊豆群岛　**全长：** 5 ~ 10 cm

1月	2月	3月	4月	5月	6月	7月	8月	9月	10月	11月	12月

0	1	2	3	4	5	6	7	8	9	10	11	12	13	14	15	16	17	18	19	20	21	22	23

在大濑崎，5 月中旬就能看到黑点鹦天竺鲷产卵，它们产卵开始的时间比半线鹦天竺鲷早一个月左右。黑点鹦天竺鲷的产卵期一直持续到 8 月末，共 3 个多月，产卵在白天进行。全纹鹦天竺鲷在午后较晚时到傍晚产卵，半线鹦天竺鲷则几乎都在日落后产卵。黑点鹦天竺鲷在繁殖季会产卵数次，它们的求爱和产卵行为跟同属的其他种一样。

求爱最开始雌鱼比较积极，但是过段时间雄鱼也会向雌鱼靠近。产卵前的亲鱼有明确的领地范围。雌鱼会将入侵者赶跑，并且越到临近产卵的时候驱逐行为就越激烈。产卵前，以黑点鹦天竺鲷为猎物的褐菖鲉和须拟鲉等捕食者也会不可思议地出现在附近。如果能发现被捕食者包围的亲鱼，则亲鱼产卵的可能性就很大。雄鱼会张大嘴巴伸出下颌以便衔住卵。临近产卵时，雌鱼也有类似的动作。两条鱼并排游动，开始同时以较高的频率颤动身体时，就说明它们要产卵了。我花了数年时间追踪黑点鹦天竺鲷产仔的瞬间，但至今仍未观察到。而且据我所知，至今没有人观察到。

雌鱼将卵从泄殖孔排出。

产卵前，雄鱼（近处）会“打哈欠”，张大嘴以便更容易衔住卵。

产卵中的亲鱼。雌鱼排卵后，雄鱼会迅速衔住卵。产卵初期，很多雄鱼需要比较长的时间才能衔住卵，但到产卵后期它们技术娴熟后就非常快了。

观察日记

2002.8.17	大濑崎各处　水温 26 ℃　求爱行为随处可见。
2003.6.7	大濑崎的湾内　水温 22 ℃　产卵期刚刚开始，我只看到一条进行口孵的雄鱼。
2003.6.14	大濑崎的湾内　水温 21 ℃　我 17:30 左右看到了产卵。
2003.7.6	大濑崎的湾内　水温 18 ℃　-7 m　弦月 1 天前（小潮）　满潮 9:31　干潮 16:00　图1 13:10，我看到了正在求爱的♀。我看到♂大张着嘴，但观察了 1 个多小时也没看到产卵，约 20 分钟后再去观察的时候产卵已经结束了（应该是在 14:40 ~ 15:00 产卵的）。15:30 左右，我看到两对亲鱼，其中一对（第 1 例）产卵了。产卵后♀轻撞口孵中的♂的嘴巴，这一行为持续了 20 分钟，之后♂便游走了。另一对（第 2 例）我观察了一段时间没有看到产卵，于是我离开了。20 分钟后再去确认，发现产卵已经结束了。
2003.8.31	大濑崎的湾内　水温 21 ℃　还能见到配对的亲鱼，但是很多亲鱼已经解除配对回到了鱼群中。产卵期快要结束了。
2005.7.29	大濑崎的湾内　水温 23 ℃　3 对亲鱼在 13:30 ~ 15:00 产卵了。其中一对的雌鱼在排卵前就能在它的泄殖孔处看到卵粒，且排卵后也有数十粒卵残留在泄殖孔。

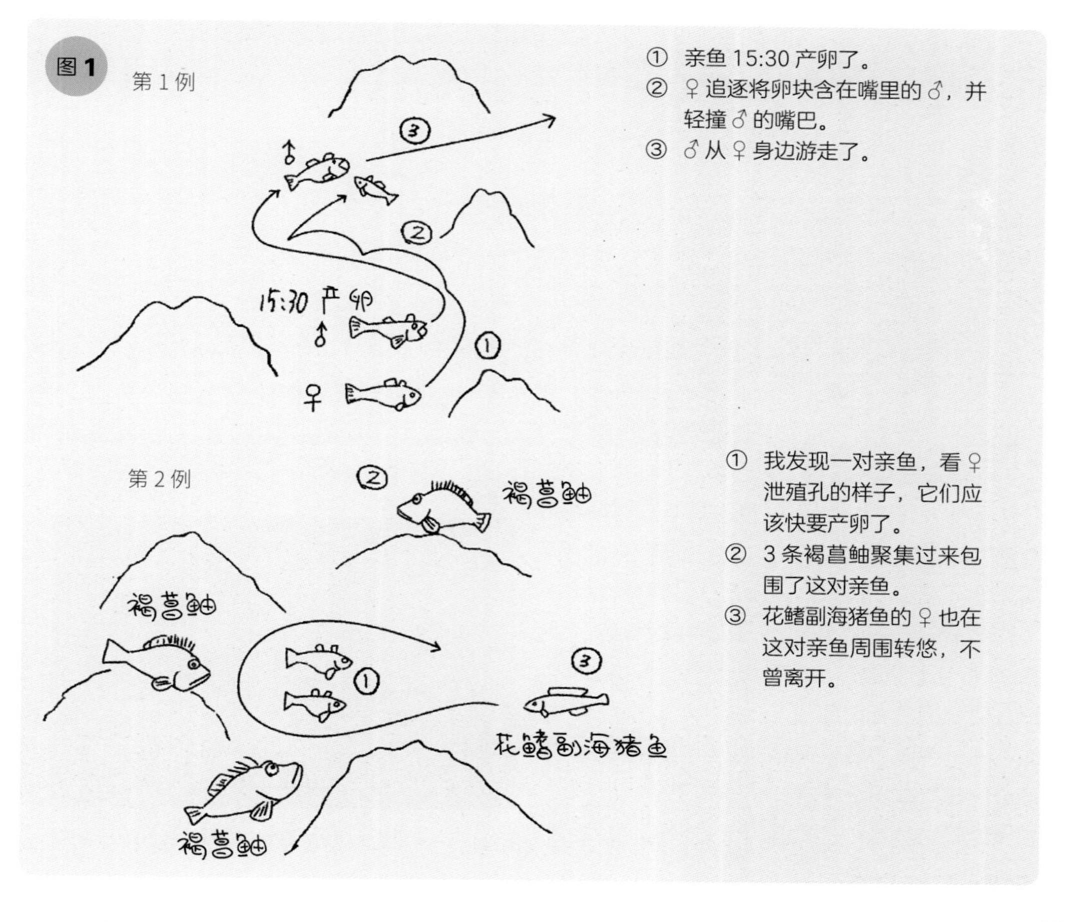

图 1
第 1 例
③
♂
②
15:30 产卵
♂
①
♀
① 亲鱼 15:30 产卵了。
② ♀追逐将卵块含在嘴里的♂，并轻撞♂的嘴巴。
③ ♂从♀身边游走了。
第 2 例
②
褐菖鲉
褐菖鲉
①
③
花鳍副海猪鱼
褐菖鲉
① 我发现一对亲鱼，看♀泄殖孔的样子，它们应该快要产卵了。
② 3 条褐菖鲉聚集过来包围了这对亲鱼。
③ 花鳍副海猪鱼的♀也在这对亲鱼周围转悠，不曾离开。

鲈形目

天竺鲷科鹦天竺鲷属

稻氏鹦天竺鲷

Ostorhinchus doederleini

分布范围：日本千叶县和岛根县以南至冲绳县 **全长：** 5 ~ 11 cm

★★★

1月	2月	3月	4月	5月	6月	7月	8月	9月	10月	11月	12月

0	1	2	3	4	5	6	7	8	9	10	11	12	13	14	15	16	17	18	19	20	21	22	23

产卵高峰期为 6 月至 8 月。配对产卵，多在日落后进行。这种鱼在纪伊大岛、须江的浅水区的数量非常多，产卵、产仔都比较容易观察。雌鱼会靠近雄鱼进行求爱，雄鱼会张大嘴伸出下颌以便更好地衔住卵。两条鱼并排产卵后，雄鱼会游到雌鱼身下迅速衔住卵。

产仔在日落后进行，不过多在 21:00 之前进行。位于较开阔处且口中鱼卵泛着银光的雄鱼产仔的可能性较高。相反，即便鱼卵看起来已经成熟，如果雄鱼在岩石凹陷处或裂缝深处，则很可能要等第二天以后才会产仔。观察者可以在快要日落时去巡视一番，如果发现日落后雄鱼来到开阔的地方，那么它们产仔的概率极大。产仔时它们的游动范围不会很大，会在一个地方不断开合嘴巴将仔鱼释放。所以如果能看到产仔，拍摄就不会很难。细线鹦天竺鲷是稻氏鹦天竺鲷的亲缘种，二者不仅外形相似，连繁殖生态也几乎一模一样。

细线鹦天竺鲷。它们的繁殖生态跟稻氏鹦天竺鲷相似。（静冈县狮子浜）

产卵在日落后进行。雌鱼排卵的同时雄鱼排精，然后雄鱼衔住卵进行保护。

产仔也在日落后进行。产仔时，雄鱼不会快速地游来游去，动作相对缓慢。仔鱼会从雄鱼的嘴巴和鳃里出来。

观察日记

2004.6.5	大濑崎的湾内　-7 m　水温 18 ℃　能见度 6 m　图 1 19:30，我在大濑馆前面沙地的岩石后面发现一对亲鱼。发现时 ♀ 正将嘴贴着 ♂ 脸颊，两条鱼并排画圈游动。此时有潜水者的潜水灯照到了它们。♂ 被照射后明显不高兴，逃也似的游到了大概 1 m 远的地方。过了一会儿 ♀ 也追了过去。这种状态反复了几次，但两条鱼总是会回到同一地点。之后 ♀ 绕着 ♂ 求爱，稍微离开 ♂ 一点儿距离，并张开嘴。19:55，两条鱼并排产卵，♂ 衔住卵。之后 ♂ 又调整了好几次卵在嘴里的位置，此时 ♀ 总是想吃掉卵。产卵过程跟半线鹦天竺鲷几乎一样。观察使用的是红光潜水灯。
2004.6.12	大濑崎的湾内　-8.4 m　水温 19 ℃　能见度 3 m　20:20，我在海底陡坡下部的岩石后面发现一条 ♂，部分卵从它嘴里漏了出来。卵块看起来有些散。过了一会儿它重新衔了衔卵。卵块已经非常散了，应该快要孵化了，我决定用 15 mm 的镜头拍摄。我以为它会像黄带天竺鲷那样一边游动一边产仔，因此我找好位置，打开普通潜水灯想要确认它的状况，可它好似厌恶灯光一般跑开了。20:30 左右潮流渐起，它将头调整到逆流的方向。20:34，它将嘴巴大大地开合了 2 ~ 3 次，在此瞬间孵化也开始了。之后它歇了一口气，又将嘴巴开合了 2 ~ 3 次，这次比第一次释放的仔鱼还要多。亲鱼全程不动，一直悬浮在离海底 10 cm 的地方。观察产仔用红光潜水灯效果也非常好。
2005.7.31	大濑崎的湾内　水温 24 ℃　19:50 左右，我在海底陡坡下部 -6 m 处发现一条 ♂ 正在产仔。它正嘴巴大开大合地释放仔鱼。我架起相机时产仔中断了一下，30 秒后它又多次开合嘴巴释放仔鱼。之后它重复了同样的动作大概两次。

图 1

① ♂ 为了躲避灯光开始游动。
② ♀ 跟在雄鱼后面，两条鱼又回到了原来的地方。
③ ♀ 绕着 ♂ 求爱。
④ 19:55 产卵。

决定性瞬间！

思念了 9 年的黑刺鲷

黑刺鲷既是重要的水产品种，还属于大型鱼，所以我非常想将它作为观察对象。于是我从1994 年前后便开始长年观察黑刺鲷产卵。我在一天傍晚较晚的时候迎来了观察黑刺鲷的契机。为了安装用于拍摄浮游生物的集鱼灯而潜入水中时，我看到两条黑刺鲷。但它们很快没了踪影，因此我没有什么收获，不过我发现那两条黑刺鲷明显不对劲。通常黑刺鲷只会来到距离我 1 ~ 2 m 远的地方，但那两条黑刺鲷仿佛对我视而不见，从我面前横穿而过。从那天开始的 9 年时间里，我每年都在追寻黑刺鲷的踪迹。我从钓鱼爱好者那里收集黑刺鲷产卵的信息，他们说黑刺鲷在产卵期会从深水处向浅水处洄游，但这一信息对我并没有太大帮助。于是我开始一心一意地追踪成对的黑刺鲷。我追着它们游了超过 500 m，从 -5m 到 -20 m，用掉了两个气瓶这样的事儿也有。

图2 2003 年 5 月 4 日，机会终于来了。那天我也是追着黑刺鲷，但没发现它们有繁殖的征兆，还时不时跟丢。我还能待在水下的时间不多了，我开始不安并想要放弃。就在我打算游回岸边的时候，我看到从数条黑刺鲷组成的鱼群中，一条腹部隆起的黑刺鲷（应该是雌鱼）游到了海底的沉箱上方。另一条黑刺鲷（应该是雄鱼）从鱼群中脱离出来追向雌鱼。雌鱼头朝上并展开胸鳍保持身体稳定。雄鱼靠近雌鱼后，它们展开胸鳍开始产卵。卵为分离浮性卵，数量非常多。但我印象最深的是，拥有银灰色光辉的两条黑刺鲷停在水体中层，长时间将漂亮的胸鳍水平伸出产卵，那样子非常不可思议。

从我面前横穿而过的一对黑刺鲷。它们根本不搭理我。

黑刺鲷的产卵行为我只观察到两次，所以不敢断言，但其产卵高峰期应该在 3 月中旬 ~ 5 月。产卵从日落开始持续到日落结束，大多是在大型岩石等标志物的上方进行。

图2

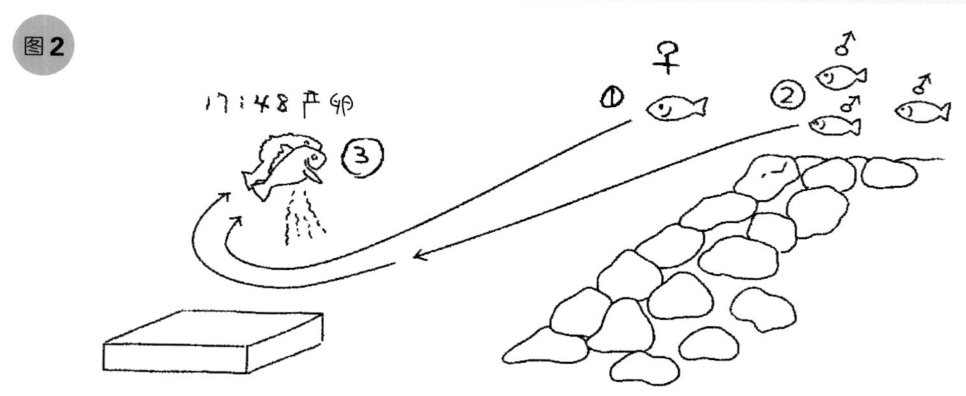

① 一条黑刺鲷（应该是♀）从海底陆坡上部游到了沉箱上方。
② 一条体色泛黑、体形稍小的黑刺鲷（应该是♂）从后面追了过去，也游到了沉箱上方。
③ ♀头朝上并展开胸鳍保持身体稳定，♂靠了过来，它们 17:48 产卵了。

鲈形目

须鲷科绯鲤属

Upeneus tragula 黑斑绯鲤

分布范围：日本本州中部以南、冲绳县、伊豆群岛、小笠原群岛 **全长：**15 ~ 30 cm ★★☆

1月	2月	3月	4月	5月	6月	7月	8月	9月	10月	11月	12月

0	1	2	3	4	5	6	7	8	9	10	11	12	13	14	15	16	17	18	19	20	21	22	23

产卵高峰期为 6 月至 8 月。配对产卵，多在黄昏后水中变暗的 19:00 ~ 20:30 进行，卵为分离浮性卵。大多数情况下，一到晚上睡觉时，它们就会形成小团体。小团体由两个以上的个体组成，个体间保持一定距离。但是如果还掺杂繁殖行为，状态就不一样了。首先，多数情况是配对的亲鱼并排挨在一起，过一会儿就能看到它们的求爱行为。求爱以这些行为为主：有的是侧面展示求爱，有的是两条鱼保持首尾相接的状态，有的是雄鱼用嘴巴轻撞雌鱼的泄殖孔附近。腹部隆起的雌鱼只要一前进，雄鱼就紧随其后，如果能看到这一幕，那么基本可以确定这对亲鱼当天就会产卵。到了产卵前的 10 ~ 30 分钟，雄鱼会离开雌鱼去放哨。这一行为是为了赶走入侵产卵场的其他雄鱼。放哨半径是以雌鱼为中心 10 m 左右，甚至能达到 15 m 以上。之后马上开始产卵上升的案例较多。两条鱼以同样的速度游动，以约 10° 角斜向上离开海底，来到距离海底 0.5 ~ 1 m 的地方产卵。

产卵前，雌鱼腹部明显隆起。

配对产卵的一对亲鱼。雄鱼（近处）靠近雌鱼（远处），不过会在稍稍靠后的位置。

雄鱼（右）正在轻撞雌鱼（左）的泄殖孔附近。雄鱼还会用触须触碰雌鱼的身体。

两条鱼依偎着提速，以较小的倾斜角度向上游并开始产卵。不过，它们游动的速度没有快到无法拍摄的程度。

观察日记

2000.7.2　大濑崎的湾内　●（大潮）　满潮 18:42　干潮 0:17　20:00 左右，我在大濑馆前面 −8 m 处看到一条鱼（应该是♂，长 20 cm）正追着另一条鱼（应该是♀，长 40 cm，腹部鼓胀）游动。两条鱼向深处游去，先在约 −10 m 处开始并排游动，然后在距海底 1 m 左右的地方水平游了 7 ~ 8 m 后产卵。卵为分离浮性卵。

2002.7.13　大濑崎的湾内　−16 m　水温 24 ℃　15:00　只看到一对亲鱼。

2003.6.14　大濑崎的湾内　−11 m　水温 21 ℃　○（大潮）　满潮 18:13　干潮 23:39　图1 19:50，我在大濑馆前面的碎石地带上部发现了腹部高高隆起的♀（长 35 cm）。附近看起来好像没有♂，不过仔细一看，发现对着♀的那边有一个小型个体（不到 20 cm）。♀一动，小型个体也跟着动，这个过程重复了几次。两条鱼体形相差太大了，以至于我怀疑它们不是即将产卵的亲鱼。但是♀并没有表现出不高兴的样子，并且这种鱼多数在夜间静止不动，而这两条鱼有动作，所以我判断这是产卵行为。继续观察，发现小型个体（后面称♂）时而反复啄♀的泄殖孔附近，时而与♀首尾相对，总是缠着♀。♀开始直线游动，♂跟在后面。有一瞬间♂没有跟上，♀便停下来等待♂。同步后♂和♀并排，像在海底滑行一般游起来。之后它们以约 10° 角开始斜向上游动。20:10，游了大概 1 m 后，它们在距海底 0.5 m 左右的地方产卵了。卵为分离浮性卵。产卵后它们缓缓回到海底。因为减压时间已经不多，所以我放弃了后续的观察。这对亲鱼里的 ♀ 长约 35 cm，♂ 却不到 20 cm。了解到像这样体形差异悬殊的亲鱼也会产卵，是我这次观察最大的收获。2000 年 7 月 4 日我观察的一对亲鱼中的 ♀ 体形比 ♂ 大了将近一倍。

2003.6.21　大濑崎的湾内右侧　−16 m　水温 20 ℃　干潮 16:24　满潮 23:27　晚上我发现了当天可能会产卵的一对亲鱼。♂ 和 ♀ 大概都是 35 cm 长。♀ 一动 ♂ 就追过去。我由于要观察红鳍拟鳞鲉产卵，就没有长时间观察这对亲鱼。

2004.5.29　大濑崎的湾内右侧　−13 m　水温 20 ℃　我在碎石地带发现一对亲鱼（♀ 长 30 cm，♂ 长 20 cm）依偎在一起。♂ 始终跟着 ♀。它们进行了几次产卵上升，但没有产卵。

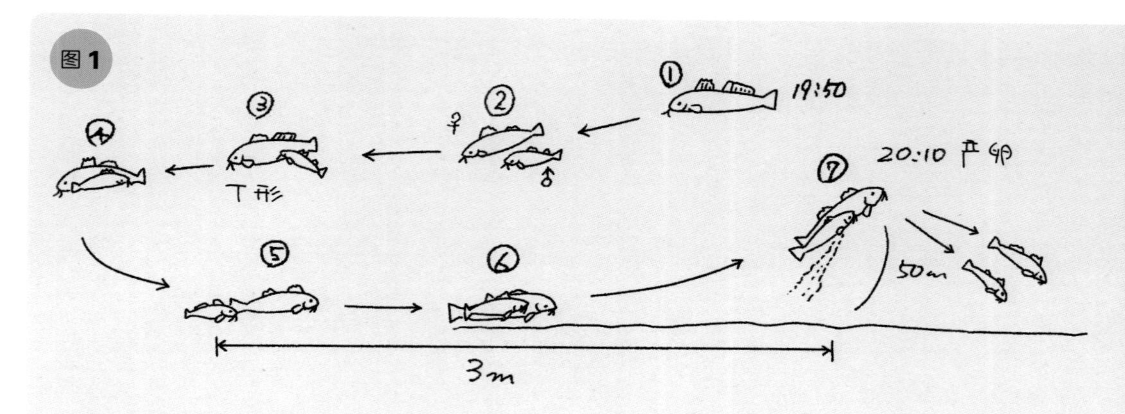

① 19:50，我发现了 ♀。
② 在 ♀ 后面发现了小型 ♂。
③ ♂ 啄了好几次 ♀ 的泄殖孔附近。
④ ♂ 和 ♀ 首尾相对，♂ 开始求爱（观察到多次）。
⑤ ♀ 开始向前游动，♂ 马上追了过去。但是两条鱼速度不同，所以前面的 ♀ 停了下来。
⑥ ♂ 和 ♀ 同时行动，开始从海底向上游动。
⑦ 亲鱼在 20:10 产卵了。

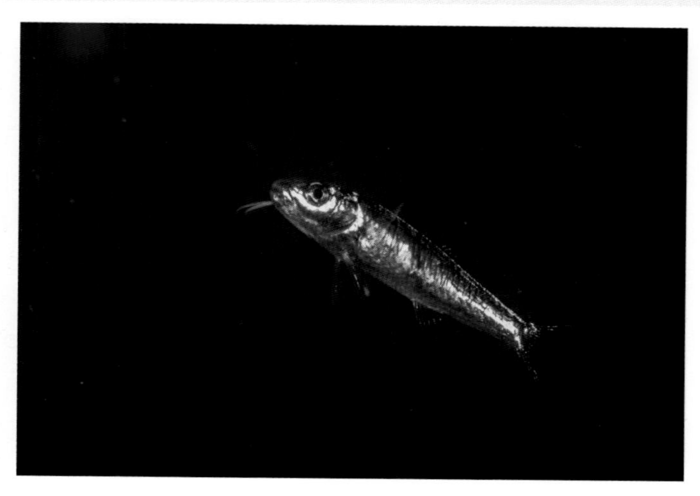

每年 9～10 月，银色的稚鱼（长约 30 mm）会出现在我的诱鱼灯前。我以为是鳀鱼的稚鱼，但是过了一个晚上，桶中的它们变成了绯鲤——水产学校的茂木老师说它们是绯鲤属的幼鱼。太令人惊讶了！

鲈形目
须鲷科绯鲤属

日本绯鲤 *Upeneus japonicus*

分布范围：日本北海道以南　**全长：**10 ~ 16 cm　★★☆

1月	2月	3月	4月	5月	6月	7月	8月	9月	10月	11月	12月

0	1	2	3	4	5	6	7	8	9	10	11	12	13	14	15	16	17	18	19	20	21	22	23

产卵高峰期为 6 月至 8 月。配对产卵，多在黄昏后水中变暗的 19:00 ~ 20:30 进行，卵为分离浮性卵。产卵行为跟黑斑绯鲤非常相似。白天我没有看到过明显配成对的亲鱼，不过在日落前就能看到依偎在一起的亲鱼了。多数情况下，雄鱼会在雌鱼前面进行侧面展示求爱。亲鱼中的雄鱼白天会用触须悠闲地捕食，从这种状态根本想象不到它在对待入侵雄鱼时有多神经质、攻击性有多强——它会将入侵雄鱼完全赶出产卵场。这种放哨行为也跟黑斑绯鲤的类似。我只观察了数例所以不能断定，它们产卵上升的距离应该比黑斑绯鲤的略长，高度也更高。

它们略微有些厌光，所以不能用强光直射。有一次我用强光直射一对亲鱼，导致求爱中断，两条鱼分道扬镳了。观察时用红光潜水灯效果最理想。

日本绯鲤的幼鱼也跟黑斑绯鲤的相似，长得跟沙丁鱼一模一样。

开始产卵上升的一对亲鱼。在此之前雄鱼在放哨时赶走了其他的雄鱼。

亲鱼依偎着以较快的速度上升并产卵，但它们的速度没有快到我无法拍摄的程度。

观察日记

2002.7.13	大濑崎的湾内　−15 m　水温 24 ℃　● 3 天后（中潮）　满潮 20:23　干潮 2:01（次日）　16:00 左右，我看到 1 个应该是♀的大型个体（长 20 cm）和 3 个应该是♂的小型个体（长 15 cm）。3 条♂跟♀有同样的行为，应该是快产卵了。
2003.5.24	大濑崎的湾内　−15 m　水温 20 ℃　弦月 1 天后　干潮 18:37　满潮 1:45（次日）图1 19:30，我在浜木绵前的碎石地带左侧 −12 m 处发现一对亲鱼，但在我拍摄的时候它们分开了，我就去观察红鳍拟鳞鲉产卵了。20:00 左右，我回到碎石地带，在附近又看到了那对亲鱼。我再次开始观察。它们依偎着开始游动，不过在离它们 3 m 左右的地方，有其他的♂入侵。♂对入侵♂进行猛烈追击，把它赶出了产卵场。之后♂径直回到了♀身边。♂在驱赶入侵♂时与♀的最远间隔距离约有 6 m，而且几乎没有光照射，但它竟能准确回到♀身边，不知它是怎么做到的，太不可思议了。♀一动♂就马上跟过去，两条鱼开始向深处游去。20:12，它们到达海底，开始缓缓加速，并排在海底附近游了大概 3 m 后，以 45° 角斜向上开始上升，来到距离海底 2 m 的地方产卵了。产卵后它们回到了海底。卵为分离浮性卵。
2003.6.7	大濑崎的湾内　−15 m、−20 m　水温 20 ℃　我在湾内右侧看到了两对亲鱼，两条♀腹部都是隆起的。因为要观察其他鱼，所以我没有长时间观察它们。
2003.7.5	大濑崎的湾内　−11 m　水温 18 ℃　弦月 2 天前　19:40 左右，我在沉箱下 −11 m 处看到一对亲鱼。从它们的行为上看，应该当天已经产过卵了。因为要观察其他鱼，所以我没对它们做进一步的观察。
2003.8.30	大濑崎的湾内　−11 m　水温 22 ℃　我看到一对即将产卵的亲鱼，但没有继续观察。

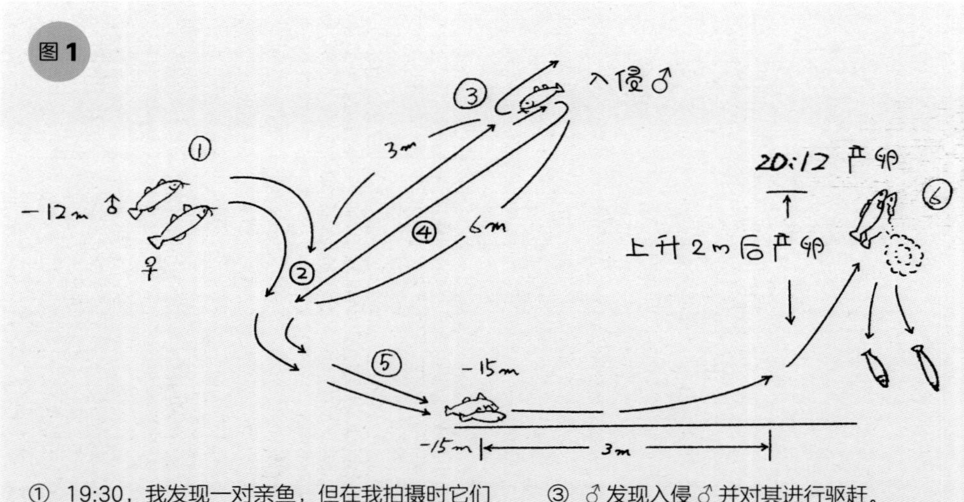

① 19:30，我发现一对亲鱼，但在我拍摄时它们分开了。
② 20:00 左右，我回到碎石地带时，看到它们又配对了。♂跟在♀后面，两条鱼开始游动。
③ ♂发现入侵♂并对其进行驱赶。
④ ♂赶走了入侵♂，回到了♀身边。
⑤ ♂和♀并排游动起来。
⑥ 20:12，它们开始上升并产卵。

恋爱模样不为人知的鱼儿们

刺盖鱼科和神秘的蝴蝶鱼科的鱼类

刺盖鱼科和蝴蝶鱼科鱼类的身姿、体色、上相效果等，在鱼类中都是数一数二的，我们却几乎没有机会一睹它们的求爱、繁殖行为。我观察到的刺盖鱼科鱼类的产卵行为，主要出自以蓝带荷包鱼为首的小型刺盖鱼。照片中展示的是我在久米岛拍摄的海氏刺尻鱼（作为小型刺盖鱼的代表记入本书）的产卵情景。中型刺盖鱼游动速度快，拍摄难度高，而小型刺盖鱼游动速度稍慢，拍摄相对轻松。刺盖鱼科鱼类的产卵期是初夏到夏天，也就是水温上升的温暖期。到了傍晚，在产卵场，雄鱼会触碰多条雌鱼的身体来求爱。雌鱼回应后两条鱼就开始产卵上升。结束排精的雄鱼会在产卵场内向下一条雌鱼求爱并产卵。一开始两条鱼缠绕着缓缓上升，上升速度不快，自动对焦相机也能拍摄。之后它们并排挨在一起，稍稍提速游动并产卵。产卵是配对进行的，卵为分离浮性卵。六带刺盖鱼等大型刺盖鱼我至今也未拍到。它们数量较少，并且生活在较深海域，因此我至今也未着手观察。

蝴蝶鱼科鱼类的繁殖行为也不为人知。虽然我曾目睹两条叉纹蝴蝶鱼（耳带蝴蝶鱼）一起游去外海的场景，但是蝴蝶鱼科的繁殖行为还完全处于未知状态，它们在何时、何处产卵以及如何产卵都未可知。蝴蝶鱼科中最不可思议的一种就是多鳞霞蝶鱼了。它们在温暖海洋的断崖处集群，数量极多，无处不在，但我从未见过它们配对。并且不用说稚鱼，我甚至连它们的幼鱼都从没见到过，见到的从来都是体形较大的多鳞霞蝶鱼成体。它们在何处产卵？幼鱼在何处栖息，又是何时汇集到鱼群中的？这些问题都给多鳞霞蝶鱼披上了一层神秘的面纱。在未来，蝴蝶鱼科充满了谜团的求爱、产卵行为能否有被世人知晓的一天呢？我真的非常期待这一天的到来。

海氏刺尻鱼的雌鱼和雄鱼都没有明显的婚姻色。不过在求爱时，雌鱼和雄鱼的体色都会变得更加鲜亮。我们知道，这样的体色变化多是求爱一方为了展示自己而呈现婚姻色的结果，但其实接受求爱的一方大多也会呈现美丽的体色，虽然只有一瞬。（冲绳县久米岛）

多鳞霞蝶鱼的鱼群。（鹿儿岛县冲永良部岛）

鲈形目
雀鲷科光鳃鱼属

Chromis albicauda 白尾光鳃鱼

分布范围：日本南部的太平洋沿岸、伊豆群岛 **全长：** 8 ~ 10 cm

1月	2月	3月	4月	5月	6月	7月	8月	9月	10月	11月	12月

0	1	2	3	4	5	6	7	8	9	10	11	12	13	14	15	16	17	18	19	20	21	22	23

产卵高峰期为 6 月至 10 月上旬，产卵在白天进行。雌鱼将卵排在岩石等产卵床上，雄鱼再在上面排精使卵受精。产卵应该跟月龄没有关系。产卵前，雄鱼会打扫作为产卵床的岩石。有的时候雄鱼会在岩石下面（岩石与沙地接触的地方）挖坑来当作产卵床，有的时候则会在岩石上面产卵。雄鱼准备好产卵床后，会以跳跃行为为求爱信号邀请雌鱼。被邀请的雌鱼会检查产卵床，如果满意就会同意产卵，如果不满意就会直接离开。雌鱼的判断标准在于“是否给我打扫干净了”。产卵时，体色发白的雄鱼会亲吻雌鱼的体侧来催促雌鱼排卵。产卵有时会持续数小时，有时还会中途休息。

晚秋时见到的白尾光鳃鱼的幼鱼。

我曾在日落后观察到它们的孵化行为。由于观察次数较少，我无法下结论，不过潮水停止的时候它们不会孵化，而是在涨潮后才孵化。具体细节还不清楚。

雌鱼（下）接受了雄鱼（上）的求爱。它们已经产过卵了，但雄鱼还在催促雌鱼排卵。

为了催促雌鱼（上）排卵，雄鱼（下）正在亲吻雌鱼的体侧。这种行为很常见。

产卵时，雄鱼（下）的身体明显变白。而雌鱼（上）在产卵时体色经常呈暗黄色。

雌鱼（近处）的产卵管向外伸出，产卵管附近发白的就是卵。

观察日记

2000.8.20	大濑崎的岬角　-7 m、-10 m　○5天后（中潮）　我看到了接吻行为和产卵行为。基本的求爱行为都跟烟色光鳃鱼的相似，但是♂和♀的比例不明。产卵虽然在白天进行，但跟潮汐、月龄的关系不明。孵化跟潮汐和光周期有关。卵在 9 月 2 日孵化了。
2002.8.3	大濑崎的一本松　-20 m　水温 20 ℃　我看到了求爱和产卵行为。求爱、产卵时，♀的体色会变深、变暗，♂的体色则发白。
2002.8.10	大濑崎的湾内左侧　-5 m　水温 25 ℃　我在海底陡坡处堆砌的石块附近发现一对亲鱼，其中的♂正在护卵。
2002.8.26	大濑崎的湾内浜木绵前　-5 m　水温 26 ℃　16:00 左右，我看到一对亲鱼产卵。♂呈白色，♀呈黄褐色。♀的产卵管清晰可见，甚至能看到里面的卵。♂亲吻♀的嘴和体侧，应该是在催促♀产卵。产卵结束后，♀向产卵床上方游去。♂跟在♀后面，但最后又轻撞♀，把它从产卵床附近赶走了。这种行为也经常见于尾斑光鳃鱼和烟色光鳃鱼。孵化应该是在日落后进行的，不过我没有看到。 产卵时雄鱼和雌鱼体色均有变化。
2003.9.6	大濑崎的潜店曼波前　水温 23 ℃　我在 -12 m 处看到了正在准备产卵床的♂。15:40 左右，我在 -6 m 处看到了一对亲鱼的求爱和产卵行为。
2003.10.12	大濑崎的栅下　-13 m　水温 23 ℃　上午我看到多条♂通过跳跃行为来求爱。
2003.10.26	大濑崎的栅下　-13 m　水温 21 ℃　我看到♂通过跳跃行为来求爱。

白尾光鳃鱼正展开鱼鳍威吓并驱赶靠近产卵床的入侵者——拥剑梭子蟹。

鲈形目

雀鲷科光鳃鱼属

Chromis viridis **蓝绿光鳃鱼**

分布范围：日本和歌山县以南至冲绳县 **全长：** 6 ~ 8 cm

★★★

1月	2月	3月	4月	5月	6月	7月	8月	9月	10月	11月	12月

0	1	2	3	4	5	6	7	8	9	10	11	12	13	14	15	16	17	18	19	20	21	22	23

产卵高峰期较长，为5月至9月。产卵在白天进行，我没有在黎明或日暮时分看到过产卵行为。配对产卵，卵被产到产卵床上。它们是西太平洋热带、亚热带海域的代表性物种，成鱼、幼鱼会在鹿角珊瑚上集结成群，这种场景在冲绳一带十分常见。它们的体色是美丽的蓝色，在不同光线下还会呈现浅浅的绿色。它们非常害羞，当我想仔细观察而靠近时，它们就会躲到珊瑚中。

虽然它们成群栖息，但产卵时，成熟的大型雄鱼会离开鹿角珊瑚，在附近的岩石或大型死珊瑚的残骸中寻找能够作为产卵床的地方并打扫干净，然后邀请雌鱼过来。雄鱼会轻撞雌鱼的身体来催促排卵。多条雌鱼前往一条雄鱼的产卵床，接连与这条雄鱼产卵的模式也很常见。如果能找到正在打扫产卵床的雄鱼，之后观察产卵就简单了。因为观察和拍摄难度小，它们还是生态摄影新手入门必选物种之一。

在鹿角珊瑚上集结成群的幼鱼是冲绳的固定风景。（冲绳县久米岛）

正在产卵的一对亲鱼。虽然拍摄它们的产卵行为很容易，但要注意拍摄时不要用强闪光灯照射，否则无法拍出它们原本的颜色。这张照片的主要光源是潜水灯。（冲绳县久米岛）

雌鱼（下）腹部伸出的产卵管清晰可见。雌鱼排卵后，雄鱼（上）就会在上面排精。（冲绳县久米岛）

鲈形目

雀鲷科光鳃鱼属

Chromis fumea 烟色光鳃鱼

★☆☆

分布范围：日本千叶县、秋田县以南的各地　**全长：**8 ~ 12 cm

1月	2月	3月	4月	5月	6月	7月	8月	9月	10月	11月	12月

0	1	2	3	4	5	6	7	8	9	10	11	12	13	14	15	16	17	18	19	20	21	22	23

产卵高峰期为 5 月至 9 月。产卵在白天进行，雌鱼会将卵排在岩石等产卵床上，雄鱼再在上面排精使卵受精。雄鱼用嘴打扫产卵床，准备好后就去附近寻找雌鱼。雌鱼会先跟雄鱼来到产卵床附近，对产卵的地方和打扫后的环境进行确认。雌鱼如果对产卵床不满意，会回到原来的地方；如果满意，就会跟雄鱼接吻，意味着同意产卵了。接吻的场景着实令人发笑，此时可以说是烟色光鳃鱼繁殖观察中的高光时刻了。

之后雌鱼会像画圈一样开始排卵，雄鱼会马上在卵上排精。它们多数在岩石的上面或侧面产卵，有时也在旧轮胎等物品上产卵。偶尔也在海藻上产卵，不过都是在又硬又大的海藻上，不会在细小柔软的海藻上。另外，我从没见过它们在落入海底的空易拉罐等物品上产卵，所以它们应该不会在不稳定的物品上产卵。

烟色光鳃鱼的发眼卵。

雄鱼把产卵床打扫干净后会找雌鱼过来，在产卵床准备好之前雌鱼会在附近等待。接吻在雌鱼被叫到产卵床边时进行，这是雄鱼产卵床准备完毕和雌鱼接受求爱的信号。

在作为产卵床的岩石（鱼的后面）附近有接吻行为的一对亲鱼。

雄鱼（左）轻撞雌鱼（右）的身体催促排卵。这种行为在产卵时也经常可见。

雌鱼会在产卵床上不间断地排下很多卵。图中所有有红色珊瑚藻的地方都有卵。

雌鱼（左）一排卵，雄鱼（右）就追过来排精，以使卵受精。

鲈形目

雀鲷科雀鲷属

Pomasentrus coelestis 霓虹雀鲷

分布范围：日本千叶县、新潟县以南的各地　**全长：** 5 ~ 8 cm

1月	2月	3月	4月	5月	6月	7月	8月	9月	10月	11月	12月

0	1	2	3	4	5	6	7	8	9	10	11	12	13	14	15	16	17	18	19	20	21	22	23

产卵高峰期为 7 月至 8 月。配对产卵，一般在白天进行。雄鱼会在岩石下方的空洞或在岩石下面挖出洞穴当作产卵床。它们似乎不太喜欢太大的岩石，更青睐大小适中的岩石。

产卵从雄鱼制作产卵床开始。适合做产卵床的地方会被多条雄鱼盯上，可以看到雄鱼之间的争斗。虽不是互相撕咬的激烈争斗，不过雄鱼会互相“逼近”，被压制的一方就是输家。做好产卵床的雄鱼体色变黑并开始求爱。产卵床环境好的雄鱼附近会有多条雌鱼聚集。为了争夺优先产卵权，雌鱼之间也会争斗。而且不可思议的是，产卵行为无处不在。有的时候我可以在周围看到很多产卵的个体。我还未做详细确认，不过这可能跟孵化时的潮汐和月龄有关。从产卵到孵化的间隔时间受水温影响，大概为 4 ~ 7 天。孵化会在日落后的数十分钟内开始，跟光周期有密切关系。

在日本的伊豆群岛，从初夏开始就能看到霓虹雀鲷的幼鱼。

在岩石下面挖产卵床的雄鱼。挖坑时它会用嘴拿掉大的障碍物，同时剧烈地摆动尾巴来掘沙。

前来检查产卵床的雌鱼。产卵床如果做得不好，雌鱼就会直接离开。

卵被产在岩石底部。护卵是雄鱼的责任，雄鱼会抵御外敌、使卵保持清洁直到孵化。

观察日记

2002.7.13	大濑崎的湾内　−6 m　水温 24 ℃　我在岩石下面看到了卵。应该是 ♂ 的个体正在守护卵。
2002.8.4	大濑崎的湾内　−5 m　水温 25 ℃　♂ 正在守护发眼卵。8 月 9 日是●（大潮），所以应该会在那之前孵化。
2002.8.10	大濑崎的湾内　−5 m　水温 25 ℃　海底陡坡处的石头附近有多条♂正在守护卵。
2002.8.17	大濑崎的湾内　−4 m　水温 26 ℃　我看到了求爱行为和 ♂ 的护卵行为，还看到了多条腹部鼓起的 ♀。
2002.10.6	我捕捞到了长 8 mm 左右的透明的幼鱼。当时没认出来，第二天体色显现出来才确认是霓虹雀鲷。霓虹雀鲷的幼鱼应该营浮游生活。
2003.7.5	大濑崎的湾内　水温 19 ℃　海底陡坡下部随处可见产卵行为。

鲈形目
雀鲷科双锯鱼属

Amphiprion clarkii 克氏双锯鱼

分布范围：日本千叶县以南的太平洋一侧、冲绳县、山口县青海岛至九州西岸、伊豆群岛、小笠原群岛 ★★☆

全长：10 ～ 15 cm

1月 2月 3月 4月 5月 6月 7月 8月 9月 10月 11月 12月

0 1 2 3 4 5 6 7 8 9 10 11 12 13 14 15 16 17 18 19 20 21 22 23

产卵高峰期为 7 月至 9 月。白天产卵，产卵跟月龄和潮汐的关系不明。卵主要由雄鱼照顾。雌鱼对卵不是很上心，只是整天捕食，应该是在为下一次产卵做准备。产卵前，雄鱼会打扫海葵旁边的岩石，打扫完后就会产卵。不过，能见到它们产卵的机会少得出奇。在日本伊豆群岛，配对的亲鱼会在一季内多次产卵。卵的孵化受水温影响，一般在产卵后 7 ～ 10 天内孵化。孵化多在潮流不急的时间段进行，不过我的观察案例较少，所以孵化时机等详细情况尚不明确。

它们会形成小的群体，其中最大的个体是雌鱼，其主要特征是尾鳍呈白色；第二大的个体是雄鱼，尾鳍呈黄色（在日本冲绳的是上下边缘为黄色）。除此以外的个体都跟繁殖无关，或者说都是未成熟的繁殖预备军。这两个个体如果少了一个，则由未成熟的个体顶上。跟其他鱼类相比，它们的亲鱼之间的羁绊更深，在大濑崎，有几年都不改变配对持续产卵的群体。

在伊豆群岛，入秋后可以看到很多双锯鱼的幼鱼。

正在产卵的一对亲鱼。见到克氏双锯鱼产卵的机会少得出奇。（高知县柏岛。摄影：中村宏治）

刚产下的卵。为了防止被捕食，卵被产在紧挨着海葵触手的地方。（高知县柏岛）

护卵主要是雄鱼的工作。它们会用嘴清理卵直至孵化，这是因为卵膜外如果有过多杂物附着可能会导致卵窒息、死亡。雄鱼一天的大部分时间都会花在清理卵这件事上。（冲绳县久米岛）

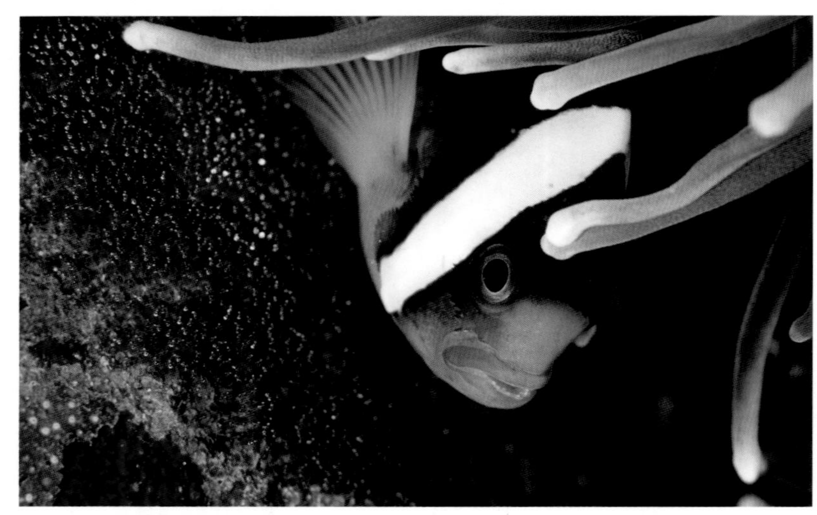

除了清理卵，雄鱼还会用胸鳍扇动卵，使卵能一直接触新鲜的海水。

即将孵化的卵。卵的颜色会由橙色变成深红色，再变成银色，最后变成金色。

多样化的繁殖生态

双锯鱼的繁殖小故事

鞍斑双锯鱼的亲鱼。右侧前面是卵。（冲绳县西表岛。摄影：中村宏治）

日本共有 6 种双锯鱼，繁殖生态跟前面所述的克氏双锯鱼的基本相同。它们配对产卵，雌鱼比雄鱼体形大。群体内的未成熟个体不参与繁殖，而是未来的繁殖预备军。与产卵模式也为配对产卵的其他鱼类相比，虽然克氏双锯鱼亲鱼之间的羁绊更深，不过如果有某一克氏双锯鱼的群体缺少雌鱼，附近群体里的雌鱼就会来到这个群体，跟剩下的这条雄鱼产卵（也就是一条雌鱼跟两条雄鱼产卵）。它们会将卵产在紧挨着共生海葵的岩石上。由于卵对海葵刺丝囊中的毒液没有免疫力，所以亲鱼会特别注意不让卵碰到海葵的触手。

要特别一提的是鞍斑双锯鱼的产卵。栖息在日本冲绳县以南的鞍斑双锯鱼以生活在内湾沙质海底的汉氏列指海葵为宿主。由于周围都是沙地，产卵床容易不足。即使有产卵床，很多也会被汹涌的波涛冲飞或被沙子掩埋。因此，鞍斑双锯鱼会往汉氏列指海葵的附近运送小石头和贝壳等物来做产卵床。这种行为在其他种类的双锯鱼身上都未见过，非常有趣。

白条双锯鱼后方的卵快要孵化了。（冲绳县久米岛）

受潜水者欢迎的眼斑双锯鱼。（鹿儿岛县冲永良部岛）

鲈形目

隆头鱼科高体盔鱼属

Pteragogus aurigarius 长鳍高体盔鱼

分布范围：日本青森县以南至九州（不包括屋久岛） **全长：** 8 ~ 14 cm ★☆☆

1月	2月	3月	4月	5月	6月	7月	8月	9月	10月	11月	12月

0	1	2	3	4	5	6	7	8	9	10	11	12	13	14	15	16	17	18	19	20	21	22	23

产卵高峰期为 5 月至 8 月，14:00 左右在水深超过 18 m 的海域可以看到产卵行为，在浅水区则是 15:00 以后开始产卵。不知是不是由于水中明暗度不同，生活在较深海域的群体会更早开始求爱、产卵。到了产卵期，雄鱼会形成自己的领地，多条雌鱼会来这个领地产卵。领地内的产卵场最好有岩石等明确的标志物，拥有这样领地的雄鱼为优势雄鱼，它们可以跟更多的雌鱼产卵。不过，雄鱼之间为了争夺领地会频繁争斗，并且一条雄鱼会跟多条雌鱼产卵，因此雄鱼的体力消耗极大。有些雄鱼在两周时间内就变得伤痕累累，自己的领地也变成了其他雄鱼的领地。

产卵场的标志物是关键。雄鱼会在此处将身体放平，像在拍打浪花一样游动，进行倾斜晃动求爱。如果接受求爱，雌鱼会从海藻背面现身，开始缓缓上升。雌鱼跟雄鱼相比更敏感。雄鱼会将下颌搭在上升的雌鱼的头后部，两条鱼在迅速转向的同时排卵、排精。

临近产卵的雄鱼。

正在争斗的雄鱼。来争夺领地的雄鱼很多，激烈的争斗此起彼伏。有时它们还会互相啃咬。

争斗时，有时雄鱼会使劲儿展开所有的鳍，头朝上威吓对手。

隐藏在下方海藻中的雌鱼会在接受求爱后向上游到雄鱼身边。

雄鱼的求爱将两条雌鱼从海藻里引了出来。

在开始上升的雌鱼的上方，雄鱼正在进行倾斜晃动求爱，这应该是为了最后确认雌鱼是否接受求爱。

接受求爱的雌鱼会跟雄鱼靠在一起游动，以便产卵。雄鱼会用胸鳍触碰雌鱼的尾鳍，两条鱼上升后排卵、排精。

观察日记

2002.6.1	大濑崎的湾内　－14 m　水温 19 ℃　♀的腹部非常鼓。♂的体色也变成了婚姻色。没有看到产卵。
2002.6.2	大濑崎的湾内　没有看到产卵。
2002.6.8	大濑崎的湾内　没有看到产卵。
2002.6.9	大濑崎的湾内　没有看到产卵。
2002.6.15	大濑崎的湾内　没有看到产卵。
2002.6.16	大濑崎的湾内　没有看到产卵。
2002.6.22	大濑崎的湾内　看到了怀卵的♀，但没有看到产卵。
2002.7.7	安良里海滩　我在 －8 m 处看到一条♂和一条怀卵的♀正在享受裂唇鱼的“清洁服务”。在 －10 m 的引导绳沿线，一条怀卵的♀进入了应该是产卵场的地方。附近的♂进行了侧面展示求爱，但数秒后就离开了。我来早了，所以没看到产卵。
2003.6.14	大濑崎的湾内　水温 21 ℃　求爱开始，♀腹部鼓起来了。
2003.7.20	大濑崎的门下　－7 m　水温 21 ℃　弦月 1 天前　满潮 9:21　干潮 15:29 图1 14:30 我在海底陡坡上部开始观察。我看到领地♂在领地内放哨，并且

	时不时地在岩石顶部的附近用倾斜晃动求爱方式向♀求爱。♂的求爱半径是 4 ～ 5 m，不过领地范围应该是这个的几倍。14:50，领地♂发现了进入求爱半径内的入侵♂（入侵①♂），便猛追过去。领地♂追了约 20 m，入侵①♂只一味地逃跑。领地♂再次用倾斜晃动求爱方式向♀求爱。15:15，像是要回应♂的求爱一样，躲在岩石后面的♀开始缓缓上升。♀上升了大概 0.5 m 的时候，♂从♀背后接近，将下颌搭在♀的头后部，两条鱼继续上升并产卵。产卵后，♂在产卵场内进行倾斜晃动求爱，但我没有看到产卵。15:30，我看到了领地♂跟另一条入侵♂（入侵②♂）之间的争斗，领地♂获胜。
2003.8.16	大濑崎的门下　−20 m、−10 m　水温 23 ℃　14:20 左右，我在苔海马观察点的上面、−20 m 处看到了求爱的①♂。①♂在 14:35 之前跟 3 条♀产卵了。求爱、产卵都是平时的模式。14:40 左右，我在海底陡坡中部 −10 m 处发现了正在求爱的②♂，它跟两条雌鱼产卵了。①♂入侵了②♂的领地，不过被②♂赶跑了。这里距离前述的 −20 m 处①♂的产卵场应该都有 30 m 远了。
2003.8.17	大濑崎的大川下　−6 m　水温 23 ℃　直至 14:30 我都没有看到♂求爱。这里水很浅并且沙地开阔，海底非常明亮。在这样的条件下，亲鱼就不会像前一天在门下看到的那样，在很早的时间产卵。
2003.8.30	大濑崎的大川下　−6 m　水温 24 ℃　16:10 左右，竹女士看到了求爱和产卵。
2003.9.7	大濑崎的门下　水温 23 ℃　我在 −15 ～ −8 m 发现了 3 条♂，不过在它们各自的求偶空间里，♀的数量非常少，也几乎没有积极的求爱行为。15:30 左右，我在海底陡坡上部 −7 m 附近发现了正在用倾斜晃动求爱方式向♀求爱的♂。这条♂有些疲惫，这是因为 15:50 之前的 20 分钟里它跟 3 条♀产卵了。这个求偶空间的♀个体数很少，♀的腹部也不太鼓，繁殖期应该差不多结束了。

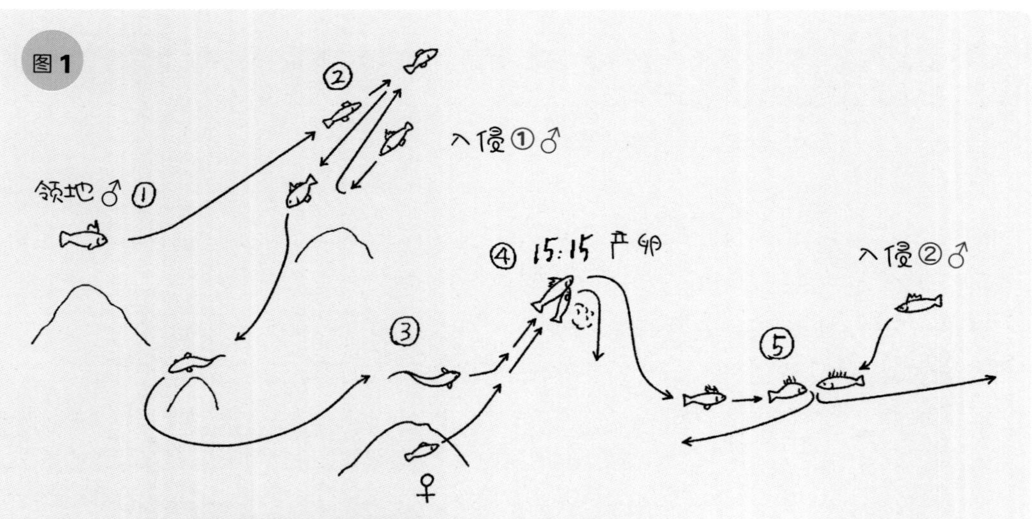

①～②　求爱中的领地♂发现并赶走了入侵♂（入侵①♂）。
③　领地♂用倾斜晃动求爱方式向♀求爱。♀从岩石后面浮了上来。
④　两条鱼并排上升，15:15 产卵。
⑤　另一条入侵♂（入侵②♂）游了过来，开始与领地♂互相瞪眼，不过领地♂赢了。

2004.5.29	大濑崎的大川下 −7 m 水温 20 ℃ 15:30，我看到了产卵。在这个地方，♂ 跟约 30 条 ♀ 产卵了。入侵 ♂ 成功产卵一次。
2004.5.30	大濑崎的大川下 −7 m 水温 20 ℃ 观察地点和昨天一样。♂ 的领地直径达到了 20 m 以上。我在 ♂ 后面追了一个半小时，一直在观察它的行为。它的领地内有 3 条入侵 ♂，被发现后它们就逃到了海藻中。它们使体色变浅接近海藻的颜色，并且竖起身体隐藏起来。领地 ♂ 离开后，入侵 ♂ 就小心地从海藻中出来向 ♀ 求爱。可以看出入侵 ♂ 在求爱时非常警惕——我看到有两条入侵 ♂ 都是这样。在领地内巡游的领地 ♂ 在进入产卵场后，游动时会倾斜身体，不知道这一行为是出于什么原因。
2004.6.5	大濑崎的大川下 −7 m 水温 19 ℃ 晴 图 2 我在 15:38 ~ 16:52 观察到了产卵。过了 16:30，产卵行为慢慢减少。♀ 回应 ♂ 时个性十足：有的非常敏感，看到 ♂ 求爱不会立马上升；有的即使上升也迟迟不跟 ♂ 一起游，♂ 积极求爱才终于产卵；还有的只要 ♂ 一来到附近，就朝 ♂ 游过去并马上产卵。在这次观察中，♂ 进行了倾斜晃动求爱，♀ 接受了求爱。并且这次 ♂ 在产卵场游动时身体也是倾斜的。
2004.7.4	大濑崎的大川下 −7 m 水温 21 ℃ 晴 我 15:25 开始观察。之前观察的生活在“草鞋岩”附近的 ♂ 的领地被夺走了，这个领地里的 ♀ 的数量也减少了。这个领地范围很大，直径达到了 30 m。

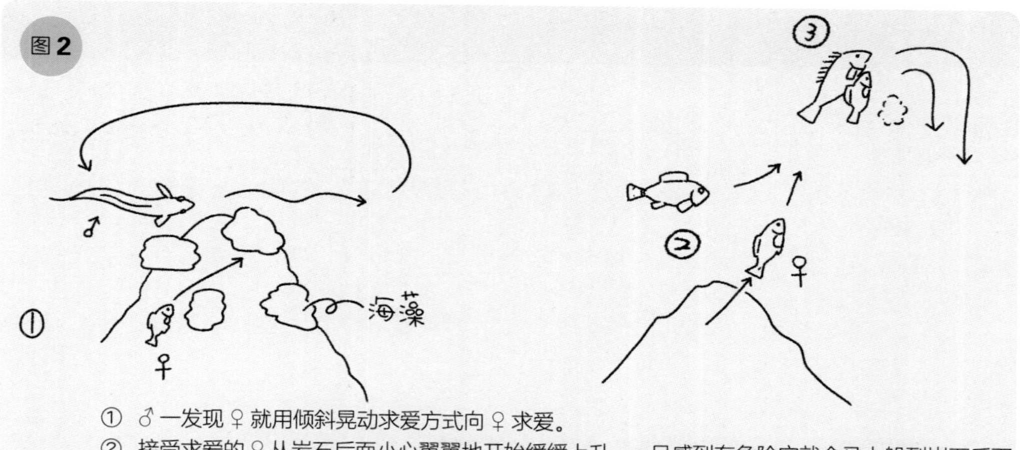

① ♂ 一发现 ♀ 就用倾斜晃动求爱方式向 ♀ 求爱。
② 接受求爱的 ♀ 从岩石后面小心翼翼地开始缓缓上升，一旦感到有危险它就会马上躲到岩石后面。
③ ♂ 将下颌放在 ♀ 的头后部，两条鱼并排上升并产卵。

为了争夺领地而疲惫不堪的雄鱼。

在领地内巡游的雄鱼。

鲈形目

隆头鱼科裂唇鱼属

Labroides dimidiatus 裂唇鱼

分布范围：日本千叶县以南的太平洋一侧、伊豆群岛、小笠原群岛、本州中部以西的日本海一侧、冲绳县 ★

全长： 8 ~ 14 cm

1月	2月	3月	4月	5月	6月	7月	8月	9月	10月	11月	12月

0	1	2	3	4	5	6	7	8	9	10	11	12	13	14	15	16	17	18	19	20	21	22	23

产卵高峰期为 6 月至 8 月。在白天配对产卵，卵为分离浮性卵。雄鱼拥有领地，在大濑崎狭窄的地方，它们的领地很密集，一般只有约 10 m 见方，大的能达到 50 m 见方。它们虽然是小型鱼类，却很长寿，领地雄鱼可能在几年内都维持不变。领地内的社会构造也很有趣，如果一直观察一个多配制家族，就能明显看出领地雄鱼在鱼群中的地位以及雌鱼之间的等级关系。雄鱼会在领地内巡游，以便确认雌鱼的情况，越临近产卵巡游次数越多。巡游时，雄鱼会像打招呼一样从领地内的每一条雌鱼面前经过，这时雌鱼会一瞬间停止动作，将身体弯成 S 形。接下来它们并不会直接产卵，雄鱼会继续向下一条雌鱼游动。所以此时雌鱼的 S 形姿势应该是顺从的意思。

如果雄鱼一边颤动身体一边靠近雌鱼，雌鱼用 S 形姿势回应，就说明要产卵了。两条鱼开始以螺旋状画圈的形式缓慢上升（游泳轨迹呈螺旋状上升）。这可能是因为它们觉得自己是鱼医，所以很安全。之后，两条鱼从并排的状态开始急速游起来，雄鱼将下颌放在雌鱼的头后部，然后它们开始产卵。产卵时它们会游向其他鱼类较少的地方，这应该是因为即便它们是鱼医，还是会担心卵的安全，担心卵被其他鱼类捕食。雄鱼会在产卵场内与多条雌鱼接连产卵，所以如果能看到一对亲鱼在产卵，就能接连看到产卵。雄鱼一开始多与体形较小的雌鱼产卵，过一段时间后会跟中等体形的雌鱼产卵，最后跟年长的大型雌鱼产卵。年轻雌鱼动作连续，拍摄起来更容易。

雄鱼之间的争斗。在个体数较多、领地相邻的大濑崎的湾内，这种争斗经常发生。争斗虽不激烈，不过领地范围会因争斗结果而改变。

左页图：一对裂唇鱼亲鱼在给黑点鹦天竺鲷提供“清洁服务”。

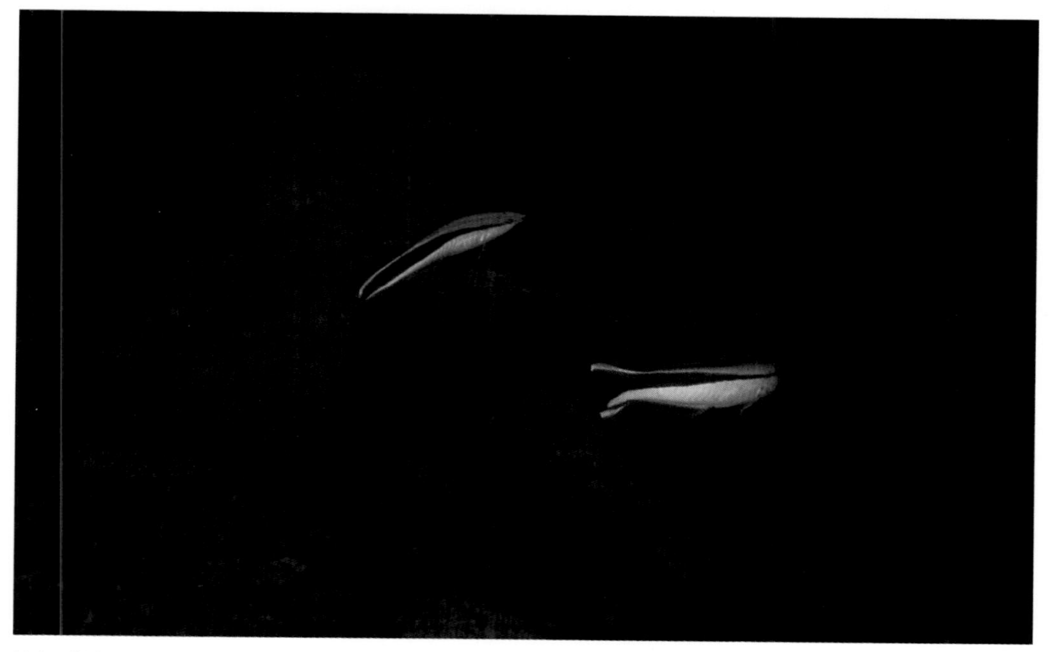

雄鱼（右）正准备向雌鱼（左）求爱。如果雌鱼接受雄鱼的求爱，这对亲鱼就会呈螺旋状上升。

雄鱼（下）正在向领地内的大型雌鱼（上）求爱。雌鱼体形越大，意味着鱼龄越长。鱼龄长的鱼不会轻易接受求爱，这非常有趣。

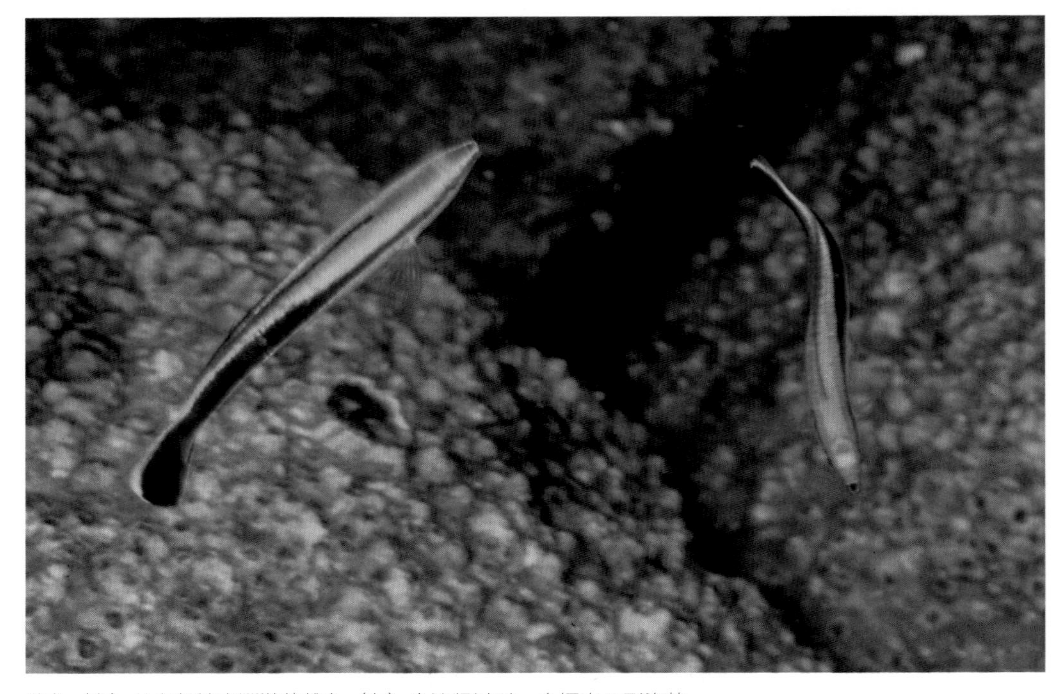

雌鱼（右）从在领地内巡游的雄鱼（左）身边经过时，会摆出 S 形姿势。

亲鱼呈螺旋状缓慢上升。它们的上升距离长达数米，我可以慢慢观察。

临近产卵时，雄鱼会观察雌鱼以便配合雌鱼的动作。

临近产卵时，雄鱼（左）会在雌鱼（右）的上方快速游动。雄鱼和雌鱼会仔细观察对方再行动。

观察日记

2003.8.16 大濑崎的大川下　−5 m　水温 23 ℃　11:00 左右，我发现了正在求爱的♂。附近的♀接受了求爱，它们上升约 1 m 后产卵。上升时不呈螺旋状，两条鱼依偎着上升、产卵。可能是由于水较浅，附近也没有其他种类的鱼，所以才没有呈螺旋状上升。今后观察时需要注意这一点。

2003.8.24 大濑崎的大川下　−5 m　图1 今天我观察了 8 月 16 日产卵的那条♂的领地。它的领地范围很大，我一时跟丢了。它在领地内大概有 6 个清洁站点。它在清洁站点附近巡游，途中在清洁站点外给其他鱼做了短时间清洁（有些种类的鱼讨厌在清洁站点外接受“清洁服务”）。它在清洁站点内巡游时，站点内的优势雌鱼就会出来迎接，向它展示 S 形姿势。这种行为我在好几个地方都看到了。

2003.8.31 大濑崎的潜店曼波前　−11 m　水温 21 ℃　领地♂向怀卵的♀求爱后，12:00 左右，它们呈螺旋状上升大概 1 m 后，以一条在上、一条在下的状态，快速上升 0.5 m 后产卵了。我还看到了其他数条怀卵的♀。

2003.9.6 大濑崎的潜店曼波前　水温 23 ℃　11:50 ~ 12:20，我在 −11 ~ −7 m 的范围内看到了产卵。领地♂先后跟 5 条♀产卵了。我还看到了它们呈 S 形姿势求爱、呈螺旋状上升等行为。上升的最大高度达到了 4 m。上升的亲鱼会旁若无人地进入其他鱼类的鱼群中。当鱼群过去时，两条鱼会并排挨着迅速上升并产卵。有时我甚至能看到亲鱼在螺旋上升时还为别的鱼做清洁，因而上升速度十分缓慢。这应该是因为裂唇鱼自身非常清楚很多鱼认为它们是鱼医。但是，产卵的瞬间它们会从其他鱼类的鱼群中脱离，然后快速产卵，卵的安全应该是没有保障的。入侵♂进入领地内成功产卵一次。

2003.9.7 大濑崎的潜店曼波前　水温 23 ℃　11:40 ~ 12:20，我在 −10 ~ −8 m 处看到了产卵。领地♂和 4 条♀产卵了，最后一条♀是大型♀。这种现象以前也见过。

图1

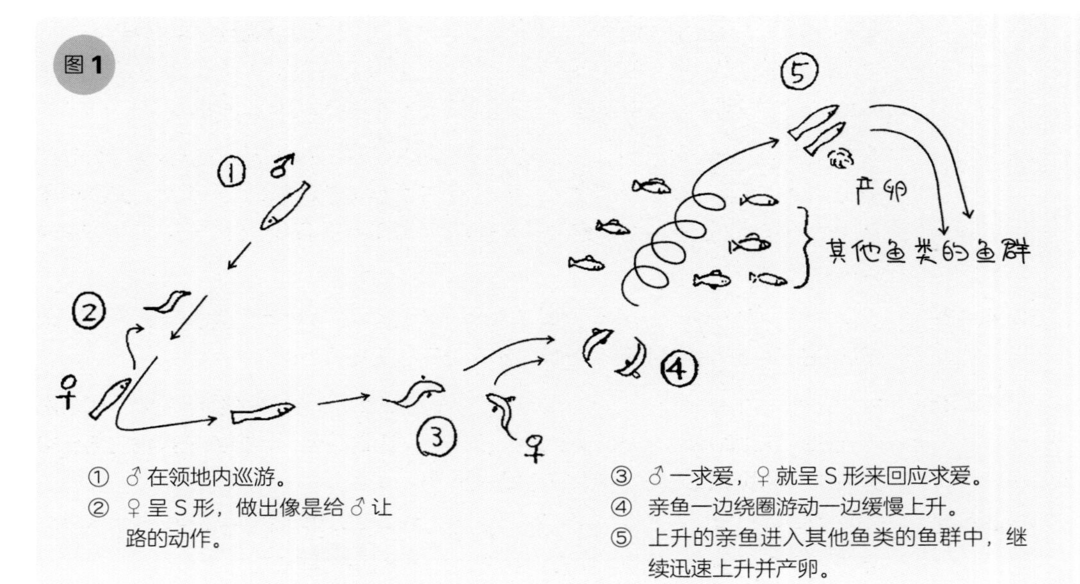

① ♂在领地内巡游。
② ♀呈 S 形，做出像是给♂让路的动作。
③ ♂一求爱，♀就呈 S 形来回应求爱。
④ 亲鱼一边绕圈游动一边缓慢上升。
⑤ 上升的亲鱼进入其他鱼类的鱼群中，继续迅速上升并产卵。

	另外，这个大型♀像领地♂那样在领地内游动。不知是不是因为这个，这条大型♀有时还会被领地♂追赶。并且让人吃惊的是，这条♀还向其他小型♀进行了S形求爱。这个地方雄鱼的领地是相邻的，每个领地都非常狭小，连10 m见方都不到，所以会有旁边的领地雄鱼越境产卵，即离开自己的领地去其他雄鱼的领地产卵。这次也看到一次成功的越境产卵。
2003.9.13	大濑崎的湾内　水温23℃　我在大濑馆前 -13 m处的清洁站点看到了产卵。这个清洁站点有一块岩石孤零零地立在沙地中，这里有1条♂和4条♀。这个家族的鱼一整天都不会游到其他地方去，也完全不怕潜水者，甚至会去啄潜水者的手和嘴巴。
2003.9.21	大濑崎的潜店曼波前　-11 ~ -8 m　水温22℃　12:00前，♂在领地内巡游，一个接一个地求爱。一过12:00，♀摆出S形姿势回应求爱。还看到有♀追在♂身后。产卵的前半段，♂和小型♀配对，呈螺旋状上升，且上升的高度较高。从后半段开始，♂更多地跟大型♀配对，呈螺旋状上升，但上升的高度较低。到了12:40，♂差不多跟所有的♀（观察到了9条）都产卵了。这一带应该有3 ~ 4个♂的领地，最大的有10 m见方，与其相邻的较小。在最大的领地内，时不时会有其他的领地♂入侵，但大部分都会被领地♂赶走。然而，入侵♂越境成功产卵的情况也很多。右下方的领地是这一带最大的领地，其中的领地♂是偷袭惯犯，而且偷袭成功率非常高！占据了右上方领地的♂不断在跟这条入侵♂做斗争。对于在领地内巡游的♂，♀仿佛是在给它让路一般，摆出了S形姿势——这应该也是表示顺从的姿势。
2003.9.22	大濑崎的潜店曼波前　-11 ~ -8 m　水温22℃　12:10之后我看到了产卵，不过当天只看到了3次。这是不是因为前一天的台风导致海底岩石移动，领地范围发生了变化？
2003.10.13	大濑崎的岬角　-18 m　水温23℃　10:00左右，我在 -18 m处看到了一对雌雄体形都较小的亲鱼配对产卵。♀一直跟在♂的后面。♂时不时停止游动，像是在驱赶♀。但是最后，♂仿佛输给了♀的热情一般呈螺旋状游动，但是没有上升，之后好像进行了模拟产卵。这条♂是迄今为止我看到的有产卵行为的♂中最小的个体，它好像没有领地，并且它开始产卵的时间也比一般体形的要早。
2004.7.3	大濑崎的湾内左侧　-10 m　水温23℃　今天我在曼波的海堤处观察。跟去年相比，领地看起来有明显的变化。大型♂的领地向右侧移动了一点点，范围稍微扩大了一些。11:30开始观察时，求爱和产卵行为已经开始了。产卵在12:30就基本结束了。
2004.7.20	大濑崎的湾内左侧　-10 m　水温24℃　11:30左右我就看到了产卵。这次也是♂在产卵前半段跟小型♀产卵，在后半段跟大型♀产卵。
2004.7.25	大濑崎的湾内中央　-5 m　水温24℃　11:20左右，在海底陡坡下部，我在两个领地内看到了集体产卵。♂跟大型♀产下了大量的卵，这样的场景我之前从未见到过。这两个领地内好像都只有很少的♀。
2004.9.20	大濑崎的一本松　-13 m　水温25℃　12:00左右，我在岩石附近看到了产卵。我还看到了正在怀卵的♀，不过产卵期也差不多快要结束了。

鲈形目

隆头鱼科尖唇鱼属

Oxycheilinus bimaculatus **双斑尖唇鱼**

分布范围：日本千叶县以南的太平洋沿岸、伊豆群岛、小笠原群岛、本州西部以西的日本海沿岸、冲绳县 ★★

全长： 8 ~ 12 cm

1月	2月	3月	4月	5月	6月	7月	8月	9月	10月	11月	12月

0	1	2	3	4	5	6	7	8	9	10	11	12	13	14	15	16	17	18	19	20	21	22	23

产卵高峰期为 9 月至 11 月。产卵在白天进行，多在下午早些时候，少有在上午进行的。到了 16:00 以后水中开始变暗时，产卵也就基本结束了。配对产卵，卵为分离浮性卵。雄鱼拥有领地，在大濑崎的外海与沙地相邻的区域，领地范围有的直径达到 50 m 以上。雌鱼分散栖息在雄鱼的领地内。快到产卵时间时，雄鱼会频繁地在领地内巡游，雌鱼会以雄鱼的这一行为为信号，聚集到各自栖息地的产卵场，准备产卵。

它们一般会将较为醒目的岩石顶附近的海藻或柳珊瑚等作为产卵场。雌鱼胆子小，一直藏在海藻或柳珊瑚中，直到雄鱼开始求爱。雄鱼会在雌鱼藏身之处的上方求爱，但求爱行为并不激烈。接受求爱的雌鱼一向上浮起，雄鱼就会靠过来在雌鱼左右游动，催促雌鱼继续上升。此时如果用闪光灯等强光照射，雌鱼会迅速躲进海藻或柳珊瑚中。多数情况下，参与产卵的雌鱼的体形都较小，但有时也能观察到雄鱼与体形极小的雌鱼产卵，这很有趣。

雌鱼的体形是雄鱼的一半也不稀奇。

在领地内巡游的雄鱼。成熟的雄鱼尾鳍呈菱形。

产卵前，即将从产卵场的柳珊瑚中浮上来的雌鱼。

雄鱼（左上）靠近浮上来的雌鱼（右下）并求爱。

雌鱼（下）胆子小，一有风吹草动就会躲起来。雄鱼（上）仿佛在让雌鱼放心一样靠近它，或者游到它前面来催促它上升。

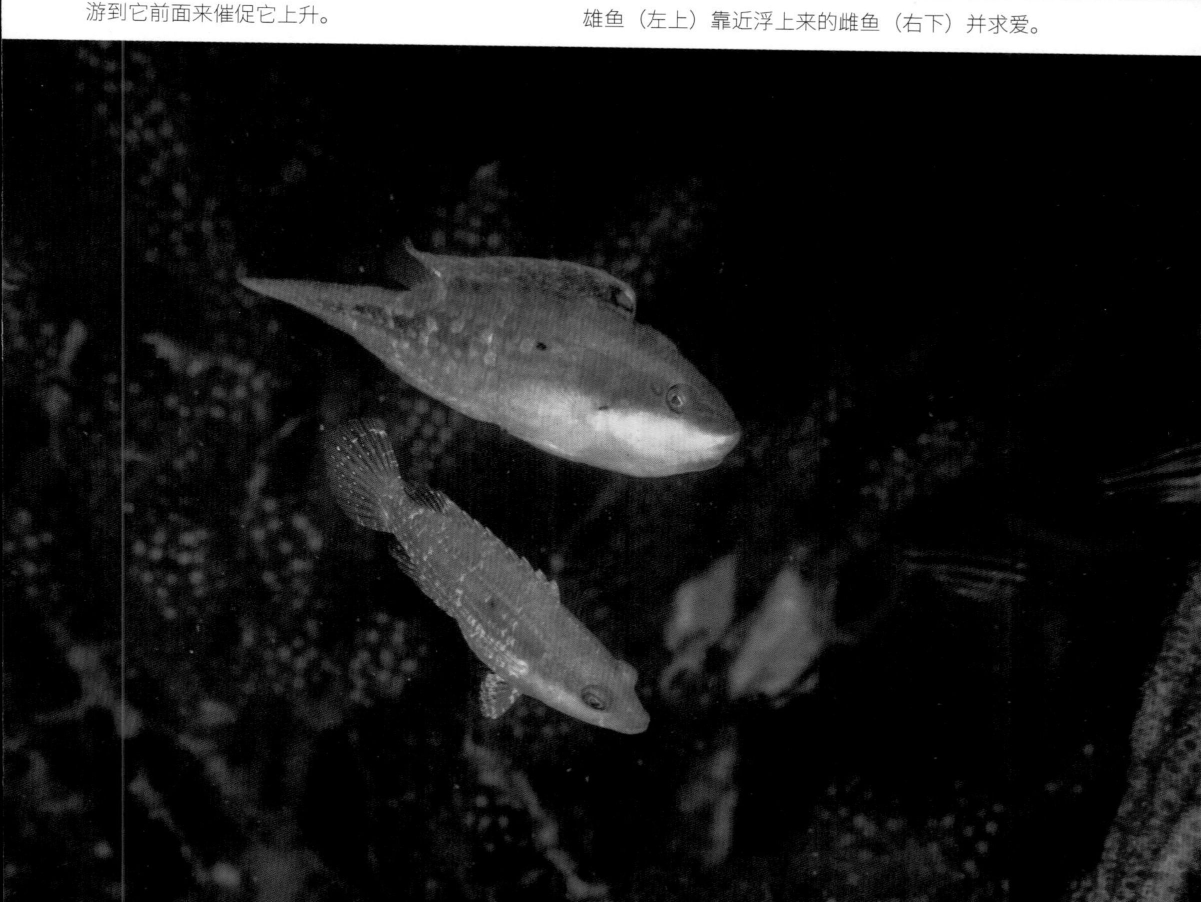

一对将要开始产卵上升的亲鱼。雄鱼会保持将下颌放在雌鱼头后部的状态上升。在很多观察案例中，雌雄之间体形相差都极大。

观察日记

2003.10.5	大濑崎的门下　-15 m　水温 23 ℃　干潮 7:54　满潮 15:23　11:00 左右，一对亲鱼（♂ 长 8 cm，♀ 长 3 cm）产卵了。♀ 从海底上升 1.5 m 左右后，♂ 游了过来，将下颌放在 ♀ 的头上，两条鱼开始上升并产卵。几分钟后，这条 ♂ 跟其他 ♀ 也产卵了。
2003.10.12	大濑崎的栅下　水温 23 ℃　水流很强，我没有看到求爱和产卵。 大濑崎的栅下　弦月（小潮）　干潮 3:39　满潮 11:25　10:50，M 看到了产卵。在这个时间点潮水是平静的。
2003.10.18	大濑崎的栅下　13:57 ~ 14:36，我在 -18 m 处发现了怀卵的 ♀（长 4 cm），在它的附近有一条 ♂（长 12 cm）。不过由于水流太强，我没有看到求爱。水流太强了，♂ 光是让自己待在岩石后面就已经竭尽全力，根本无法求爱。我也因为许久不遇的激流而筋疲力尽。
2003.10.26	大濑崎的门下至玉崎　水温 19 ℃　10:15 ~ 10:35，在海底陡坡下部平缓处的岩石和沙地交界处，我看到了 5 次配对产卵。♂（长 10 cm）的领地呈直线状，从门下左侧至玉崎附近为止，长 50 m 以上。♂ 在岩石和沙地的交界处紧盯前方直线往返数次。领地的两端是两块很大的岩石，领地内有数个 ♀ 的产卵场聚集在一起。♀ 聚集在长有柳珊瑚等生物的地方，躲在岩石或柳珊瑚的后面。♂ 一来，♀ 就开始从柳珊瑚后面缓缓上升。♂ 发现上升的 ♀ 后会迅速游过去，仿佛要观察 ♀ 脸色一般跟它并排挨在一起。两条鱼一上一下缓缓画圈游动，之后 ♂ 将自己的下颌放在 ♀ 的背上。两条鱼保持一上一下的姿势不变，加速游动进行了产卵。5

次产卵中有 3 次都是上述模式。其余两次是♂来到了♀所在的岩石后面。♀对产卵并不积极，没有主动上升。♂数次对♀进行侧面展示求爱。这种求爱并非“纠缠不休”，也就 1 ~ 2 分钟。如果♀不回应求爱，♂就会前往下一个产卵场。♀如果回应求爱，就会从岩石后面缓缓上升到岩石顶附近。之后的产卵模式也是一样的，不过产卵上升的高度较低。另外，本次观察的大型♀（长 6 cm）非常积极地上升；而小型♀（长 3 cm）回应求爱就不那么积极了——即使回应了求爱，在上升时也很谨慎。这次在门下观察的这条♂的领地和之前观察的栖息在栅下的♂的领地很相似——几乎不偏离沙地和岩石的交界处，都呈直线状。

2003.11.15　大濑崎的门下至玉崎　水温 19 ℃　**图1** 我从 11:00 开始对 11 月 9 日观察过的♂再次进行观察。观察时几乎没有潮流，♂在领地内巡游，巡游的距离约有 50 m。在到 11:20 为止的 20 分钟里，♂跟 4 条♀产卵了。做好产卵准备的♀聚集到♂的巡游线路上，从岩石后面游到柳珊瑚等后面藏起来，等待♂的到来。一看到♂来了，♀就小心地一边确认附近有没有捕食者，一边从柳珊瑚上面露出身体，等待♂来到附近。♂看到♀后，向着♀游过去。♀主动缓缓上升后，♂就把下颌放在♀的头后部，两条鱼快速向斜上方上升大概 50 cm 产卵了。♀如果对产卵提不起兴趣，即使♂看到了♀，♀也会游向下一个产卵场。但是，由于产卵场都在♂的巡游线路上，♂会多次经过产卵场，最终可能还是会跟之前对产卵兴致不高的♀产卵，这样的情况也有很多。这次就有♀在♂第 3 次往返时接受求爱并产卵的情况。

2003.11.23　大濑崎的大佛岩　水温 17 ℃　多云　我在 −17 m 处看到一次产卵。

2003.11.24　11 月 15 日观察的那条♂消失了，也没找到♀。

2003.12.14　大濑崎的栅下　−15 m　水温 17 ℃　11:20 左右，我看到了配对产卵。后来我还看到了另外一条腹部鼓起来的♀，但没看到产卵。

图1

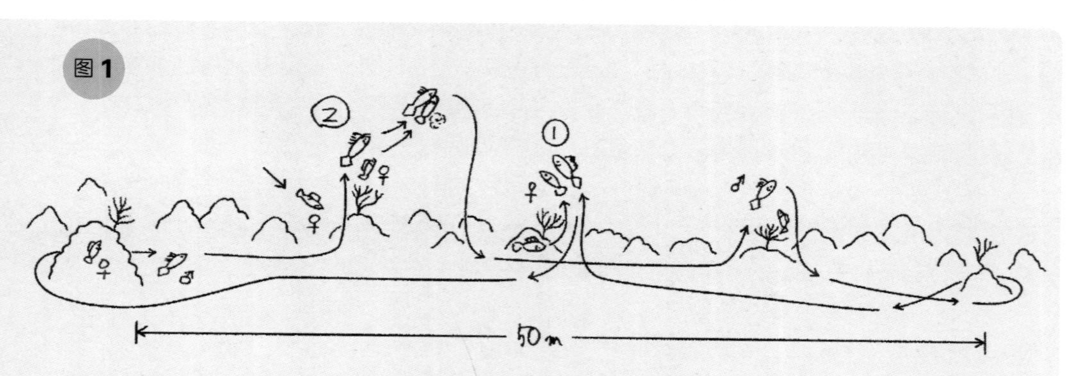

★不知是不是因为大濑崎的双斑尖唇鱼数量少，跟位于东伊豆的伊豆海洋公园等处相比，♂的领地要大一些。

★栖息在大濑崎的双斑尖唇鱼的产卵场多在长有柳珊瑚的地方，而东伊豆的双斑尖唇鱼的产卵场多在长有海藻的地方。

① ♂一靠近产卵场，准备好产卵的♀就从岩石后面游到柳珊瑚后面，接着从柳珊瑚上面浮出，让♂知道自己的存在。

② ♂靠近并将下颌放在♀的头后部，两条鱼以一条在上一条在下的状态上升并产卵。

鲈形目

隆头鱼科拟隆头鱼属

Pseudolabrus eoethinus # 远东拟隆头鱼

分布范围：日本本州中部以南、伊豆群岛、冲绳岛 **全长：** 14 ~ 25 cm

1月	2月	3月	4月	5月	6月	7月	8月	9月	10月	11月	12月

0 1 2 3 4 5 6 7 8 9 10 11 12 13 14 15 16 17 18 19 20 21 22 23

产卵高峰期为 9 月至 12 月。产卵在白天进行，下午早些时候较为活跃。基本上都是配对产卵，但也有很多雄鱼有偷袭逃跑式产卵行为，因此产卵过程不会太顺利。雄鱼拥有领地，会选择领地内的大岩石或沙地上突出的大岩石等作为产卵场。雌鱼聚集于此，产卵模式为雌性访问型多配制，跟前述双斑尖唇鱼的雄鱼来到每条雌鱼的身边产卵的模式不同。

临近产卵时，雄鱼会在产卵场周围巡游，以吸引雌鱼聚集过来。产卵场内还会有跟雌鱼体色相近的没有领地的雄鱼（IP 雄性）。IP 雄性大部分都会被具有鲜黄体色的领地雄鱼（TP 雄性）识破并赶走，不过我也观察到过 IP 雄性用完美的“女装”骗过了 TP 雄性，还接受了 TP 雄性的求爱。

求爱时，雄鱼有倾斜晃动求爱行为，还会轻撞雌鱼的头后部。求爱后，雄鱼会靠近从柳珊瑚等处的后面露头的雌鱼。它们将头靠在一起，瞬间垂直上升并产卵。此时，IP 雄性趁亲鱼不备一下子闯进来，以偷袭逃跑的方式参与产卵的行为也屡见不鲜。

在大濑崎的外海，有一个聚集了非常多雌鱼的产卵场。这个产卵场内有精力无比充沛、能在一小时内跟超过 50 条雌鱼产卵的雄鱼，也有好几条与雌鱼体色相近的 IP 雄性。可能是因为这个产卵场的环境很好，所以每年只有实力最强的雄鱼才能成为这里的领地雄鱼。领地雄鱼拥有众多雌鱼虽然令人羡慕，但其实它们的寿命短得可怜。一周时间内，这里的领地雄鱼就会遍体鳞伤，10 天后就得让位给其他雄鱼，这样的事情也屡见不鲜。即便这样，还是有雄鱼对此地趋之若鹜，这就是雄性动物令人悲哀的本性吧。

雌鱼接二连三地聚集到产卵场。它们随性地聚散离合，看准时机参与产卵。

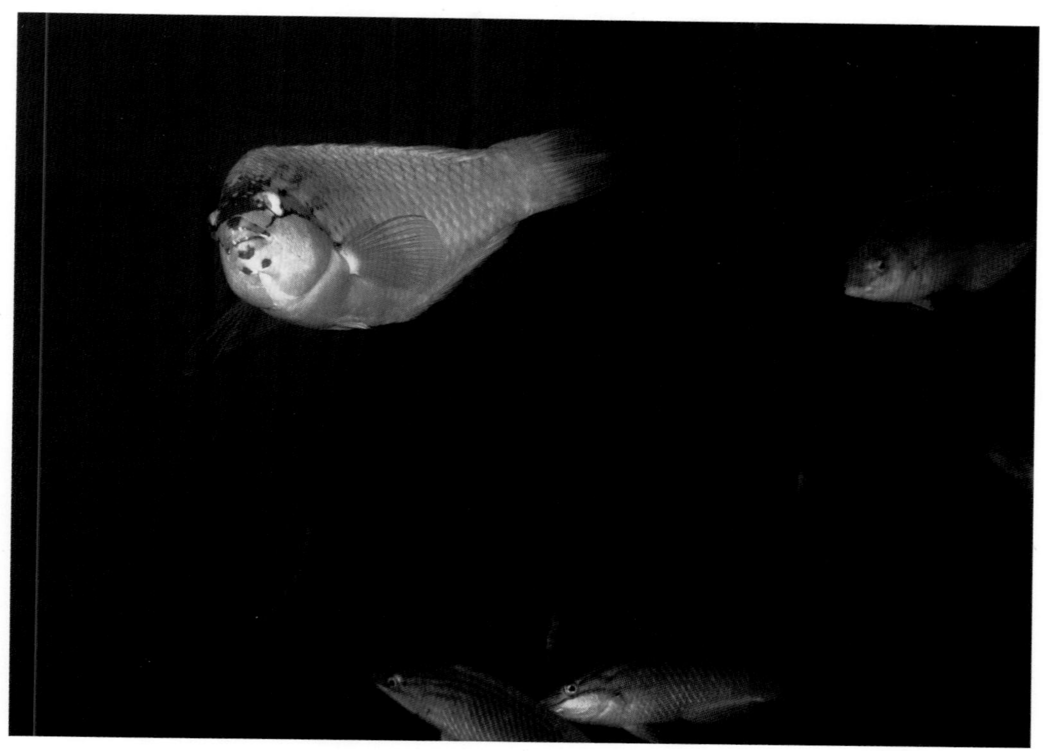

雌鱼（右上）接受了体色鲜艳的 TP 雄性（左上）的求爱。实际上，下方两条鱼中，左边的那条是呈雌鱼体色的 IP 雄性，它没有被 TP 雄性发现。当然，我也没有发现。

雄鱼在产卵场周围发现雌鱼后，会轻撞雌鱼身体并把它们带往产卵场。

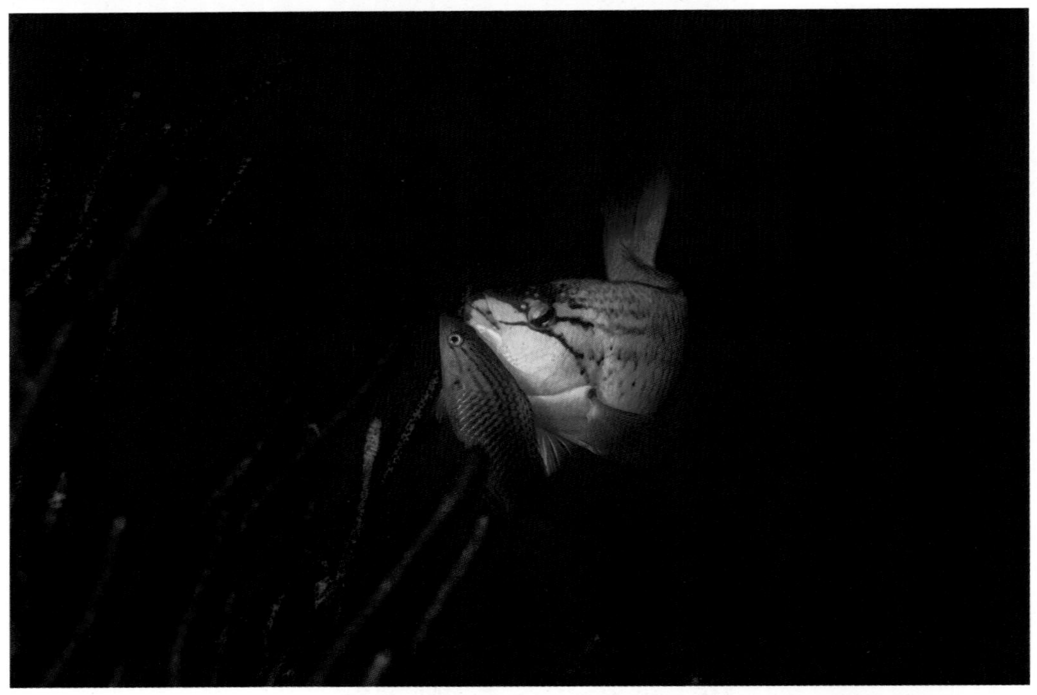

正要开始产卵上升的一对亲鱼。这之后它们迅速垂直上升并产卵。

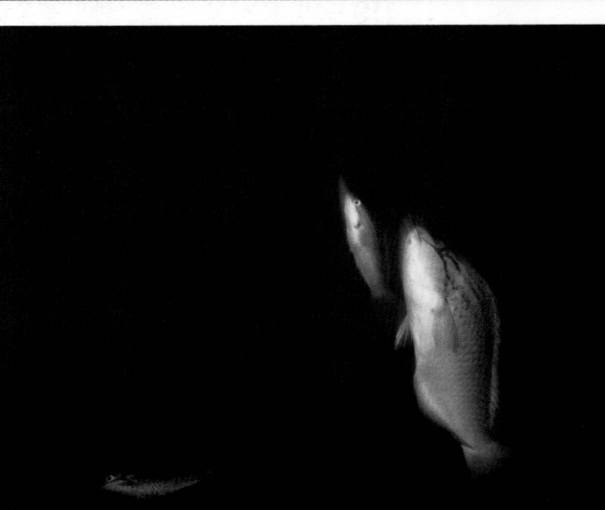

正在垂直上升的一对亲鱼。上升的时机由雄鱼把握，不过上升的主导权在雌鱼手中。

产卵上升开始后，改由雌鱼带头，它们垂直上升 1 ～ 2 m 后排卵、排精。

观察日记

2002.12.23	大濑崎的门下　–15 m　水温 15 ℃　○ 3 天后　满潮 8:16　干潮 13:40　11:30 我在碎石地带看到了产卵。♂ 追赶着 ♀，两条鱼上升 2 ～ 3 m 后排卵、排精。
2003.9.23	大濑崎的栅下　–18 m　水温 22 ℃　虽然还未看到产卵行为，但是领地范围已经明确，领地 ♂ 对入侵 ♂ 开始变得敏感。
2003.10.4	大濑崎的栅下　–12 m　水温 23 ℃　12:00 左右，我在岩石上（产卵场）看到了偷袭逃跑式产卵行为。入侵 ♂ 的体色跟 ♀ 的一样。
2003.10.11	大濑崎的栅下　–14 m　水温 23 ℃　我在 12:50 左右看到了偷袭逃跑式产卵行为。今天还看到了一次普通的配对产卵。
2003.10.12	大濑崎的栅下　水温 23 ℃　潮流太强，我没有看到求爱、产卵。
2003.10.18	大濑崎的门下　水温 20 ℃　13:00 和 13:05，我在海底陡坡下部平缓处看到了配对产卵。临近产卵时 ♂ 围着 ♀ 转圈，两条鱼上升并产卵。
2003.10.19	大濑崎的栅下　–14 m　水温 21 ℃　根据前一天记录的双斑尖唇鱼的产卵时间，再考虑到潮水涨落的时间，我认为远东拟隆头鱼的产卵高峰应该在 13:00 左右，所以我 12:18 入水了。 图 1 一开始观察的产卵场中的 ♂ 在 12:20~12:40 产卵 3 次。 图 2 之后观察的产卵场中的 ♂ 体形较小，不过产卵场聚集了很多 ♀，有 20 条以上。我在 12:45 ～ 13:10 进行了观察，开始看到了 5 次普通的配对产卵，

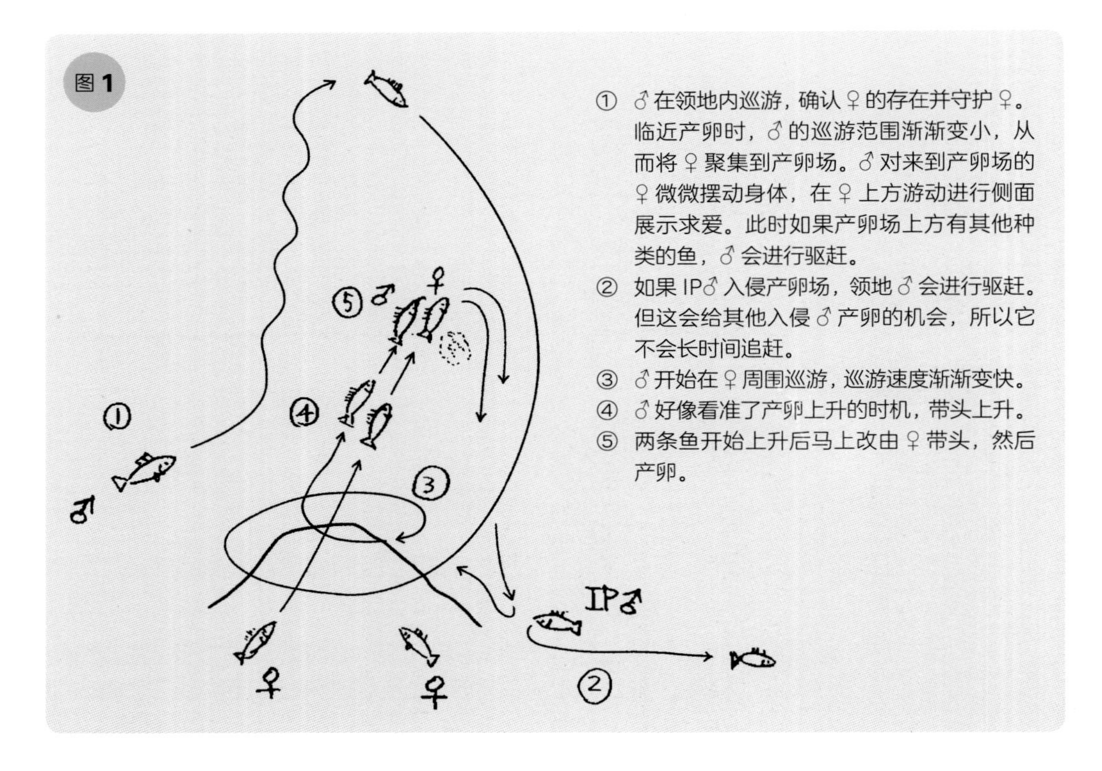

图1
① ♂在领地内巡游，确认♀的存在并守护♀。临近产卵时，♂的巡游范围渐渐变小，从而将♀聚集到产卵场。♂对来到产卵场的♀微微摆动身体，在♀上方游动进行侧面展示求爱。此时如果产卵场上方有其他种类的鱼，♂会进行驱赶。
② 如果IP♂入侵产卵场，领地♂会进行驱赶。但这会给其他入侵♂产卵的机会，所以它不会长时间追赶。
③ ♂开始在♀周围巡游，巡游速度渐渐变快。
④ ♂好像看准了产卵上升的时机，带头上升。
⑤ 两条鱼开始上升后马上改由♀带头，然后产卵。
①
♂
②
③
④
⑤
♂
♀
IP♂
♀
♀

从中途开始就看到偷袭逃跑式产卵行为了。♂在♀周围游动、求爱。到了后半段，♂一在♀群中发现IP♂就做出像倾斜晃动求爱一样的动作，撞向IP♂，把它从♀群中赶了出去。这种行为我看到了几次。没有看到像一般争斗时那样为了把IP♂赶出领地而进行的长距离追击。亲鱼开始产卵上升，但上升了大概10 cm后，♂突然中止了。开始我还以为它是因为我或者捕食者的存在而中止了产卵上升，但是之后同样的行为我又观察到了几次。仔细一看，♀为了做好产卵上升的准备来到了产卵场的顶点附近，突然有3条IP♂从藏身处出现一起上升。可能是因为IP♂试图参与产卵，所以♂中止了产卵上升。产卵上升的时机由♂把握，一旦♂中止上升，一起上升的♀就会不知所措地停下来，然后回到岩石后面，而入侵IP♂则会马上逃到岩石后面。这种行为非常有趣。我看到了3次偷袭逃跑式产卵行为。

2003.10.26　大濑崎的栅下　水温20 ℃　我在13:57 ~ 14:36进行了观察。一开始观察的时候潮流很弱。14:05和14:08各看到一次产卵。之后潮流变强，沙子被卷起，水下能见度不到3 m。遭遇了久违的强流，自然没有看到产卵。

2003.11.1　大濑崎的栅下　水温20 ℃　12:00 ~ 12:30，我看到了配对产卵，但产卵行为不太活跃。

2003.11.8　大濑崎的栅下　水温19 ℃　11:30 ~ 12:30，我在 −17 m、−21 m处各看到5次配对产卵。几乎没有潮流。

2003.11.22　大濑崎的岬角　水温19 ℃　多云　潮流极弱　11:30我在 −23 m看到了产卵。在岬角，几乎没有可以成为领地路标的大岩石，因此对观察者来说，确认产卵场

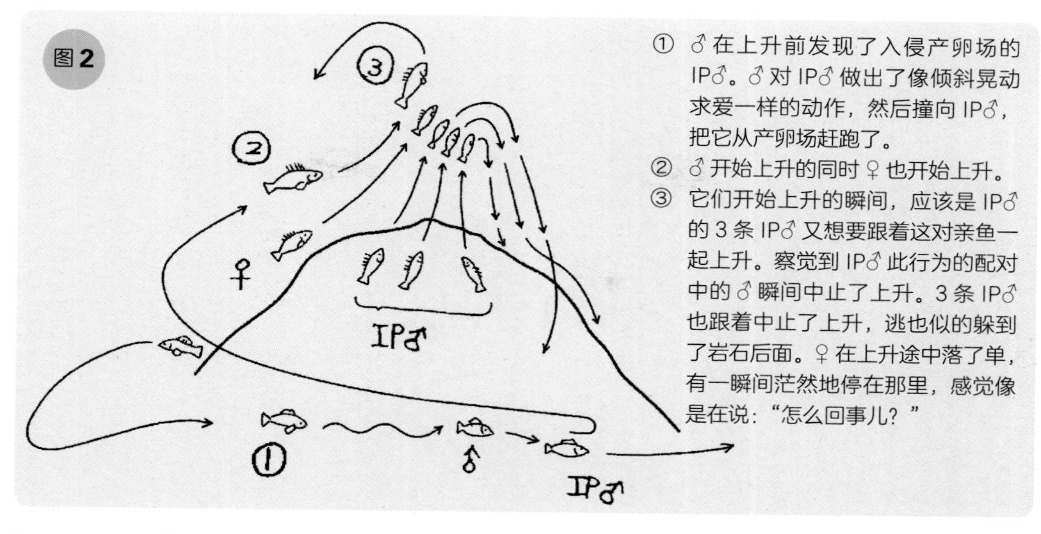

图2

① ♂在上升前发现了入侵产卵场的IP♂。♂对IP♂做出了像倾斜晃动求爱一样的动作，然后撞向IP♂，把它从产卵场赶跑了。
② ♂开始上升的同时♀也开始上升。
③ 它们开始上升的瞬间，应该是IP♂的3条IP♂又想要跟着这对亲鱼一起上升。察觉到IP♂此行为的配对中的♂瞬间中止了上升。3条IP♂也跟着中止了上升，逃也似的躲到了岩石后面。♀在上升途中落了单，有一瞬间茫然地停在那里，感觉像是在说："怎么回事儿？"

很困难。不过因为领地不明确，所以仔细观察的话可能反而会很有趣。

2003.11.24　大濑崎的门下　水温18℃　多云　潮流极弱　●（大潮）　10:20～11:10，我观察了3处领地。因为领地大小不同，聚集到产卵场的♀个体数的差异也很大。1号领地聚集了3条♀，看到了2次产卵。2号领地聚集了5条♀，看到了3次产卵。3号领地位于门下的一块大岩石（饭团岩）上，有很多♀聚集于此，仅20分钟就有10条♀光顾。一共看到5次产卵，观察结束后产卵应该还在继续。这次观察到的亲鱼中有上升高度达到3 m的。从照片上看，感觉上升时♂稍微领先，但实际上是♀把握了产卵的时机。这条领地♂在跟其他♀上升时，是在上升了约1 m后产卵的。这次观察到的产卵的个体非常多。

2003.11.29　大濑崎的栅下　水温19℃　雨　超强台风卢碧正在从北马里亚纳群岛附近北上　满潮10:14　●5天后（中潮）　我瞄准潮流平静的时机去观察，虽然♀正陆续聚集到产卵场，但我没看到产卵，应该是一小时内已经产过卵了。

2003.12.14　大濑崎的栅下　−18 m　水温17℃　11:00～11:30我看到几次配对产卵，但♀的数量比之前减少了。像双斑尖唇鱼那样，♀在♂求爱时主动上升的行为这次看到了3次。繁殖期应该进入最后阶段了。

2003.12.20　大濑崎的栅下　水温15℃　在11:11～12:14进行了观察。一开始潮流较强，到11:30潮流就变得很弱了，♂开始求爱。仅普通的配对产卵就看到了7次。

2003.12.30　大濑崎的栅下　−17 m　水温15℃　11:30～13:03，我看到了数次配对产卵。

2004.1.1　大濑崎的栅下　−17 m　水温15℃　11:20～11:50，我看到了4次配对产卵。

2004.1.3　大濑崎的栅下　−17 m　水温14℃　11:25～12:00，我看到了6次配对产卵。跟繁殖高峰期相比，到了这个时期，♀的数量少了很多。

2004.1.10　大濑崎的岬角　−15 m　水温15℃　11:00左右我发现了在软珊瑚上方0.5 m处巡游的♀。过了一会儿，一条♂游了过来，跟♀"嬉戏"了起来。♂猛地围着♀转起来，之后两条鱼垂直上升并产卵了。不知是不是因为岬角前端没有大岩石，且整体上地势平缓，连小岩石也很少，所以软珊瑚就成了产卵场。

鲈形目

隆头鱼科拟隆头鱼属

Pseudolabrus sieboldi **西氏拟隆头鱼**

分布范围：日本千叶县以南的太平洋沿岸、青森县以南的日本海沿岸（冲绳县除外） **全长：**15 ~ 20 cm ★☆☆

1月	2月	3月	4月	5月	6月	7月	8月	9月	10月	11月	12月

0	1	2	3	4	5	6	7	8	9	10	11	12	13	14	15	16	17	18	19	20	21	22	23

产卵高峰期为 9 月至 12 月。产卵在白天进行，时间集中在 10:00 之后至 16:00 之前。雄鱼拥有领地，在领地内跟雌鱼配对产卵。卵为分离浮性卵。产卵行为跟远东拟隆头鱼的类似。临近产卵时，雄鱼会在领地内多次巡游，以将雌鱼聚集到产卵场。但对这种鱼来说，像大濑崎岬角这样的地方没有可以用作标志物的大块岩石，所以不存在固定的产卵场，它们会在领地内直径数米的范围内产卵。对聚集到产卵场的雌鱼，雄鱼会一个一个地轻碰它们的头部，像在“询问情况”一样。此时头部变成灰蓝色的雄鱼会向雌鱼求爱。雄鱼还会在雌鱼上方进行倾斜晃动求爱，对此做出回应的雌鱼一浮到水体中层上来，雄鱼就会马上靠过去，两条鱼一起上升并产卵。跟远东拟隆头鱼相比，西氏拟隆头鱼上升的角度好像更平缓。这两种鱼产卵场挨着的情况也很多。2014 年，在我观察的地点，两种鱼在同一时间共用了该地标志性的柳珊瑚。一开始还是两种鱼交替产卵，随着时间推移，两种鱼掺杂在一起。我曾目睹远东拟隆头鱼的雄鱼向西氏拟隆头鱼的雌鱼求爱并产卵的场景。

产卵前雄鱼体表的红色会加深。

雌鱼来到正在领地内巡游的雄鱼身边。求爱时雄鱼的头部会变成灰蓝色，这样的颜色变化可以一瞬间完成。如果看到这种体色鲜艳的雄鱼，说明亲鱼很快就会产卵。

雄鱼（近处）轻碰雌鱼（远处）头部。背部散布白斑是西氏拟隆头鱼的特征。

来到产卵场的雌鱼（右）。左侧大一些的是同样等待产卵的远东拟隆头鱼的雌鱼。

正要开始产卵上升的两对亲鱼。

雄鱼在雌鱼上方进行最后一次求爱。雌鱼已经“干劲十足”，只等上升时机到来给雄鱼发出信号了。

配好对的西氏拟隆头鱼快速上升后产卵。有时能看到呈雌鱼体色的 IP 雄性混入。

观察日记

2003.11.2	大濑崎的岬角内侧　水温 20 ℃　14:40，我在 −11 m 处看到了产卵。不仅看到了配对产卵的亲鱼，还看到了入侵♂的偷袭逃跑式产卵行为。临近产卵时，♂的头部更蓝了。
2003.11.22	大濑崎的岬角前端　水温 19 ℃　晴　潮流极弱　11:50，我在 −3 m 处看到了两次产卵。
2003.11.24	大濑崎的岬角内侧　水温 18 ℃　多云　从 14:22 开始，我在好几个领地看到了求爱行为。我观察的领地内大概有 10 条♀。♂一边轻碰♀的头部，一边在领地内巡游。一旦发现入侵♂潜入领地，♂就会追上去把它从领地内赶走。有时♂会执拗地追赶，有时只会追一会儿。♂一进行侧面展示求爱，回应求爱的♀就停止捕食，从海底以较小的角度斜向上游动。对浮上来的♀，♂会轻碰其头后部，之后两条鱼马上上升 0.6 ~ 1 m 并产卵。这次我在 14:22 ~ 15:10 看到了 5 次产卵，其中一次有两条入侵♂参与。与此同时，我在旁边的领地也看到了数次产卵。
2003.11.29	大濑崎的岬角内侧　水温 19 ℃　雨　我在 12:43 ~ 13:34 进行了观察。产卵场聚集了十几条怀卵的♀。我看到♂轻碰♀的身体，但没看到正式求爱行为。15:00 以后我再次到同一地点观察，发现它们好像已经产过卵了（好像是 13:30 ~ 15:00 产卵的），♀的腹部是瘪的。
2003.12.31	大濑崎的岬角内侧　−3 m　水温 15 ℃　11:10 左右我看到数次配对产卵。
2004.1.2	大濑崎的岬角内侧　−3 m　水温 14 ℃　11:50 左右我看到数次配对产卵。
2004.9.20	大濑崎的岬角内侧　水温 22 ℃　14:30 左右，我分别在 −17 m 和 −6 m 处看到了产卵。大部分♀看起来都处于怀卵状态。

鲈形目

隆头鱼科丝隆头鱼属

Cirrhilabrus te mminckii

丁氏丝隆头鱼

分布范围：日本相模湾以南的太平洋一侧、山口县以西至九州西岸、冲绳县、伊豆群岛　**全长：** 4 ~ 11 cm

1月	2月	3月	4月	5月	6月	7月	8月	9月	10月	11月	12月

0	1	2	3	4	5	6	7	8	9	10	11	12	13	14	15	16	17	18	19	20	21	22	23

产卵高峰期为 6 月至 9 月。产卵时间集中在 15:00 之后至 17:00 之前。配对产卵，卵为分离浮性卵。数条雄鱼和更多的雌鱼聚集成小鱼群，个体数量多的地方会形成像领地一样的据点。临近产卵时，雄鱼身体会变成泛着金属光泽的婚姻色，甚至让人觉得它跟平时相比变成了另外一种鱼。雄鱼或快速地上下来回游动（U 形求爱），或在雌鱼上方一边剧烈颤动身体一边游动，积极地向雌鱼求爱。雄鱼之间的争斗也非常多，虽然没有互相啃咬，但是会激烈地互相追逐。不知道它们是怎样定输赢的，总之会把对手从自己的领地中赶走。与此相比，体色素雅的雌鱼躲在海藻中，完全一副“与我无关”的样子，非常有趣。

产卵过程很快。产卵后，可以看到丝鳍拟花鮨捕食被产在水中的卵。这是因为丁氏丝隆头鱼和丝鳍拟花鮨的栖息环境相同，常有混群的情况，且二者食性相同。这两种鱼的产卵时间差很小，它们会食用对方的卵，把对方当作仇敌，非常有趣。

雌鱼接受求爱后会向上浮。

身体呈婚姻色、泛着金属光泽的雄鱼（左）。它的求爱行为非常激烈。

产卵时雄鱼也会争斗。图中的雄鱼（左）正一边排精一边展开鱼鳍追赶对手。

雄鱼（下）从雌鱼（上）面前横穿而过进行求爱。雄鱼的求爱行为异常激烈，它会向着雌鱼快速下降、从雌鱼面前横穿而过等。

处在产卵上升状态的一对亲鱼。它们上升速度很快，且在上升过程中身体互不接触。

接受雄鱼（下）的求爱后，雌鱼（上）开始上浮。之后它们开始产卵上升。

这张照片展示的是在丁氏丝隆头鱼的一对亲鱼（下）产卵后，丝鳍拟花鮨（上）正要过来捕食鱼卵的场景。这种场景很常见，反过来的情况也一样。

聚集到产卵场的雌鱼。

观察日记

2003.7.5	大濑崎的湾内左侧　水温 18 ℃　−6 m　弦月 2 天前（中潮）　干潮 15:10　满潮 21:58　**图1** 15:00 左右，我在海底陡坡上部看到一条♂正在进行波浪状 U 形求爱。它的游动半径为 3~4 m，求爱的对象有腹部很鼓的♀和稍微鼓起的♀。在我观察时，♂多次靠近腹部很鼓的♀，触碰它的鳃部。15:15，♂再次靠近这条♀，它们面向同一个方向，♀在稍稍靠前的位置，两条鱼快速上升并产卵。
2003.7.19	大濑崎的湾内左侧　−6 m　水温 21 ℃　弦月 2 天前（中潮）　干潮 14:55　满潮 21:35　**图2** 14:50，♂开始波浪状 U 形求爱。怀卵的①♀和②♀正在附近进食。15:00，♂靠近①♀并产卵。15:10♂又和②♀产卵了。地点、产卵行为跟 7 月 5 日的一样。
2003.8.24	大濑崎的大川下　−7 m　水温 25 ℃　弦月 3 天后　14:40 开始♂身体呈现婚姻色，并开始波浪状 U 形求爱。♂开始求爱时，怀卵的♀和没有怀卵的♀混在了一起。当♂来到产卵场时，正在怀卵的♀有 4 条。15:05 第一次产卵。接着 15:10 第二次产卵。之后♂游到别的产卵场去了。♂在求爱时，会有一个瞬间触碰♀的动作。

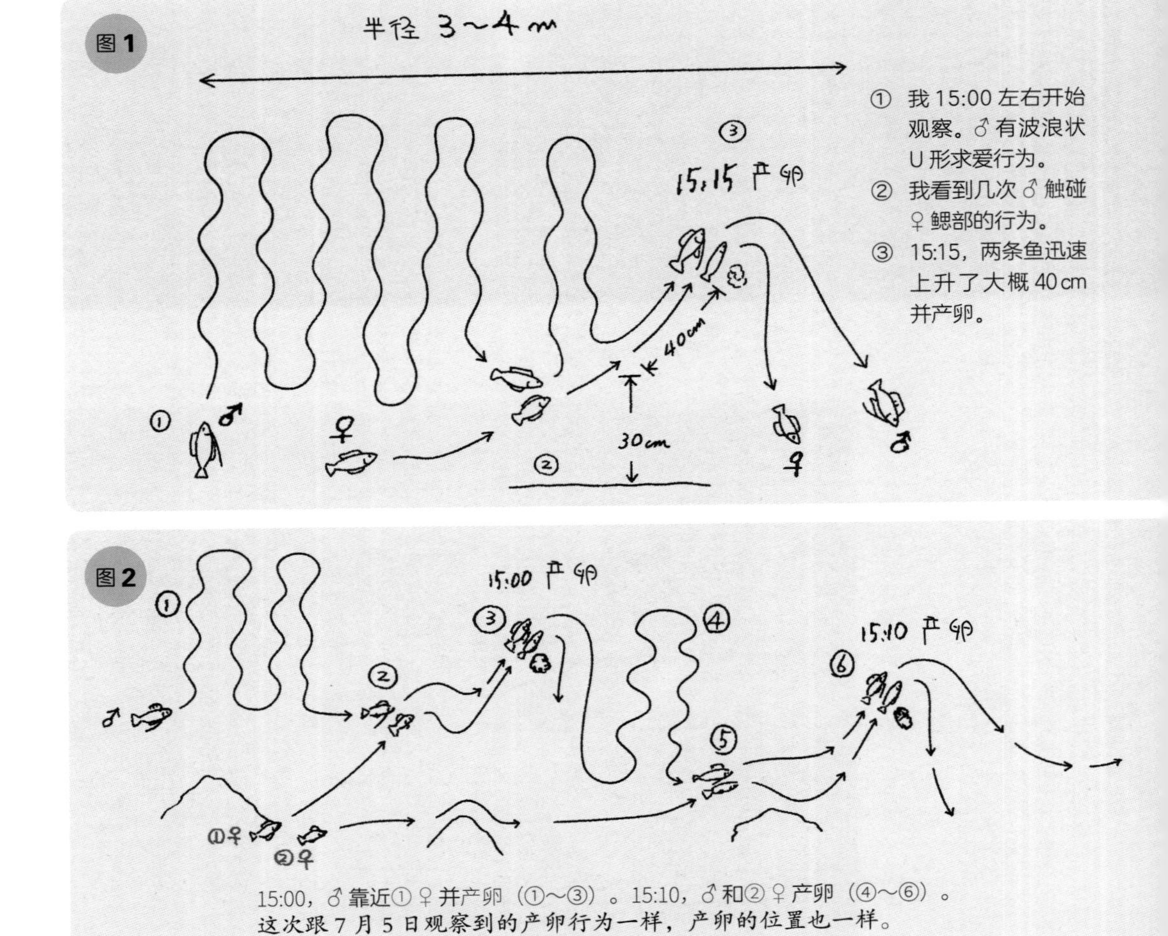

图1
半径 3~4 m
①
②
③
15:15 产卵
♂
♀
40cm
30cm
① 我 15:00 左右开始观察。♂有波浪状 U 形求爱行为。
② 我看到几次♂触碰♀鳃部的行为。
③ 15:15，两条鱼迅速上升了大概 40 cm 并产卵。
图2
15:00 产卵
15:10 产卵
①
②
③
④
⑤
⑥
♂
①♀
②♀

15:00，♂靠近①♀并产卵（①～③）。15:10，♂和②♀产卵（④～⑥）。
这次跟 7 月 5 日观察到的产卵行为一样，产卵的位置也一样。

♂会跟被触碰的♀产卵，因此，只要盯住被触碰的♀，拍摄产卵就容易了。被触碰的♀体色会发生细微变化。

丁氏丝隆头鱼的繁殖与潮汐的关系还需再确认。个体数量少的群体其产卵频率约为半个月一次。具体时间对于观察丁氏丝隆头鱼的产卵行为非常重要，它们多集中在 15:00 ~ 16:00 产卵。

2003.8.31　大濑崎的岬角　−20 ~ −4 m　水温 21 ℃　15:00 开始随处都能看到求爱、产卵的个体。这里的♂和♀数量都很多，便于观察，但不容易拍摄。产卵集中在 15:30 左右。有一半以上身体呈婚姻色的♂也在 15:50 左右恢复了平时的体色。

2003.9.6　大濑崎的潜店曼波前　水温 23 ℃　**图 3**　14:50 ~ 15:00，我在 −12 ~ −10 m 处看到了产卵。领地内的优势♂跟多条♀配对产卵。参与产卵的♀体形按由小到大的顺序变化。在亲鱼开始产卵上升时，丝鳍拟花鮨的♂就追着它们上升，在它们产卵后立马开始捕食鱼卵。在当天的 6 例产卵中，有 3 例都是这种情况。到了下午，经常能看见丁氏丝隆头鱼的♂积极地追赶丝鳍拟花鮨的♂，应该是前者把后者当成了“眼中钉”。从丝鳍拟花鮨在繁殖期内追赶丁氏丝隆头鱼的行为可知，丁氏丝隆头鱼也会在丝鳍拟花鮨产卵时捕食其鱼卵。不知道跟丁氏丝隆头鱼混群的铃木氏暗澳鮨的卵会不会被丁氏丝隆头鱼吃掉呢？

2003.9.23　大濑崎的栅下　−16 m　水温 22 ℃　14:00，我看到一条♂接连和两条♀配对产卵。

2004.7.10　大濑崎的湾内左侧　−12 m　水温 22 ℃　我从 15:30 开始在潜店曼波附近的海堤处观察。这次没有看到丝鳍拟花鮨捕食鱼卵的行为。16:00 以后，♀从海底上升了大概 2 m 并接受了♂的求爱。

我通过本次观察了解到，雄鱼在产卵期前期会跟小型雌鱼产卵，后期会跟大型雌鱼产卵。此外，雄鱼和小型雌鱼产卵时在离海底不那么远的地方，而跟大型♀产卵时，会升到离海底较远的地方求爱并产卵。

2004.9.20　大濑崎的岬角内侧　水温 22 ℃　在 −17 m 附近，从 14:00 开始能看到产卵了，但是大部分♀还在怀卵。

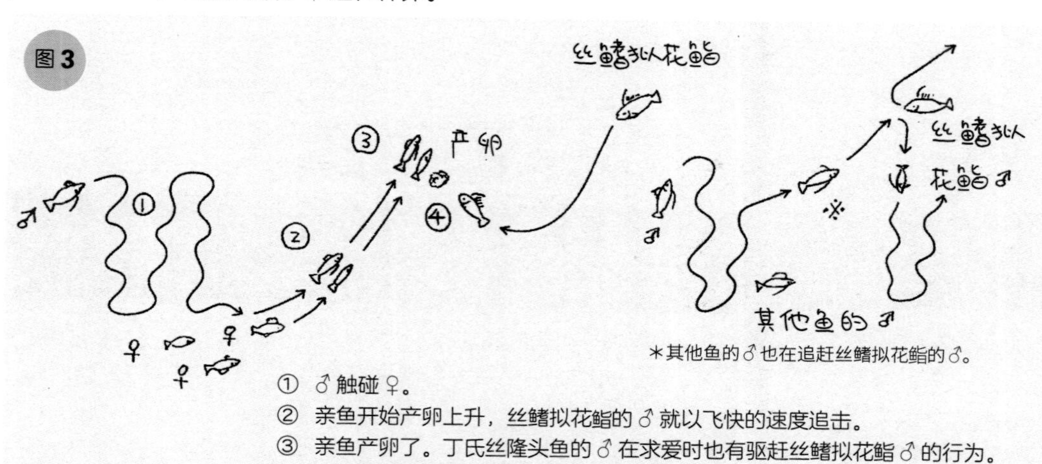

图 3

＊其他鱼的♂也在追赶丝鳍拟花鮨的♂。

① ♂触碰♀。
② 亲鱼开始产卵上升，丝鳍拟花鮨的♂就以飞快的速度追击。
③ 亲鱼产卵了。丁氏丝隆头鱼的♂在求爱时也有驱赶丝鳍拟花鮨♂的行为。
④ 丝鳍拟花鮨的♂马上就把鱼卵吃掉了。

鲈形目

拟鲈科拟鲈属

Parapercis snyderi **背斑拟鲈**

分布范围：日本福井县以南的日本海一侧、千叶县以南的太平洋一侧（珊瑚礁区除外） **全长：**10 ~ 12 cm ★★☆

1月	2月	3月	4月	5月	6月	7月	8月	9月	10月	11月	12月

0	1	2	3	4	5	6	7	8	9	10	11	12	13	14	15	16	17	18	19	20	21	22	23

产卵高峰期为 6 月至 9 月中旬。这种鱼在水中变暗时就会产卵，但我没有看到过在它们在天完全黑时产卵。繁殖期的雄鱼拥有领地，会把雌鱼聚集到自己的领地内。领地内多有 5 ~ 30 cm 高的岩石，把这些岩石当成“容易攀登的瞭望台”就好理解了。

这个“瞭望台”在产卵时对它们来说是非常重要的。一个原因是领地雄鱼可以借助这个“瞭望台”找出入侵领地的其他雄鱼。另一个原因是雌鱼会聚集到这个“瞭望台”附近，“瞭望台”同时具有产卵场的作用，在此“扎营”的领地雄鱼会一边观察入侵雄鱼一边监视聚集过来的雌鱼。聚集到附近的雌鱼会等待产卵时机成熟。这里所说的时机指水下明暗度和潮流的流动方向。当水下变得稍微有些昏暗并且潮流缓缓地流向大海深处时，就是成熟的时机了。根据我的观察，雌鱼应该对潮流非常敏感。准备就绪时，雌鱼就会轻巧地跳起，动作就像竞技场上的斗牛向前跳跃的慢放版。我们暂且将这种行为称为“斗牛跳跃”吧。有一次我观察到，雌鱼一跳起，雄鱼就靠近这条雌鱼也开始跳起。然后它们先缓缓上升，紧接着就以迅雷不及掩耳之势上升了大概 50 cm 并产卵。这是据我所知的最快的产卵上升了。产卵后雄鱼会回到“瞭望台”，继续警戒入侵者并寻找下一条雌鱼。结束产卵的雄鱼会聚集到一个地方，这种行为被称为“群聚行为”。雄鱼互相确认竞争对手的数量和状态后就会回到各自的领地。

雄鱼（左）靠近来到产卵场的雌鱼（右）。

雌鱼从周围聚集到产卵场。产卵从做好准备的雌鱼开始。

即将开始产卵上升的一对亲鱼。雄鱼（左）在雌鱼（右）身旁等待上升的时机。

观察日记

2002.6.1	大濑崎的湾内　−10 m　水温 18 ℃　随处可见腹部鼓起的♀，但没看到求爱、产卵。
2002.12.1	静冈县土肥海滩　−10 m 处、−20 m 处及其他地方　水温 19 ℃　我在多处看到了♂之间的领地之争，还在 −20 m 处看到了美拟鲈之间的争斗。
2003.6.7	大濑崎的门下　−13 m　水温 21 ℃　我看到了♂求爱时的斗牛跳跃行为，但没看到产卵。
2003.6.21	大濑崎的湾内左侧　−12 m　水温 20 ℃　弦月（小潮）　干潮 16:24　满潮 23:27　17:50 左右，我在碎石地带的沙地看到了首尾相对的一对亲鱼。♀身体呈红色，腹部鼓胀。♂体色发白，体形较大。它们当天应该产卵了。
2003.7.6	大濑崎的湾内左侧　−16 m　水温 16 ℃　弦月 1 天前（小潮）　干潮 16:00　满潮 22:40　17:00 左右，我在碎石地带发现一对亲鱼，但没看到产卵。它们当天应该产卵了。
2003.7.12	大濑崎的湾内右侧　−7 m　水温 19 ℃　○ 2 天前（中潮）　满潮 17:26　干潮 22:50　**图 1** 19:05，我在锁链附近发现了 3 个个体。一开始我没能辨别出雌雄，其中两条体色发白，一条体色偏红。体色发白的两条鱼并排，用尾鳍给对方发送信号——好像是在争斗。我由此判断体色发白的两条是雄鱼，体色偏红的那条是雌鱼。两条♂将♀夹在中间呈“川”字形，并用尾鳍进行了求爱。过了一会儿，两条♂用尾鳍进行了简单的争斗，其中一条逃跑了，游了 30 ~ 40 cm。♀稍微一动，获胜的♂就追过去跟♀并排，于 19:30 开始了斗牛跳跃。♀回应♂开始斗牛跳跃后数秒，它们瞬间提速朝斜上方上升并产卵了。产卵后两条鱼没有明显的行动，10 分钟后它们分开并藏到附近的岩石后面去了。卵为分离浮性卵。
2003.8.31	大濑崎的湾内　水温 21 ℃　这次我没有看到怀卵的♀以及将要产卵的亲鱼，看来产卵高峰期结束了。
2004.6.19	大濑崎的湾内右侧　−5 m　水温 21 ℃　**图 2** 我从 16:30 开始观察。刚开始有 3 条♂在反复争斗，其中 2 条被赶出了产卵场。第 1 例产卵在 16:43 进行：两条鱼水平游了大概 20 cm 后，瞬间垂直上升了大概 60 cm 并产卵。产卵后♂在产卵场内巡游，时不时跑到牡蛎壳上，等待♀靠近。有时，即便♂附近有♀，但若♀不动，♂就会向其他地方游动。有时♂还会追赶入侵产卵场的花鳍副海

图 1

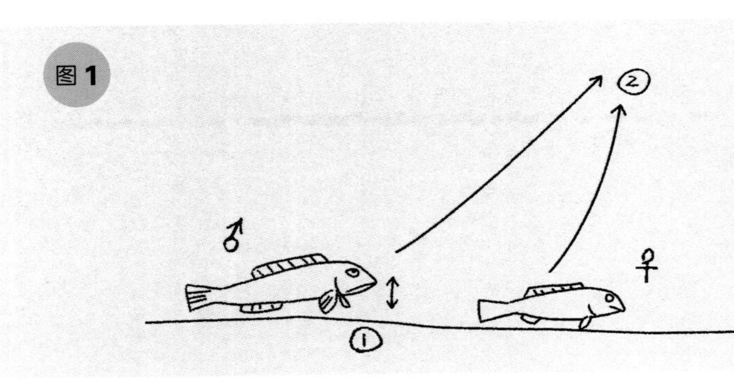

① 求爱时♂有一蹦一蹦的斗牛跳跃行为。
② 两条鱼瞬间提速上升并产卵。

猪鱼和断纹紫胸鱼，但有时也会无视它们，不知道它是根据什么来做出决定的。不过这次，♀一靠近，♂就马上来到♀身边开始求爱。♀非常敏感，没有马上回应求爱。♂便骑在♀身上求爱，之后还独自模拟产卵上升。17:10，在♂单独模拟产卵上升之后，就由♀带头开始上升并产卵。这是我观察到的第 2 例产卵。

2004.7.18

大濑崎的大川下　-6 m　水温 23 ℃　我 15:40 左右看到了产卵。产卵行为跟之前观察到的一样。

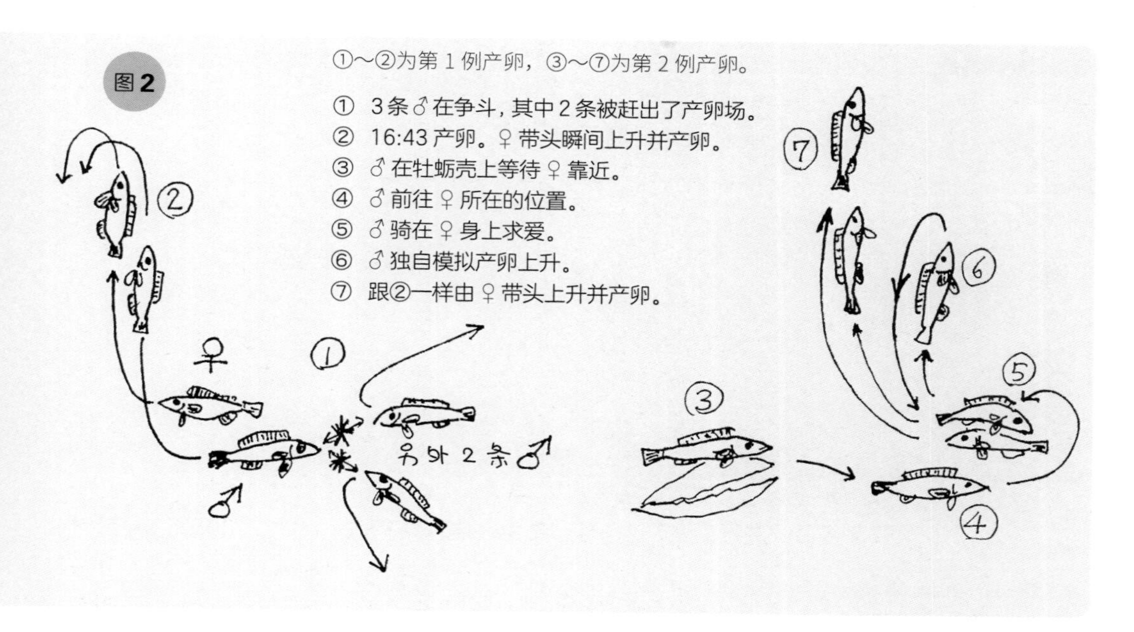

图 2
①～②为第 1 例产卵，③～⑦为第 2 例产卵。
① 3条♂在争斗，其中 2 条被赶出了产卵场。
② 16:43 产卵。♀带头瞬间上升并产卵。
③ ♂在牡蛎壳上等待♀靠近。
④ ♂前往♀所在的位置。
⑤ ♂骑在♀身上求爱。
⑥ ♂独自模拟产卵上升。
⑦ 跟②一样由♀带头上升并产卵。
♀
♂
另外 2 条♂

这对亲鱼的产卵上升速度极快。

鲈形目

拟鲈科拟鲈属

美拟鲈

Parapercis pulchella

分布范围：日本南部除珊瑚礁区以外的地方　**全长：**5 ~ 18 cm

1月	2月	3月	4月	5月	6月	7月	8月	9月	10月	11月	12月

0	1	2	3	4	5	6	7	8	9	10	11	12	13	14	15	16	17	18	19	20	21	22	23

在大濑崎的湾内，5 月至 8 月随处可见配对的亲鱼。跟在日暮时产卵的背斑拟鲈不同，它们一般在黎明时产卵。观察案例远少于背斑拟鲈，还未取得充分的观察记录。求爱行为跟背斑拟鲈相似，雄鱼会在雌鱼旁边弹跳着进行斗牛跳跃。但是，是否像背斑拟鲈那样拥有“瞭望台”以及斗牛跳跃之后的具体行为尚不可知。

下面我要讲述的内容跟繁殖无关，但很有趣。在大濑崎的湾内稍微深一点的地方（水下 20 m 以下），可以看到美拟鲈跟骏河湾无鳍蛇鳗共处的场景。某日，当我想靠近骏河湾无鳍蛇鳗并拍摄它从沙地里探出头的模样时，发现它旁边有一条美拟鲈。因为这种场景我经常见到，所以我仔细地观察了它们俩。我一靠近骏河湾无鳍蛇鳗，旁边的美拟鲈就颤动尾鳍，给骏河湾无鳍蛇鳗发出了信号。收到信号的骏河湾无鳍蛇鳗便会退回巢穴中。我试了几次结果都一样。我在其他的美拟鲈和骏河湾无鳍蛇鳗身上也试过，结果也几乎一样。这种不可思议的异种共生关系我在日本八幡野等地也观察到过。这种共生关系到底有着怎样的意义呢？

美拟鲈捕食的瞬间很容易被抓拍到。（摄影：樱井季己）

雄鱼（左）正在雌鱼（右）的旁边进行斗牛跳跃，它的弹跳很有节奏。

雄鱼（上）正在进行 T 形求爱。雌鱼（下）的腹部是隆起的。

美拟鲈（左）正在靠近骏河湾无鳍蛇鳗（右）。美拟鲈繁殖以外的生态也非常有趣，所以我比较关注它们。

鲈形目

三鳍鳚科史氏三鳍鳚属

Springerichthys bapturus 黑尾史氏三鳍鳚

分布范围：日本青森县以南的日本海一侧、宫城县以南至九州各地　**全长：**4 ~ 7 cm　★

1月	2月	3月	4月	5月	6月	7月	8月	9月	10月	11月	12月

0	1	2	3	4	5	6	7	8	9	10	11	12	13	14	15	16	17	18	19	20	21	22	23

在大濑崎，产卵高峰期为当年 11 月至次年 5 月的低水温期，不过它们在夏天水温低的时候也会产卵。产卵在白天进行。因为它们个体数多、产卵期长、所在深度浅、产卵频率高，而且能够很好地从雄鱼的体色和行为来推断具体的产卵时间，所以拍摄它们产卵的机会非常多。尽管如此，雄鱼接近雌鱼也就是一瞬间的事情。它们是练习拍摄繁殖生态及其他生态行为的非常好的对象。

它们多在大块岩石几乎垂直的侧面或下面产卵，非要选的话更喜欢背阴处。卵为浮性卵，会产在岩石上。但是由于岩石表面有附着物，所以肉眼很难看清。雄鱼划分领地，雌鱼在领地内产卵。领地的直径大概有数十厘米，也有的能达到数米。求爱、产卵中的领地雄鱼的头部呈黑色，身体是鲜艳的橘色，拍摄时可根据这个特点来寻找目标。附近没有领地的雄鱼，其头部有显眼的蓝色花纹，体表有不规则的深色斑块，和领地雄鱼的体征明显不同。临近产卵时，雌鱼会扭曲身体，“哆哆嗦嗦”地颤动。雄鱼以此为信号，从后面靠近雌鱼，它们一瞬间就完成产卵了。

产卵期的雌鱼。跟雄鱼相比体形稍小，体色也不同。

领地雄鱼的婚姻色。头部漆黑，身体呈鲜艳的橘色，非常显眼。

没有领地的入侵雄鱼。它的头部也稍稍变黑，但头部的蓝色花纹更显眼，体表有不规则的深色斑块。有时护卵的领地雄鱼也会有同样的体色，此时可以通过它们的行为来分辨。

进入产卵场的雌鱼（左）。它应该是在清扫产卵场的附着物，以方便产卵。

雄鱼从后面靠近雌鱼，等待产卵的时机。

产卵中的雌鱼（左）正在快速颤动身体。雄鱼（右）以此为信号靠近雌鱼并排精。

雄鱼靠近雌鱼并排精。这个行为发生在一瞬间。

提供“清洁服务”的黑尾史氏三鳍鳚

日本佐渡岛的北小浦作为金黄突额隆头鱼弁庆①的家乡非常有名。在弁庆生活的赤岩岛的周边海域，可以看到黑尾史氏三鳍鳚给金黄突额隆头鱼或赤点石斑鱼做清洁的场景。在没有裂唇鱼和黑带盔鱼栖息的日本海，人们很早以前就知道是由细棘海猪鱼做清洁的。但是黑尾史氏三鳍鳚也会做清洁，这非常有意思。接受“清洁服务”的鱼会在作为清洁站的岩洞前排队等待，轮到自己时，就会钻进岩洞里享受服务。黑尾史氏三鳍鳚会从岩洞顶下来做清洁。提供“清洁服务”的一方不用说，接受“清洁服务”的一方也会遵守清洁方的规则。黑尾史氏三鳍鳚提供“清洁服务”的这一习性究竟是如何形成的呢？

黑尾史氏三鳍鳚（在弁庆鳃盖的后方）正在给弁庆做清洁。岩洞就是它的清洁站。（新潟县佐渡岛）

① 生活在日本新潟县佐渡岛周边海域的一条金黄突额隆头鱼，因其冠状瘤很大，使人联想起日本历史上的武藏坊弁庆，因此被游客称为“弁庆”。——译者注

鲈形目

三鳍鳚科双线鳚属

Enneapterygius etheostomus **筛口双线鳚**

分布范围：日本北海道南部以南至九州各地　**全长：**4 ~ 10 cm

1月	2月	3月	4月	5月	6月	7月	8月	9月	10月	11月	12月

0	1	2	3	4	5	6	7	8	9	10	11	12	13	14	15	16	17	18	19	20	21	22	23

产卵高峰期为 6 月至 10 月，这跟其亲缘种黑尾史氏三鳍鳚不同。它们在水温高的时期产卵，在每年 12 月之前都能看到。产卵在白天进行，基本上都是配对产卵。但是，产卵时其他雌鱼聚集到产卵场的情况也很多。卵为附着卵。

它们喜欢在平坦的岩石表面产卵。跟黑尾史氏三鳍鳚相反，它们总是在有阳光照射的岩石上产卵。雄鱼领地内的产卵场直径不足 1m。雌鱼一来雄鱼就开始求爱，此时的雄鱼一般通体变黑，后半部会出现两条带状横纹（上图），这便是它们的婚姻色。但是还有很多时候，产卵时它们的体色并不会变成婚姻色，因此不易分辨。有一次我以为看到了 4 条雌鱼，实际上却是 1 条雄鱼和 3 条雌鱼。体色变化也是它们的一大特点。它们的体色变化非常迅速，有时能用肉眼捕捉到。求爱时雄鱼会竖起背鳍，在雌鱼附近像写 8 字一样求爱。雌鱼则会边颤动身体边排卵，同时雄鱼靠近雌鱼并排精。

雄鱼（左）和与其配对产卵的雌鱼（右）体色相同，和上图中呈现婚姻色的雄鱼形成了强烈对比。

雄鱼（中）正在跟两条雌鱼产卵。跟多条雌鱼接连产卵的雄鱼也有很多，但同时跟两条雌鱼产卵的“桃花旺旺雄鱼”还是很少见的。

观察日记

2002.6.8	佐渡　水温 19 ℃　● 3 天前（中潮）　我 9:45 ~ 11:00 进行了观察，在 −7 ~ −5 m 处看到很多正在产卵的个体。♀ 一边颤动身体一边一粒一粒地排卵，♂ 在卵上排精。♂ 体色变成了黑色。♂ 排精极为迅速，约在 1 秒内完成。
2003.6.15	大濑崎的门下　水温 21 ℃　○ 1 天后（大潮）　满潮 4:53　干潮 11:55 8:15，我在入水点附近的 −2.7 m 处看到一条体色没有变黑的 ♂ 在和 3 条 ♀ 产卵。结束产卵的 ♀ 离开了产卵场。还有其他群体中有产卵的亲鱼，其中所有的 ♂ 体色都没有变黑。
2003.7.13	大濑崎的门下　水温 20 ℃　○ 1 天前（大潮）　满潮 3:54　干潮 11:02 8:00，我在入水点附近看到了很多正在产卵的个体。1 条 ♂ 和 2 ~ 4 条 ♀ 产卵，跟 6 月 15 日观察到的一样，但是这次 ♂ 体色变黑了。当天看到的其他群体中的 ♂ 也都一样。产卵的群体非常多，随处可见。9:00 左右结束潜水时，所有群体都结束了产卵。
2003.8.3	大濑崎的门下　水温 22 ℃　弦月前 2 天（中潮）　满潮 8:27　干潮 14:46 我 8:50 开始下潜，在 −2 ~ −1 m 处看到了很多正在产卵的个体。9:50，我结束潜水时，产卵还在进行。2 ~ 3 条 ♀ 和 1 条 ♂ 的组合很多，所有组合中的 ♂ 体色都变黑了。如果产卵场附近有普通体色的 ♂ 入侵，领地 ♂ 就会将其驱赶出去。
2003.8.16	大濑崎的大川下　−3 m　水温 23 ℃　12:00 左右，我看到了几对亲鱼产卵。它们几乎都是配对产卵，♂ 的体色都变黑了。

鲈形目
鳚科跳岩鳚属

短头跳岩鳚 *Petroscirtes breviceps*

分布范围：日本下北半岛以南至冲绳县　**全长：** 5 ~ 11 cm

1月	2月	3月	4月	5月	6月	7月	8月	9月	10月	11月	12月

0	1	2	3	4	5	6	7	8	9	10	11	12	13	14	15	16	17	18	19	20	21	22	23

产卵高峰期为 6 月至 9 月，求爱、产卵均在白天进行。一般由雄鱼寻找适宜的地点作为巢穴，打扫后邀请雌鱼过来。海螺的空壳或空罐子、被丢弃的管子等都会被它们当作巢穴。雌鱼一来到巢穴附近，雄鱼就会马上靠近雌鱼，身体垂直像立着游泳一样在雌鱼周围游动。这种求爱行为持续一会儿后，雄鱼多会回到巢穴等待雌鱼。在这个节点上雌鱼是如何发出同意信号的呢？如果雌鱼明显背向雄鱼，就说明没戏了。如果雌鱼对求爱有明显的反应，或者转向雄鱼的方向或在雄鱼周围游动，就说明同意了。有的雄鱼会在雌鱼周围一直持续求爱，有的雄鱼则向雌鱼稍微求爱后就马上回到巢穴，雌鱼的反应方式也各有特点。

即便求爱成功，雌鱼也不会马上开始产卵。经常能看见过一会儿两条鱼挨着从巢穴中探出头的样子。卵不会被产在巢穴里面，而是被产在入口附近。即使这样，也仍然极少看到它们产卵的瞬间。

雄鱼担任着护卵的任务，有时会毫不留情地对靠近巢穴的生物发起攻击。不知道是出于父母的爱还是繁殖本能，它们还会威吓、攻击大自己数倍的生物，以将其赶出自己的巢穴。特别是寄居蟹。寄居蟹住房难的问题超出想象，因此好的房产（干净的空壳）会马上成为它们的家。海螺壳是寄居蟹最喜欢的家，对在海螺壳里产卵的短头跳岩鳚来说，寄居蟹就是最大的敌人。在这样的环境下，护卵的雄鱼会变得非常敏感，因此在自然状态下观察短头跳岩鳚的孵化非常困难。

雌鱼（左）接受求爱后，会在巢穴中跟雄鱼（右）靠在一起。此时雌鱼会变得非常积极。

雌鱼（右）来到作为巢穴的空罐子处。无论是空贝壳还是空罐子，既新又干净的更受欢迎。

雌鱼（左）的尾巴已经进入空罐子，但它的身体不会马上完全进入，而是跟雄鱼（右）靠在一起。

雄鱼正在守护产在海螺壳里的卵。卵被产在壳口附近。（神奈川县叶山町）

雄鱼正在威吓产卵床附近的寄居蟹，再靠近一点它就会发起攻击。它会瞄准寄居蟹的眼睛将其击退。

观察日记

2002.6.16	大濑崎的湾内右侧　水温 17 ℃　我在用来捕捉短蛸的装置（聚氯乙烯制，内径 20 mm）里看到了卵。其中约有一半的卵是快要孵化的，另一半是刚刚产出的红色的卵。16:30 左右，我在拍摄过程中看到孵化出数十条稚鱼，但这是受拍摄时闪光灯的影响的偶发事件，之后再没有孵化。当保育中的亲鱼对着卵进行高强度喷水时，就说明孵化要开始了。19:15 我到同一地点进行了观察，但没看到孵化。
2002.6.22	大濑崎的湾内　17:00 我去了 6 月 16 日观察的地点，但是大部分卵已经孵化完毕，只留下很少一部分即将孵化的卵。亲鱼好像在卵孵化后又马上在同一地点产卵了，我看到了刚产出来的红色的卵。孵化是在 6 月 11 日●（大潮）至 6 月 25 日○（大潮）之间进行的，所以应该跟潮汐没有关系。不过 6 月 18 日以后傍晚时分是干潮。
2002.8.17	大濑崎的湾内左侧　−2 m　水温 26 ℃　我看到了两对亲鱼的求爱行为。

鲈形目

鳚科肩鳃鳚属

Ombranchus elegans 美肩鳃鳚

分布范围：日本北海道南部至九州各地　**全长：** 6 ~ 10 cm

1月	2月	3月	4月	5月	6月	7月	8月	9月	10月	11月	12月

0	1	2	3	4	5	6	7	8	9	10	11	12	13	14	15	16	17	18	19	20	21	22	23

产卵高峰期为 5 月下旬至 8 月，求爱、产卵均在白天进行。雄鱼到了繁殖期就会开始积极地打扫牡蛎壳或蛇螺的空壳用作产卵的地方。雄鱼还会花时间去清理巢穴底堆积的沙子。打扫完巢穴的雄鱼会出去寻找雌鱼，此时雄鱼身体的前半部会变黑，呈现出婚姻色。

雄鱼在靠近雌鱼时不会从正面，而是从侧面或稍微靠后的位置开始。此时如果雌鱼没有做好产卵的准备，就会像“甩掉”雄鱼一样面向他处并远离雄鱼。雌鱼做好产卵准备的话，就会跟在雄鱼的后面。它们通常栖息在水面下方 1m 左右的潮间带，我平时都没有注意到，其实这时的雌鱼会变得美艳惊人——身体前半部的深咖色横纹变得非常明显，身体后半部的黄色也变得很鲜艳，再加上身体后部的蓝色斑点，整体看起来十分美丽。不管雌鱼还是雄鱼，在繁殖期内，身体都能瞬间变色。在繁殖期，如果有“至今从未见过”的美丽的美肩鳃鳚出现在你面前，那么附近就会有雄鱼或雌鱼。

接受求爱的雌鱼变得非常美丽。（山口县青海岛）

雄鱼正在打扫巢穴，打扫得非常仔细。（石川县能登岛）

正在寻找雌鱼的、身体前半部略微变黑的雄鱼。附近没有雌鱼时，雄鱼的体色为平时的颜色或稍微变深。（石川县能登岛）

雄鱼（上）正要向雌鱼求爱。它身体发黑，呈现出婚姻色，不过这种状态在求爱时会慢慢变化。（石川县能登岛）

雌鱼（上）来到雄鱼（下）打扫干净的巢穴。此时雌鱼的体色最美。（山口县青海岛）

雄鱼（上）邀请雌鱼（下）到贝壳做的巢穴中来。雄鱼身体的前半部变得很黑，呈婚姻色。（山口县青海岛）

鲈形目

绵鳚科小绵鳚属

Zoarchias major 壮体小绵鳚

分布范围： 日本若狭湾以西的日本海一侧至熊本县、濑户内海　**全长：** 10~11 cm

1月		2月		3月		4月		5月		6月		7月		8月		9月		10月		11月		12月	
0	1	2	3	4	5	6	7	8	9	10	11	12	13	14	15	16	17	18	19	20	21	22	23

日本出名的观察点是山口县青海岛，在这里它们的产卵高峰期为 5 月至 6 月中旬。在繁殖期，雄鱼之间或雌鱼之间的争斗在白天就能看到。产卵在狭小的洞穴中进行，因此几乎不可能看到。它们的生态还未充分被人类了解，不过在青海岛，每年都能看到它们的繁殖行为。十几年前，第一次在潜水杂志上看到它们在青海岛争斗的场景时，我非常吃惊，想着有朝一日我也要拍这种鱼。从海水表层到约水下 10 m 之间的岩礁带，都是它们繁殖的中心地带——这里生长着茂盛的裙带菜、昆布、囊藻这样大小不一的海藻。因此，到可以岸潜的潜水点观察是最理想的。此外，熟知当地情况的向导也是不可或缺的。

繁殖行为从雄鱼寻找巢穴开始，因此观察时能否找到正在寻找巢穴的流浪雄鱼最为关键。雄鱼会寻找适合产卵的、几乎只能容纳一条鱼的狭小洞穴，但是这样的地方非常少，所以它们每年都会在同一个地方产卵。适合产卵的地方少就意味着，如果想要确保占有巢穴，雄鱼之间就得进行争斗。胜出的雄鱼会邀请雌鱼，雌鱼如果满意就会进入巢穴确认情况。在雌鱼确认时，雄鱼也会靠近巢穴。确保有好的巢穴对雌鱼来说也很重要，因此，雌鱼之间为争夺巢穴展开的争斗也频繁可见。有趣的是，雄鱼和雌鱼的争斗是不同的。嘴巴大张的威吓姿势雌雄都一样，但是雄鱼之间是力量之争，速战速决；而雌鱼之间进行的是持久战，双方会怒目而视。

正在争斗的雄鱼。雄鱼之间的争斗像相扑一样靠力量取胜，不过比对手取得更高的位置的那方获胜的情况更多。（山口县青海岛）

两条雌鱼正在为争夺巢穴而争斗。左侧是最开始接受求爱的雌鱼，它离开巢穴的一瞬间，另一条雌鱼（右）就乘虚而入，它们因此开始争斗。（山口县青海岛）

雌鱼（左上）向巢穴内窥探以确认情况，此时雄鱼（右下）靠近雌鱼。（山口县青海岛）

雌鱼在巢穴入口窥探后，准备进入巢穴中再次确认情况。雌鱼的检查非常严格。（山口县青海岛）

求爱成功后，两条鱼依偎着。之后雄鱼会带着雌鱼去新居。（山口县青海岛）

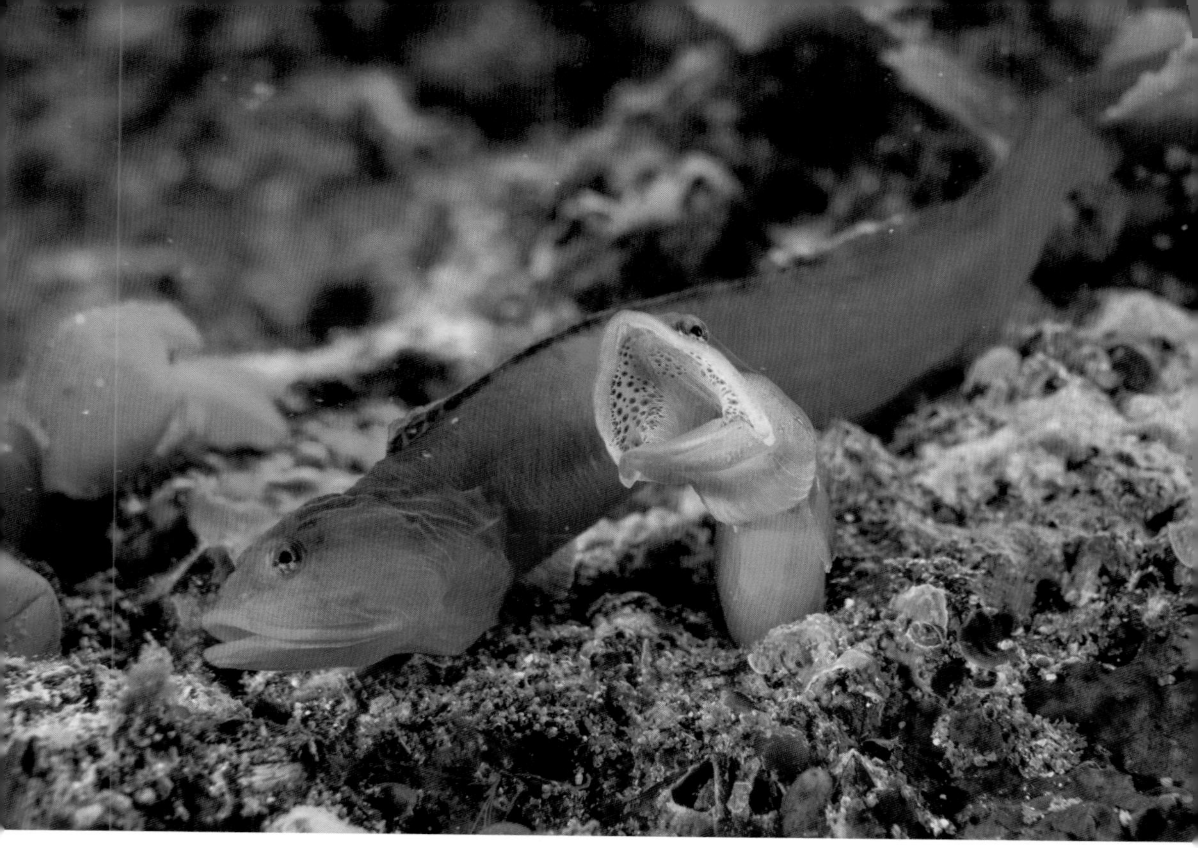

雄鱼求爱成功，雌鱼（左）来到新居，雄鱼进入巢穴进行最后一次求爱。（山口县青海岛）

雄鱼（左）从巢穴中出来，雌鱼（右）进入巢穴，它们靠在一起。雄鱼体色呈鲜艳的金黄色，雌鱼的体色则较淡。（山口县青海岛）

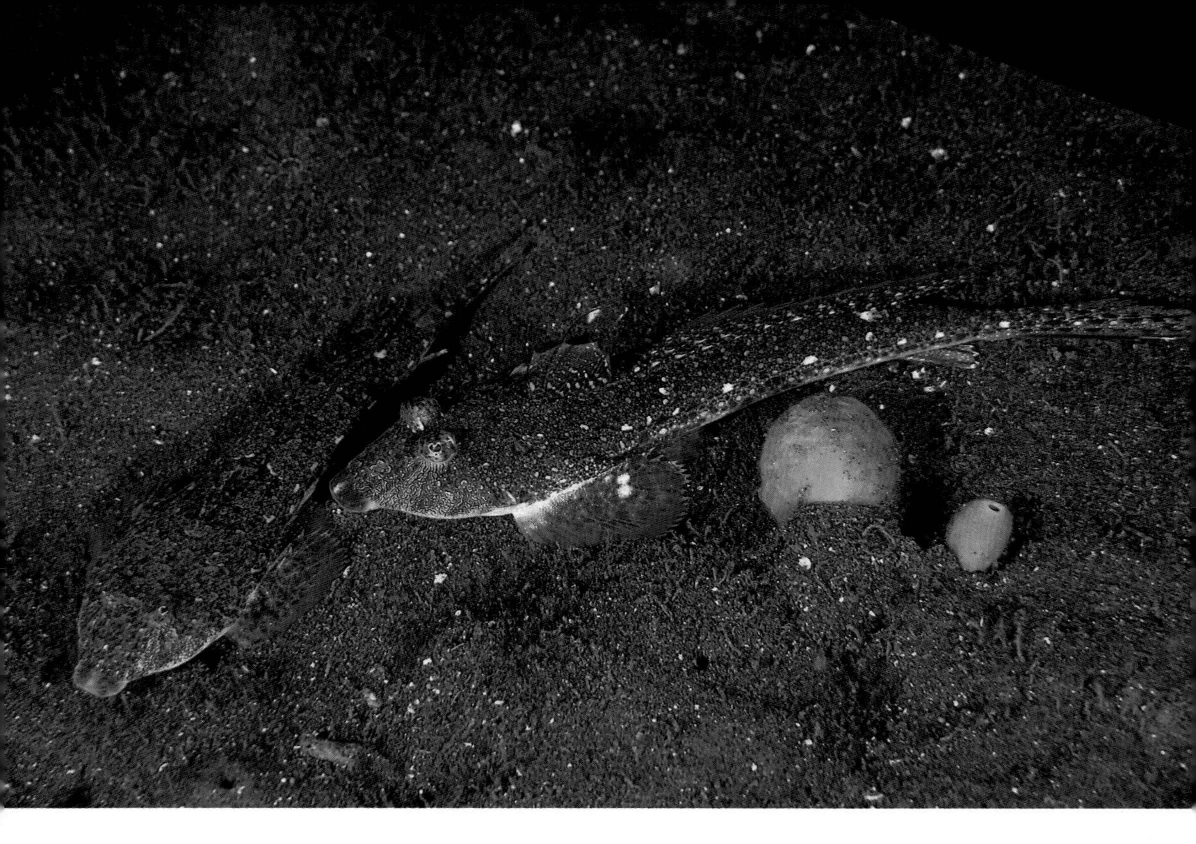

鲈形目

鰤科鰤属

绯鰤 *Repomucenus beniteguri*

分布范围：日本北海道南部以南的日本海一侧和东京湾以南的太平洋一侧至九州、伊豆群岛　**全长：**13 ~ 22 cm　★★☆

1月	2月	3月	4月	5月	6月	7月	8月	9月	10月	11月	12月

0	1	2	3	4	5	6	7	8	9	10	11	12	13	14	15	16	17	18	19	20	21	22	23

产卵高峰期为 5 月至 7 月。产卵从光线变暗时开始，到天微微黑时结束。配对产卵，卵为分离浮性卵。产卵主要在散布着植物根茎或大岩石的沙地等处进行。绯鰤的亲缘种还会把长着大叶藻的地方当成产卵地，不过都是沙地。

雄鱼拥有直径数米至数十米的领地。领地以几个标志性大岩石等为中心，领地范围也会根据当天水下的能见度有所变化。大部分情况下，雄鱼会守护 2 ~ 3 条雌鱼，不过有的雄鱼也能守护 5 条以上的雌鱼。求爱过程是，雄鱼从雌鱼的后面靠近，与雌鱼并排，展开所有鳍并张开嘴巴。此时如果雌鱼背对雄鱼则说明求爱不成功，雌鱼还没有做好产卵的准备。如果雌鱼与雄鱼一起向前游则说明求爱成功。配对后两条鱼会缓缓向前游，雄鱼会将胸鳍放到雌鱼的身体下面，将雌鱼向上托举着上升，缓缓上升 1 ~ 2 m 并产卵。在领地内，除了领地雄鱼以外还有很多入侵雄鱼，也能看到雄鱼之间的争斗。另外，不知是不是因为它们求爱时注意力变差的缘故，附近常有很多等着捕食它们的狗母鱼。

绯鰤的背鳍鳍条不延伸出鳍膜。

雌鱼不拒绝求爱但没什么兴致的时候，雄鱼会骑在雌鱼身上再次求爱。

像照片中这样两条鱼一起向前游就说明求爱成功了。

雄鱼求爱没有进展的时候，也会向雌鱼“撒娇”。

产卵上升前，雄鱼会将胸鳍放在雌鱼的身下。

亲鱼产卵上升时，可以清楚地看到雄鱼将胸鳍放在雌鱼胸鳍的下面，这有点儿像双人芭蕾或双人花样滑冰中男性托举女性的姿势。

雄鱼正托举着雌鱼缓缓上升。上升 1～2m 后它们便产卵了。

日暮时分夕阳斜照下，从海底浮到很高的地方的一对亲鱼。接下来它们就会产卵。

如果从后面观察，就能看到产卵上升时这对亲鱼的上半身贴得很紧。

观察日记

2002.6.1	大濑崎的湾内　−10 m　水温 18 ℃　在锁链附近，中村老师看到了一对亲鱼。潜店曼波附近的个体较多，产卵行为也比较容易观察。
2003.4.20	大濑崎的湾内右侧　−6 m　水温 17 ℃　○ 3 天后（中潮）　干潮 13:47　满潮 20:47　傍晚的时候，K 在沙地上看到了产卵。繁殖开始得比往年要早。
2003.6.14	大濑崎的湾内左侧　−6 m　水温 20 ℃　傍晚我看到了♂和♀，但没看到正式的求爱行为。

2004.5.1　大濑崎的湾内左侧　－4 m　水温 17 ℃　晴　在潜店曼波前海堤旁的沙地处，我分别在 16:32 和 16:35 看到了产卵。产卵发生在一个由 2 条♂（①♂和②♂）和 4 条♀组成的小群体中。产卵上升高度为 0.5 ~ 1 m。（从 5 月 1 日到 5 月 29 日记录的都是同一个群体。）

2004.5.2　大濑崎的湾内左侧　－4 m　水温 17 ℃　多云　在潜店曼波前的沙地处，我分别在 17:42 和 17:53 看到了产卵。这里聚集了捕食绯鲔的大头狗母鱼、日本騰、褐斑鲬。

2004.5.3　大濑崎的湾内　－4 m　水温 18 ℃　雨　16:45 我看到了产卵。还发现了另外 3 条♀，但没观察到产卵。

2004.5.4　大濑崎的湾内　－4 m　水温 18 ℃　雨　16:35 我看到了产卵。需要特别说明的是，17:20 左右一条体形较小的♂（③♂，长 15 cm）突然出现。①♂追赶③♂，但是③♂却毫不惧怕地在领地内闲逛。17:52，在①♂向♀求爱的间隙，③♂突然靠近 1 m 远处的另一条♀，都没有求爱就开始上升并产卵了。

2004.5.5　大濑崎的湾内左侧　－4 m　水温 18 ℃　多云　我 17:50 看到了产卵。跟昨天一样，③♂也产卵了。

2004.5.8　大濑崎的湾内左侧　－4 m　水温 18 ℃　晴　今天我看到了求爱，但没看到产卵。♀有 4 条，♂除了已经配对的①♂以外，还有③♂和之前就在的②♂，应该是因为有这两条♂在，①♂没办法专心求爱，所以产卵时间推迟了。

2004.5.15　大濑崎的湾内左侧　－4 m　水温 18 ℃　晴　①♂和 4 条♀都来到了比上周更靠左侧的夹杂着岩石的地方。沙地有红斑狗母鱼等潜伏，所以它们应该是游到了有更多藏身之处的地方。我 17:45 看到了第一次产卵。不知道另外两条♂是否也在。

2004.5.22　大濑崎的湾内左侧　－4 m　水温 17 ℃　这个群体的个体数减少，变成了一条♂和两条♀。领地周围有数条红斑狗母鱼，减少的个体很有可能是被红斑狗母鱼吃掉了。♀非常敏感，17:50 终于回应了求爱并产卵。

2004.5.29　大濑崎的湾内左侧　－4 m　这个群体的产卵行为今天我一次都没有看到。

在争斗中败下阵来的入侵雄鱼。它身体发黑，跟雌鱼体色相近。

日落时产卵结束，绯鲔潜入沙地准备睡觉。

鲈形目

鰤科美尾鰤属

Calliurichthys japonicus **日本美尾鰤**

分布范围：日本本州中部以南　**全长：**约 22 cm（最大的雄鱼全长 43 cm，最大的雌鱼全长 32 cm）　★★

1月	2月	3月	4月	5月	6月	7月	8月	9月	10月	11月	12月

0	1	2	3	4	5	6	7	8	9	10	11	12	13	14	15	16	17	18	19	20	21	22	23

产卵高峰期为 7 月至 9 月。在日照时间变短的 9 月至 10 月，我 16:00 左右便可以看到它们求爱，17:00 左右就可以看到产卵。配对产卵，卵为分离浮性卵。大濑崎有可以岸潜的较深的沙地，所以很容易观察。优势雄鱼的领地内有时会有直径将近 100 m 的巨大产卵场，生活在雄鱼领地内的雌鱼也拥有各自的领地。雄鱼会按顺序造访产卵场的雌鱼并产卵。

我花了数年时间观察，有了很多发现，这对后续研究其他种类的鱼有很大的帮助。其中最大的发现是它们是通过记忆路线来寻找伴侣的。雌鱼的领地中心有标志性石块或沙袋等目标物，它会待在这些目标物的附近。造访此处的雄鱼会以海底的石头或大块的垃圾、被遗弃的绳索等为标记物，打造一条通往雌鱼身边的路。如果挪动领地内的标志性物体，雄鱼就会迷路，来到雌鱼身边也会花费更多时间。雌鱼一定在标志性目标物的附近，与目标物的距离根据当天水下的能见度而变化。如果水下能见度是 10 m，雌鱼就会在离目标物 10 m 远的地方游来游去。按照这个规律去寻找，马上就能发现雌鱼。寻找雄鱼也是这样。只要找到雄鱼通往雌鱼身边的路，在附近埋伏好就行了。当我比雄鱼更快地找到雌鱼，用潜水灯照射雌鱼时，雄鱼就会马上靠过来。不管怎样，它们都对自己所在地的地形十分了解。这一点包括隆头鱼在内的其他种类的鱼也基本都一样。

在争斗中败下阵来的雄鱼。胜者脸部会变黑，但身体会呈现明显的婚姻色。

紧盯产卵场向前游动的雄鱼。它所在的沙地，人眼看起来就是普通的沙地，但以它的视线来看是有很多目标物的。

一找到雌鱼，雄鱼就会从后方靠近。

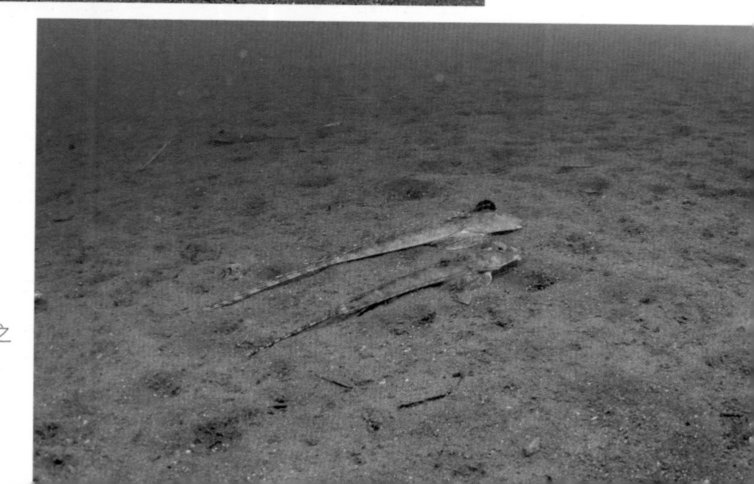

雄鱼靠近雌鱼与之并排并开始求爱。

雄鱼（远处）正在雌鱼（近处）旁边鼓起鳃盖求爱。雌鱼接受求爱的话，就会跟雄鱼一起缓缓向前游，不接受的话就会面向他处。

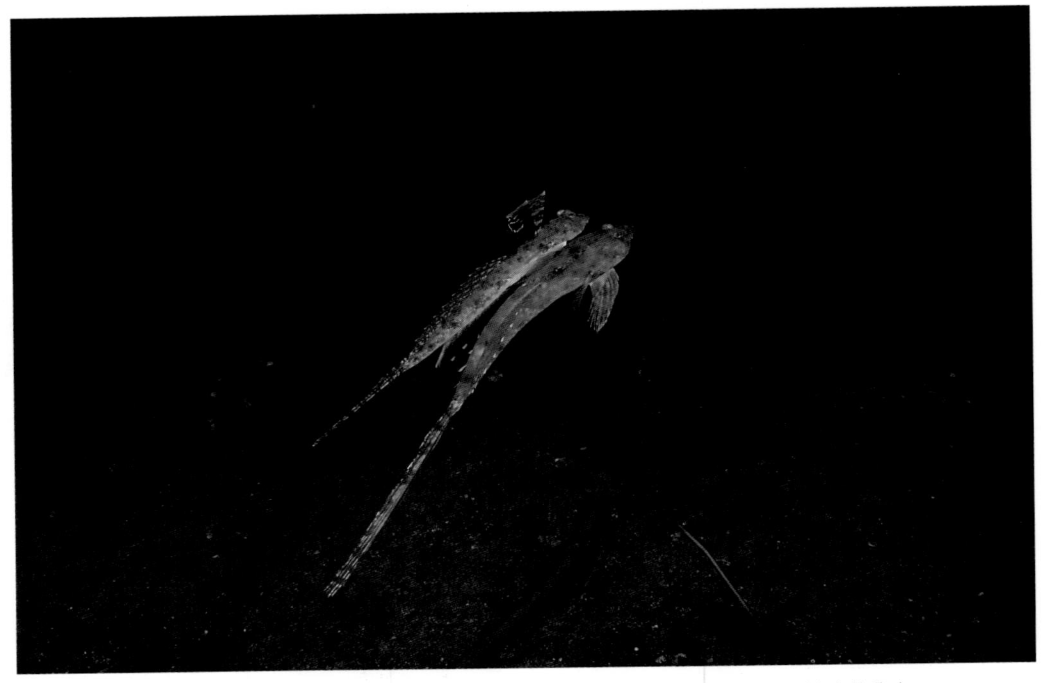

雌鱼（下）撑着雄鱼（上）的胸鳍在产卵上升。在上升过程中，雌鱼会竖起背鳍来保持身体稳定。

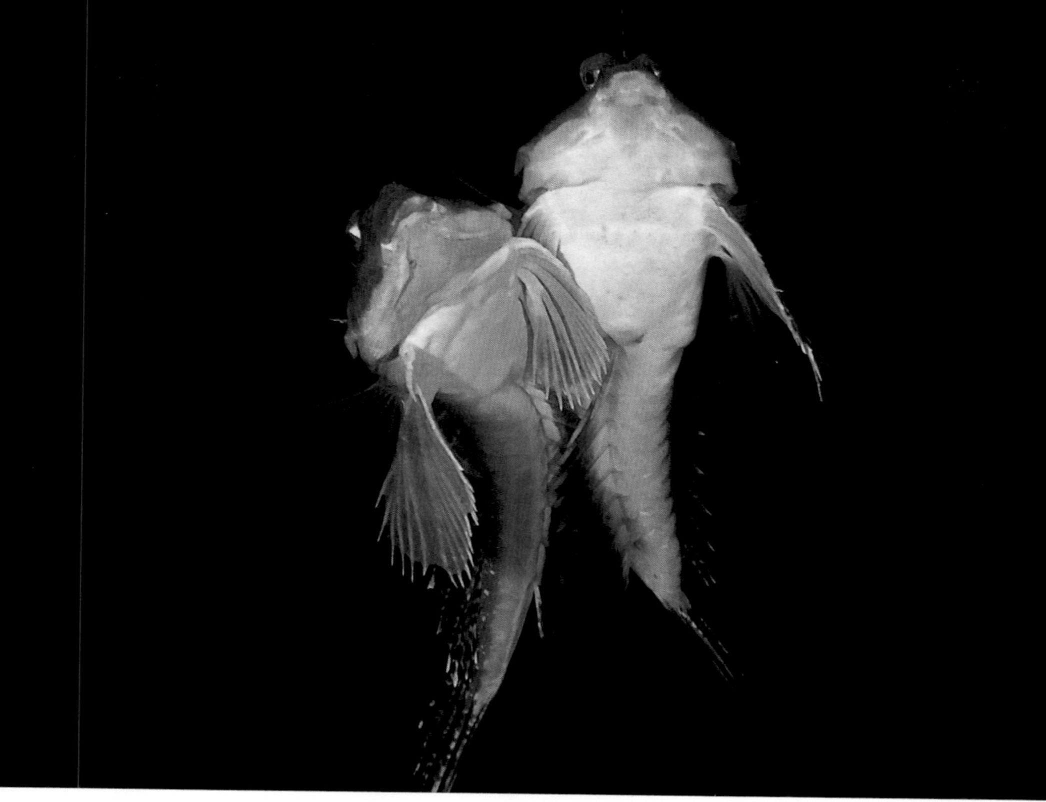

我调查过雄鱼托举雌鱼时常用哪侧胸鳍。用左右两侧胸鳍托举的成功率不同。这条雄鱼用右侧的胸鳍托举的成功率远远高于用左侧的胸鳍。

雌鱼（远处）被雄鱼（近处）托举着上升。两条鱼上升高达数米，产卵也持续了数秒。

观察日记

2003.6.7 大濑崎的湾内 −23 m 水温 20℃ 我看到一对亲鱼（♀长 25 cm，♂长 35 cm），它们很可能是当天傍晚产卵的。

2003.7.12 大濑崎的湾内左侧 −11 m 水温 19 ℃ A 发现一对亲鱼，观察了一会儿，但没看到产卵。

2003.7.26 大濑崎的湾内左侧 水温 21 ℃ ● 3 天前（中潮） 干潮 16:51 满潮 22:21 我 15:40 开始潜水，16:20 开始观察，但是只在浅水处（水深小于 10 m 处）发现了♂。15:00 前，我在同一地点的浅水处看到了♀的身影，但后来一条都没发现。16:40 左右，我看到了一场♂之间的争斗。争斗双方并排，展开背鳍、鼓起鳃盖彼此威吓。战败的♂钻到沙子中去了。我此时用完了空气，就出水了，竹女士继续观察。优势♂跟另一条♂也进行了争斗，胜利后它径直向 −16 m 附近的♀游去。之后竹女士也出水了。浜木绵的常客 I 在 17:30 左右看到了产卵。

2003.8.2 大濑崎的湾内左侧 −17 m 水温 21 ℃ 弦月 3 天前（中潮） 干潮 14:07 满潮 20:38 **图 1** 在潜店曼波前海堤附近的产卵场，我在 17:15 左右发现了刚刚开始产卵上升的一对亲鱼。第一次它们上升了大概 1.5 m，但是没有产卵就返回海底了。返回海底后，♂马上从♀的身后靠近，来到♀旁边跟♀并排，展开鱼鳍并鼓起鳃盖开始求爱。两条鱼开始缓缓游动，之后♂马上用胸鳍托举着♀开始产卵上升。上升速度非常缓慢。第二次上升了大概 3 m，但也没有产卵两条鱼就返回海底了。之后开始第三次产卵上升，上升了大概 2 m，在 17:30 产卵了。卵为分离浮性卵。从上升开始到产卵大约 1 分钟。待它们开始上升，我向上游大

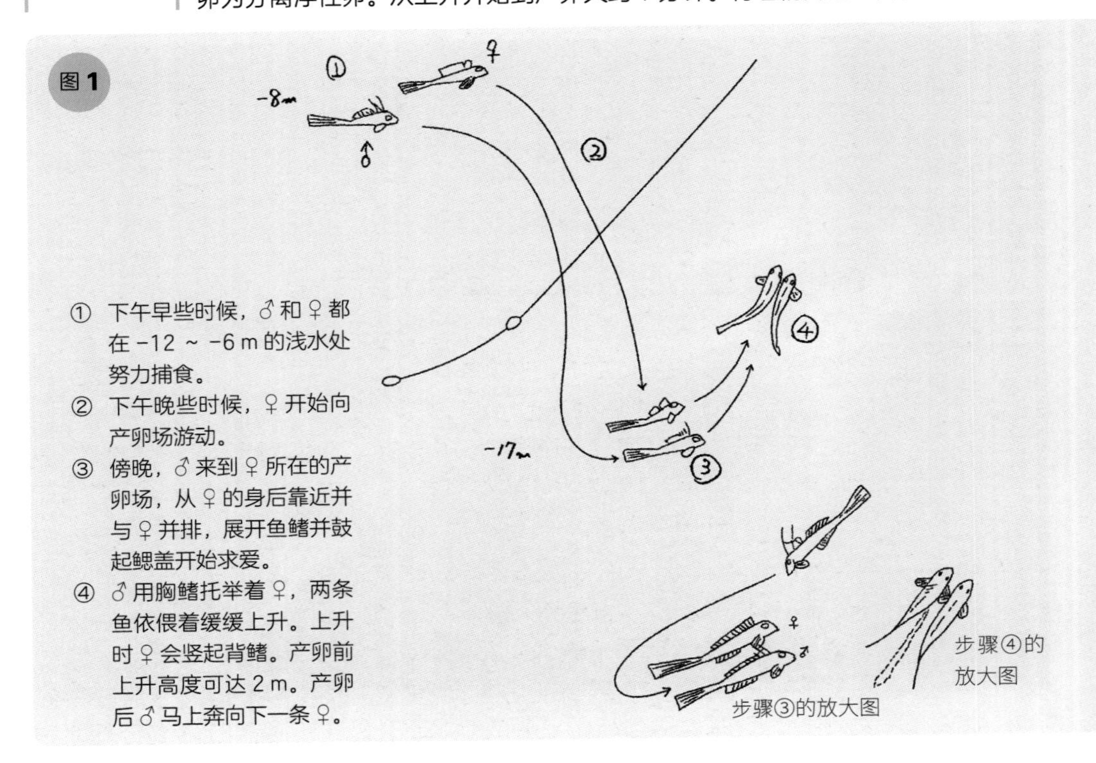

图 1
①
♀
−8m
♂
②
④
−17m
③
① 下午早些时候，♂和♀都在 −12 ~ −6 m 的浅水处努力捕食。
② 下午晚些时候，♀开始向产卵场游动。
③ 傍晚，♂来到♀所在的产卵场，从♀的身后靠近并与♀并排，展开鱼鳍并鼓起鳃盖开始求爱。
④ ♂用胸鳍托举着♀，两条鱼依偎着缓缓上升。上升时♀会竖起背鳍。产卵前上升高度可达 2 m。产卵后♂马上奔向下一条♀。
♀
♂
步骤④的放大图
步骤③的放大图

概 30 cm 就能在附近拍摄了。产卵后返回海底的♂径直游向了其他♀那里（从水下能见度来看，♂应该不知道♀的位置，但是它能直奔过去，很不可思议。是信息素让它具备了这样的本领吗？）。之后♂向这条♀求爱，但♀没有回应，♂就马上离开去寻找其他♀了。♂回到了最初与之产卵的♀身边，但是♀没有要接受求爱的意思，于是♂马上离开了。♀对♂的求爱会表明态度。下午早些时候，亲鱼都在浅水处捕食，快到产卵时间时，♀会向深水处游动，接着♂也会游到深水处，然后产卵。即使是同一对亲鱼，在产卵上升时，♂在右侧还是在左侧也不固定，在左右两侧的情况都有。♂拥有领地，范围很大，并且它在领地内守护着多条♀。

2003.8.16 大濑崎的湾内左侧　−12 m　水温 23 ℃　16:45，我在潜店曼波前的产卵场开始观察。我发现亲鱼的时候是在 −17 m，它们正慢慢向浅水处游动。亲鱼的产卵上升进行了两次，上升初期由于我打开了闪光灯，所以它们没有产卵就返回海底了。17:15，它们又开始上升。♂用右侧的胸鳍托着♀上升了大概 2 m 并产卵。

2003.8.17 大濑崎的湾内左侧　−16 m　水温 24 ℃　16:35，我在潜店曼波前的产卵场开始观察。17:00，♂用右侧胸鳍托着♀上升，但是上升了大概 1 m 就返回海底了。几分钟后♂又用左侧胸鳍托着♀上升，上升了大概 2 m 产卵了。两条鱼产卵后缓缓返回海底。结束产卵的♀一边寻找食物一边游向了深水处，而♂马上开始寻找其他♀。附近有其他♂入侵时，♂马上靠近入侵♂，鼓起鳃盖、展开鱼鳍对其进行威吓。♂之间也没有更进一步的争斗，入侵♂体色变白，随即潜入沙里去了。♂径直向浅水处游动，像在沙地滑行一样游了约 20 m。随后我发现了②♀。♂先从②♀的正面靠近，又游到它后面，最后来到侧面，然后鼓起鳃盖、展开鱼鳍开始求爱（通常都是以这种方式求爱的）。②♀一开始表现得非常不高兴（背对着♂），于是♂向深水处游去。当♂距离②♀2 m 远的时候，②♀开始追♂。♂本来是尾鳍朝着♀的，此时马上转身开始向♀求爱。17:20 它们开始上升，上升约 2 m 后产卵。产卵后两条鱼返回海底，♂径直游向深水处不见了。

2003.8.23 大濑崎的湾内左侧　−18 m　♂没有现身，没有看到产卵（第二天也一样）。

2003.8.31 大濑崎的湾内左侧　水温 21 ℃　我在 −15 m 处看到一条♀，它看起来正在怀卵，腹部微微鼓起。不过♂没有出现在产卵场，因此没有看到产卵。

2003.9.6 大濑崎的湾内中央至右侧　−21 m　水温 23 ℃　上午我在湾内右侧 −16 m 的鱼礁附近看到了♀，在大濑馆正面的沉箱下 −11 m 处看到了♂。傍晚为了在攀登架下面观察产卵行为，我和 M 一起进行了搜寻，在 −21 m 处发现了一条♀。我们在附近搜寻了，但没发现♂。观察了一会儿♀后，♂从浅水处出现，开始向♀求爱。为了拍摄求爱行为，我用潜水灯照了它们一下，♀不高兴了。它们的产卵上升中断了 3 次，在 17:40 产卵了。

2003.9.7 大濑崎的湾内中央至右侧　−16 m　水温 23 ℃　**图2** 今天我们又去攀登架下观察了。最开始发现了①♀，在距离①♀5 m 远的地方发现了②♀。几分钟后♂来了。♂靠近②♀进行了求爱，自是②♀没有回应，所以♂立马离开②♀向①♀游去。♂靠近①♀，它们呈并排状态，但♂没有求爱。然后♂就离开并快速朝着湾内右侧的沉箱游去了。途中，♂通过路上的标记物不断地对前进方向进行微调，来

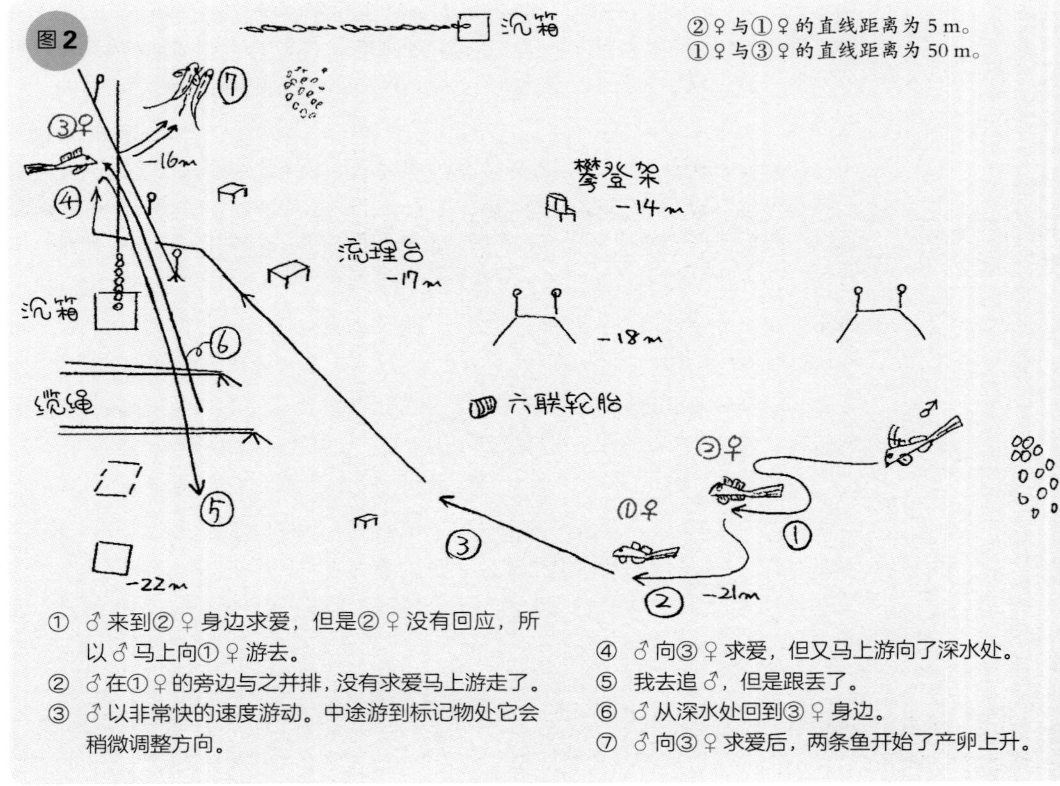

① ♂来到②♀身边求爱，但是②♀没有回应，所以♂马上向①♀游去。
② ♂在①♀的旁边与之并排，没有求爱马上游走了。
③ ♂以非常快的速度游动。中途游到标记物处它会稍微调整方向。
④ ♂向③♀求爱，但又马上游向了深水处。
⑤ 我去追♂，但是跟丢了。
⑥ ♂从深水处回到③♀身边。
⑦ ♂向③♀求爱后，两条鱼开始了产卵上升。

到 −16 m 附近后停下（直线距离为 50 m），在此处一边寻觅一边重复短距离游动。♂在附近找了 1 ~ 2 分钟后发现了③♀，于是马上绕到③♀后面求爱。因为我开了闪光灯，所以③♀表现出不高兴的样子。♂停止求爱，开始向深水处游去。我追到 −20 m 附近的地方跟丢了。为了探究③♀的行为，我回到了 −16 m 附近。③♀体色略微变白，正展开背鳍寻找食物。我观察了将近 10 分钟后，♂从深水处游了过来。③♀看到♂后，主动靠近并接受了求爱，它们上升了两次，但都没有产卵就返回海底了。在它们第三次上升途中，我的潜水时间临近结束。在我依依不舍地游向出水点时，看到它们还在暗绿的水中继续着产卵上升。

2003.9.13　大濑崎的湾内中央　水温 19 ℃　我在 −21 m 处发现了♀。♂也从深水处现身并向♀求爱，但是♀没有回应。之后，♂向湾内左侧游动，向另一条♀求爱但是也没成功。♂又向 −11 m 浅水处的两条♀求爱，也以失败告终。

2003.9.14　大濑崎的湾内中央　−19 m　水温 19 ℃　我在昨天观察的地方看到了两条♀。20 分钟后♂出现并向♀求爱，但♀没有回应。我还看到 3 条应该正在怀卵的♀。

2003.9.19　大濑崎的湾内右侧　−21 m　水温 20 ℃　♂求爱，♀没有回应。♀逃至距离♂1.5 m 的地方，♂独自像产卵上升时那样缓缓上升，上升了约 50 cm 后停了下来。之后♂缓缓返回海底，又一次开始上升。最后，♂又返回海底，这次迅速游到♀身边开始求爱。♀接受了求爱，它们 17:15 开始产卵上升，上升了大概 3 m 便产卵了。

2003.9.20　大濑崎的湾内右侧　−20 m　水温 22 ℃　图 3 ♂向 3 条♀求爱，只有③♀回

	应了。这次♂也是在求爱时反复独自上升又返回海底，之后③♀马上接受了求爱。♂为什么要独自上升？单纯是为了求爱，还是为了让敏感的♀明白没有被捕食的危险？这条♂就是 9 月 19 日观察的那条。产卵后，♂又向其他♀游去了。
2003.9.21	大濑崎的湾内左侧　−16 m　水温 22 ℃　16:40 我在曼波号(一艘用来船潜的船)下面的锁链旁发现了♀。约 25 分钟后♂出现了。♂从♀的尾鳍那边绕过去，在♀旁边与之并排后鼓起鳃盖，好像在催促一般颤动着身体向♀求爱。一开始♀没有要接受求爱的意思，不过 17:10 它们上升了 2 m 后就产卵了。♂返回海底后又马上开始向♀求爱。过了一会儿，♂放弃求爱离开了♀。♀马上追了过去与♂并排，并像♂求爱时那样鼓起了鳃盖。♂马上做出了反应，开始求爱。之后它们开始产卵上升，进行了第二次产卵。
2003.9.22	大濑崎的湾内右侧　−23 m　水温 22 ℃　我 17:00 看到了第一次产卵，5 分钟后看到了第二次产卵。昨天观察的那对亲鱼又产了两次卵。
2003.10.4	大濑崎的湾内右侧　−16 m　水温 23 ℃　8:30 左右，我看到了由 2 条♂和 3 条♀组成的群体，它们有求爱行为。优势♂一靠近劣势♂，劣势♂的体色就会变深，并且会放下背鳍停止动作，直到优势♂从视野中消失。
2003.10.12	大濑崎的湾内右侧　−22 m　水温 23 ℃　我是傍晚下潜的，但没发现亲鱼。

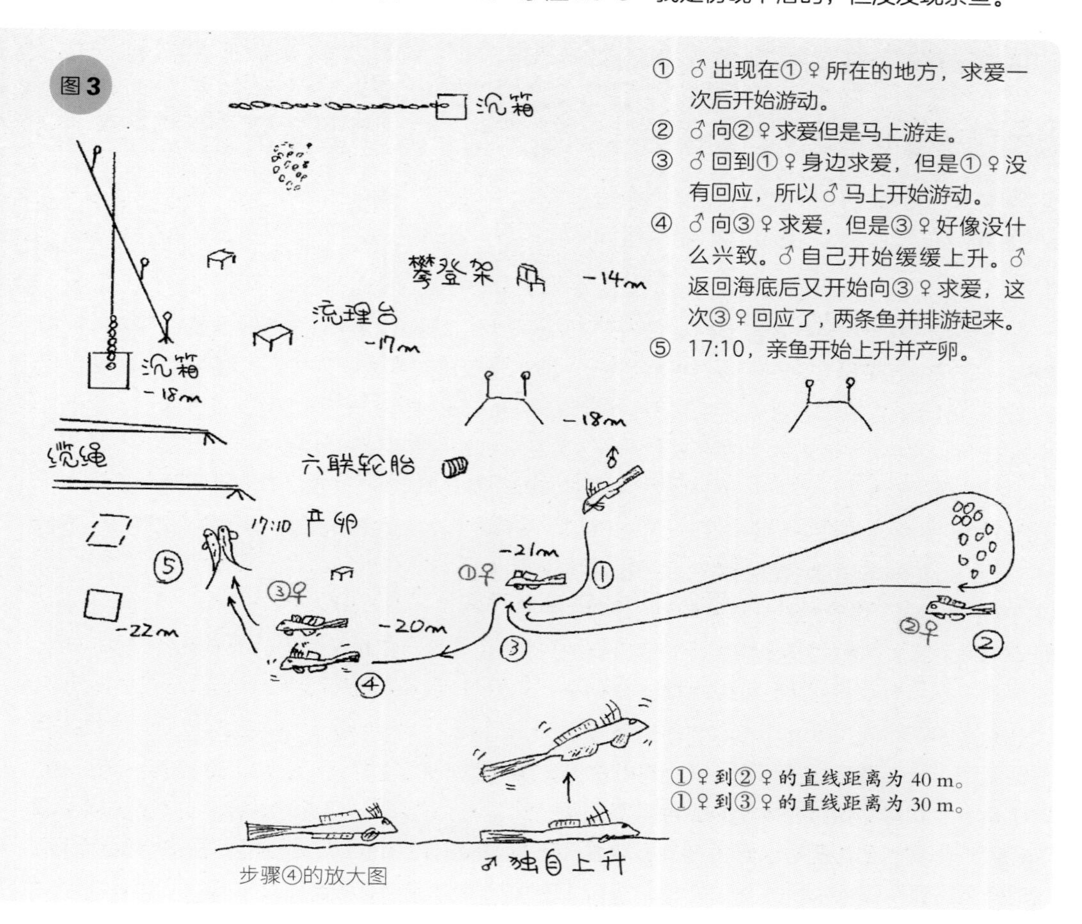

图3
沉箱
攀登架 -14m
流理台 -17m
沉箱 -18m
-18m
缆绳
六联轮胎
17:10 产卵
⑤
-21m
①♀
①
③♀
-20m
③
④
②♀
②
-22m
♂独自上升
① ♂出现在①♀所在的地方，求爱一次后开始游动。
② ♂向②♀求爱但是马上游走。
③ ♂回到①♀身边求爱，但是①♀没有回应，所以♂马上开始游动。
④ ♂向③♀求爱，但是③♀好像没什么兴致。♂自己开始缓缓上升。♂返回海底后又开始向③♀求爱，这次③♀回应了，两条鱼并排游起来。
⑤ 17:10，亲鱼开始上升并产卵。
①♀到②♀的直线距离为 40 m。
①♀到③♀的直线距离为 30 m。

步骤④的放大图

鲈形目

鼠鲔科新连鳍鲔属

Neosynchiropus ijimae **饭岛氏新连鳍鲔**

分布范围：日本北海道积丹半岛以南至长崎县、千叶县以南至高知县、伊豆群岛　**全长：** 5 ~ 8 cm

1月		2月		3月		4月		5月		6月		7月		8月		9月		10月		11月		12月	
0	1	2	3	4	5	6	7	8	9	10	11	12	13	14	15	16	17	18	19	20	21	22	23

产卵高峰期为 5 月中旬至 9 月上旬。产卵每天进行，跟潮汐无关，时间段是非常重要的影响因素。产卵主要集中在 17:00 ~ 18:30 进行。但由于潜水时间限制的关系，我没有 18:00 以后的记录。不过，在东伊豆好像在 18:30 之前都能看到产卵。卵为分离浮性卵。在大濑崎，生活在外海的个体比生活在湾内的个体体形大，特别是雄鱼的体形差异特别显著。

在大濑崎的湾内，由于沙地较多导致领地不明确，并且栖息场所有限，因此虽然个体数很少，但雄鱼之间的争斗格外多。根据观察，鱼龄短、体形小的雌鱼对雄鱼的求爱会更快地做出反应并产卵，鱼龄长、体形大的雌鱼大多最后产卵。雌鱼性格各异，有的总是很快接受求爱，有的很敏感，有的则故弄玄虚，非常有趣。它们从上升到产卵的时间大概为 1 分钟，所以我可以仔细观察。它们跟日本美尾鲔一样，产卵上升时雄鱼会用胸鳍将雌鱼托举起来，但雌鱼更喜欢用哪一侧胸鳍还不明确。雌鱼在产卵后过一段时间会钻到沙子里休息。

雌鱼跟雄鱼相比背鳍很小。

雄鱼之间的领地之争。它们会张开嘴巴、展开背鳍，通过展示侧身或逼近来威吓对手。

通过展示侧身和逼近对手如果不能分出胜负，它们就会互相啃咬。它们会激战，多数情况下，能攻击到对手下颌的那方会获胜。

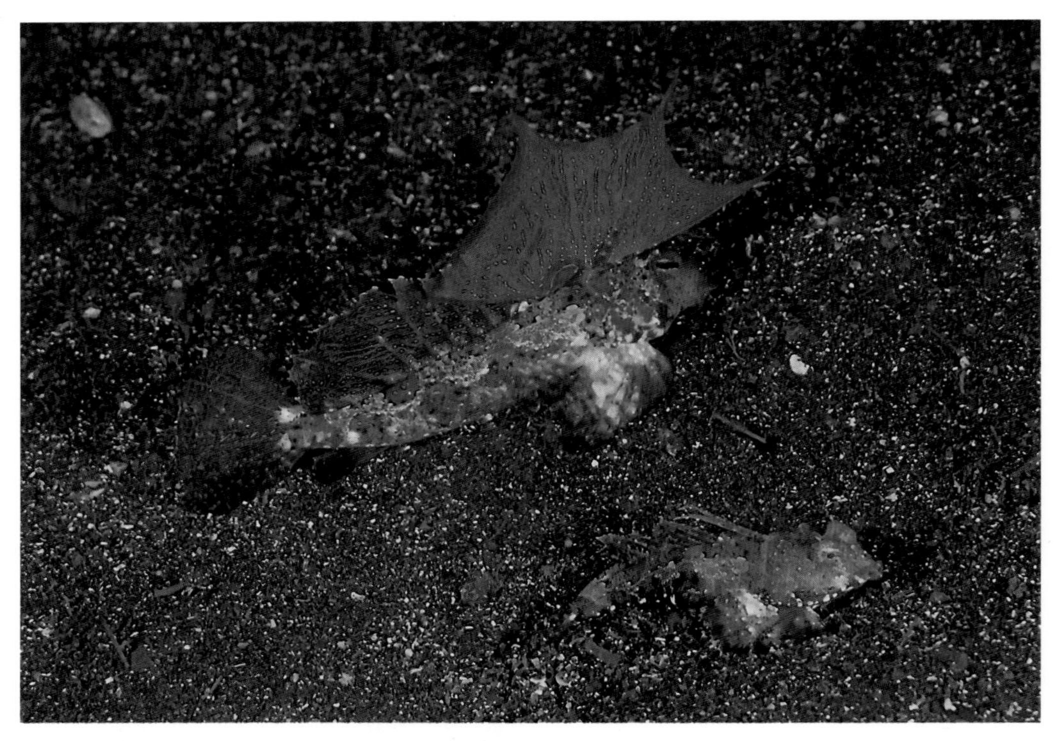

求爱时雄鱼（左上）会竖起背鳍并剧烈地颤动身体。

若雌鱼迟迟不肯接受求爱，雄鱼会“动用武力”。雄鱼会骑到雌鱼身上，以确保求爱成功。

雌鱼接受雄鱼的求爱后，在它们开始产卵上升前，雄鱼会将嘴巴贴到雌鱼的身上。

正在产卵上升的一对亲鱼。雄鱼（右）用胸鳍托着雌鱼上升。两条鱼依偎着上升，雌鱼竖起背鳍以保持身体稳定。

产卵上升的高度一般为 30 cm ～ 1 m，最高也有达到 1.5 m 的。它们上升得非常缓慢，所以拍摄的机会很多。

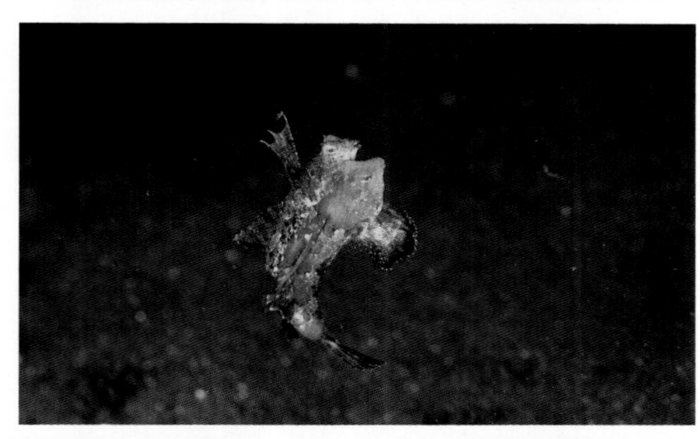

产卵时间一般在 2 ～ 3 秒，速度较慢。此时雌鱼也会把嘴巴张开，所以很好确认。

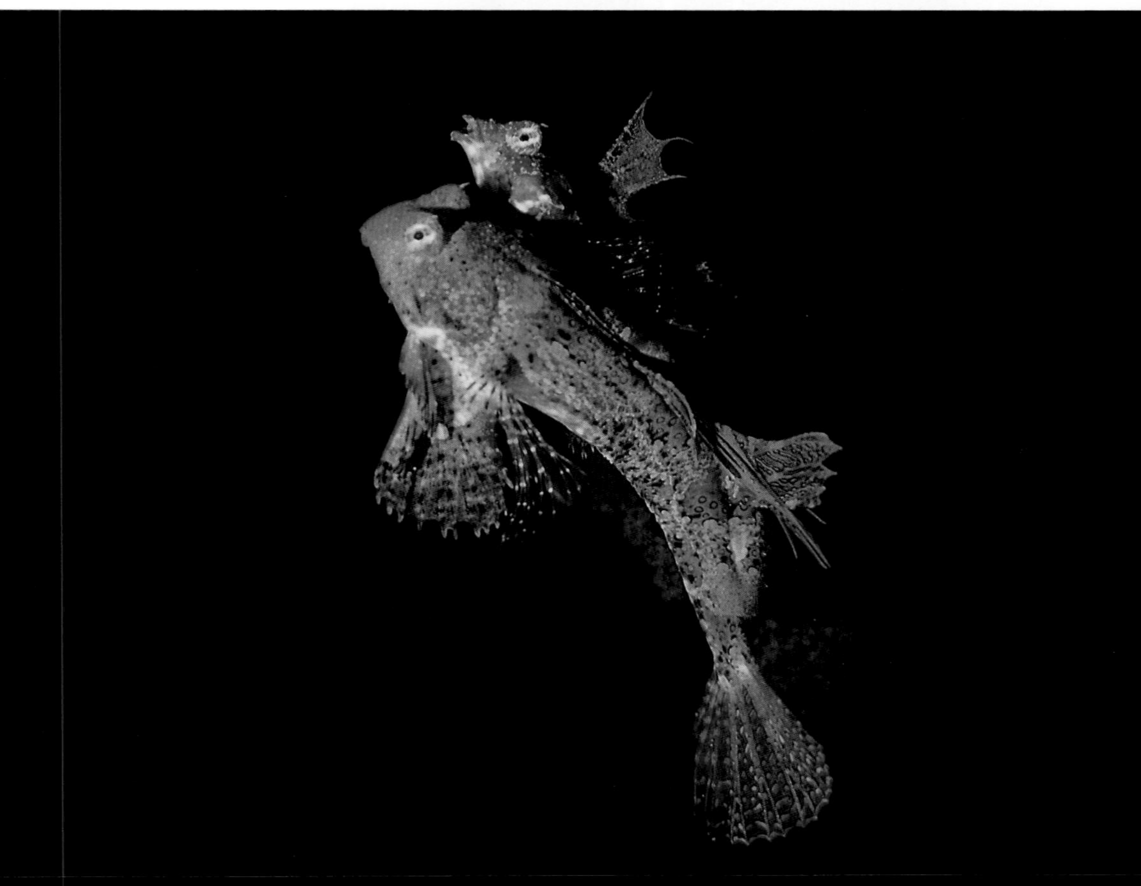

观察日记

2002.5.12	大濑崎的湾内　–13 m　水温 18 ℃　●（大潮）　干潮 11:27　满潮 18:01　我在从浮码头延伸到远海的锁链左侧的 –13 m 处看到了正在求爱的♂，在离♂约 0.4 m 远处有一条♀。♂绕到了♀的前面。10 分钟后，也就是 17:33，两条鱼靠在一起，♂用胸鳍托举着♀，它们从海底上升了大概 40 cm（用时约 20 秒），之后产卵。卵为分离浮性卵。 产卵时间在日落前的 30 分钟至 1 小时内。在其他地区我也看到了产卵行为。
2002.5.15	大濑崎的湾内　–13 m　● 3 天后（中潮）　干潮 13:04　满潮 19:57　17:30 左右，I 在 5 月 12 日观察到产卵行为的位置附近看到了产卵。
2002.6.19	大濑崎的湾内　弦月 1 天后（小潮）　满潮 12:38　干潮 18:30　I 在浜木绵前的碎石地带看到了产卵。
2002.7.7	安良里海滩　–10 m　水温 19 ℃　我在延伸到远海的引导绳附近，分别在两处发现了♂、♀各一条。♂靠近♀并有求爱行为，但并不是正式求爱。在外海的一本松至大川下海域，每年我都能看到求爱行为。但今天时间紧张，我没看到产卵。
2003.5.22	大濑崎的湾内　–9 m　水温 20 ℃　弦月 1 天前（小潮）　干潮 16:12　满潮 23:54　17:40, 深泽女士在沉箱右侧的锁链处看到了产卵。
2003.5.24	大濑崎的湾内　–10 m　水温 21 ℃　弦月 1 天后（小潮）　满潮 12:12　干潮 18:37　今天我去了深泽女士 5 月 22 日的观察地点，白天去的时候只看到了♀。17:05, 我再次开始观察。观察开始时，我看到岩石上有♂和♀各一条。♂正展开背鳍求爱，♀没有特殊的动作。♂的求爱节奏放缓时，♀从岩石游到了沙地，♂也追到了沙地。♂紧跟在♀后面，但是♀对♂的求爱好像没什么兴致。♂对着♀颤动身体，动作幅度很大。这个行为应该是在催促♀产卵。♀几次独自上升，让人以为它要产卵了，它却又悬停在水中，并且♂也没有同步上升。17:38，♀开始上升时，♂也同步上升。两条鱼画着半圆上升了大概 1 m 就产卵了。产卵后两条鱼马上返回海底，相距 0.4 m 左右，一动不动。 5 月 22 日和 5 月 24 日的产卵案例中的♂和♀是同一对，从这一信息可以看出，雌鱼产卵的周期很短。
2003.6.7	大濑崎的湾内中央　–13 m　水温 21 ℃　我在引导绳旁边发现了♂，没有发现♀。
2003.6.14	大濑崎的湾内左侧　–18 m　水温 21 ℃　○（大潮）　干潮 11:10　满潮 18:13　**图 1** 湾内右侧的那对亲鱼行踪不明，所以我去湾内左侧的碎石地带观察了。白天我只在岩石上看到一条♂。快到傍晚时我再次潜入水中，16:50 开始观察。在岩石上看到两条♂、两条♀。①♂向①♀求爱，但是①♀看起来没什么兴致。17:00 左右，②♀出现在岩石上，①♂马上来了兴致。①♂开始向②♀求爱。它展开背鳍，颤动身体，积极地靠近。但是②♀有点儿打退堂鼓的意思。①♂继续向②♀求爱，它们在 17:15 产卵了（但它们只上升了大概 1 m）。产卵后，①♂马上又游到岩石上，和来到岩石上的②♂开始争斗。①♂采取了威吓行为。一开始②♂逃到了岩石旁，但是随着反复争斗，它逃跑的距离逐渐缩短。之后①♂又开始向①♀求爱。我因为要减压，所以先离开了，U 继续观察。最终

①♂和①♀在 17:35 左右产卵了。

6 月 14 日 ~7 月 20 日，观察对象为同一群体。

2003.6.21

大濑崎的湾内左侧　水温 19℃　弦月（小潮）　干潮 16:24　满潮 23:27　**图 2**

我和樱井从 16:30 开始在 −18 m 处观察。我们观察开始后不久，羽衣的常客的 T 和 S 也来了，但是因为我们已经在观察了，所以他们就离开了，真是抱歉。观察一开始，领地的岩石处有①♀、②♀和②♂。②♂为了求爱而靠近②♀，但是②♀不理睬它跑掉了。①♀和②♀都从岩石上游到了沙地上。两条♀在沙地上停留了几分钟后，①♂开始向①♀求爱。①♀没有回应求爱，所以①♂开始向附近的②♀求爱。一开始②♀不怎么有兴致，①♂便通过展开背鳍、触碰

图 1

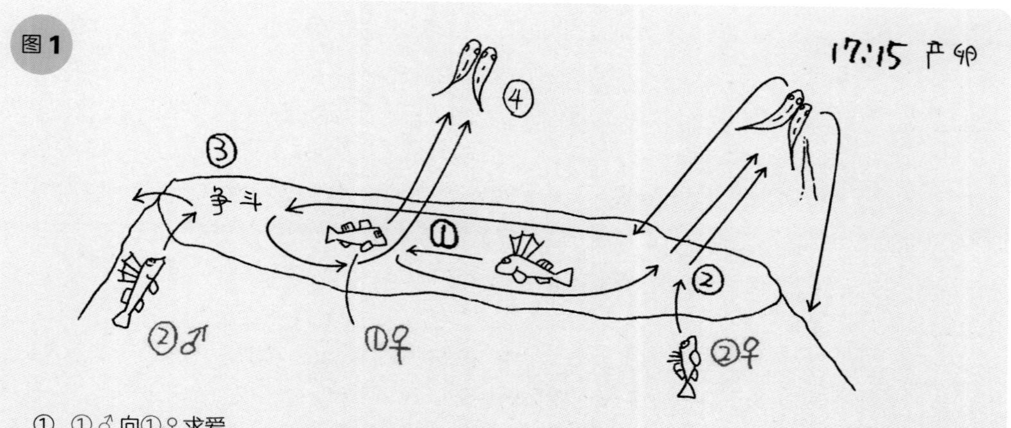

① ①♂向①♀求爱。
② ②♀一来到岩石上，①♂就停止向①♀求爱，开始向②♀求爱。①♂和②♀在 17:15 产卵了。
③ 产卵后，①♂和来到岩石上的②♂开始争斗。②♂好像输了，但它没有从岩石上下来。
④ ①♂向①♀求爱，之后它们产卵了。

图 2

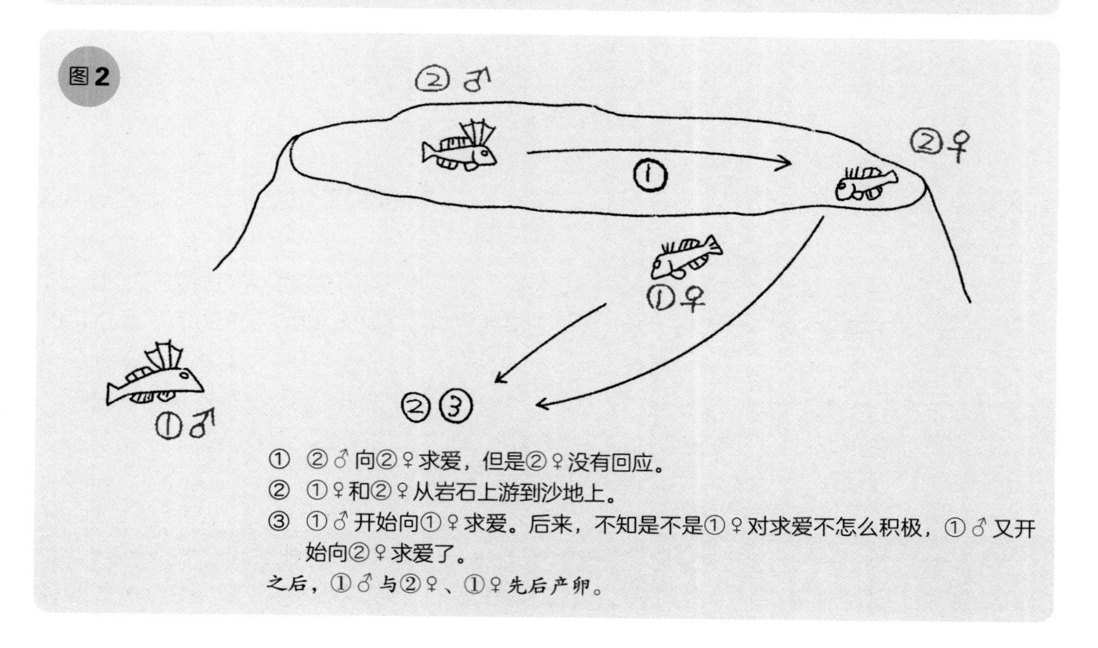

① ②♂向②♀求爱，但是②♀没有回应。
② ①♀和②♀从岩石上游到沙地上。
③ ①♂开始向①♀求爱。后来，不知是不是①♀对求爱不怎么积极，①♂又开始向②♀求爱了。

之后，①♂与②♀、①♀先后产卵。

	②♀的身体、骑在②♀身上等动作求爱。我因为要减压，没有看到产卵。不过，那之后在17:40左右，T和S看到①♂与②♀、①♀先后产卵。
2003.6.22	大濑崎的湾内左侧　水温19℃　弦月1天后（小潮）　满潮11:21　干潮17:21　图3 在跟昨天同样的位置，我和樱井从16:45开始观察。②♂在岩石上，①♂、①♀和②♀在沙地上。①♂在−17 m处开始向②♀求爱，但是②♀没有要接受的意思，专心地吃着食物。此时①♀靠近①♂。①♀距离①♂ 20 cm，②♀在①♂另一侧的15 cm处。①♂保持这种“双喜临门”的状态1 ~ 2分钟内一动不动。①♂开始向①♀求爱，但是①♀没有回应，而是向上方游去了。于是①♂向②♀靠近并开始求爱。①♂对②♀的求爱就像昨天那样，时而展开背鳍，时而触碰②♀的身体。①♂游到②♀旁边，开始扇动胸鳍激烈地求爱，②♀却钻到沙子里去了。①♂便骑到②♀身上。这种行为我看到了好几次。①♂从左边和右边靠近②♀并扇动胸鳍求爱后，它们在17:12开始上升并产卵。产卵后返回海底的②♀马上钻到沙子里去了。①♂返回海底时落在离①♀很近的地方，像向②♀求爱那样开始向①♀求爱。①♀也像②♀那样钻到了沙子里。①♂便骑到①♀身上求爱，它们17:36开始上升并产卵。
2003.7.5	大濑崎的湾内左侧　−17 m　水温19℃　弦月2天前（中潮）　干潮15:10　满潮21:58　图4 我16:50在−17 m处开始观察。开始观察时，①♂正在向

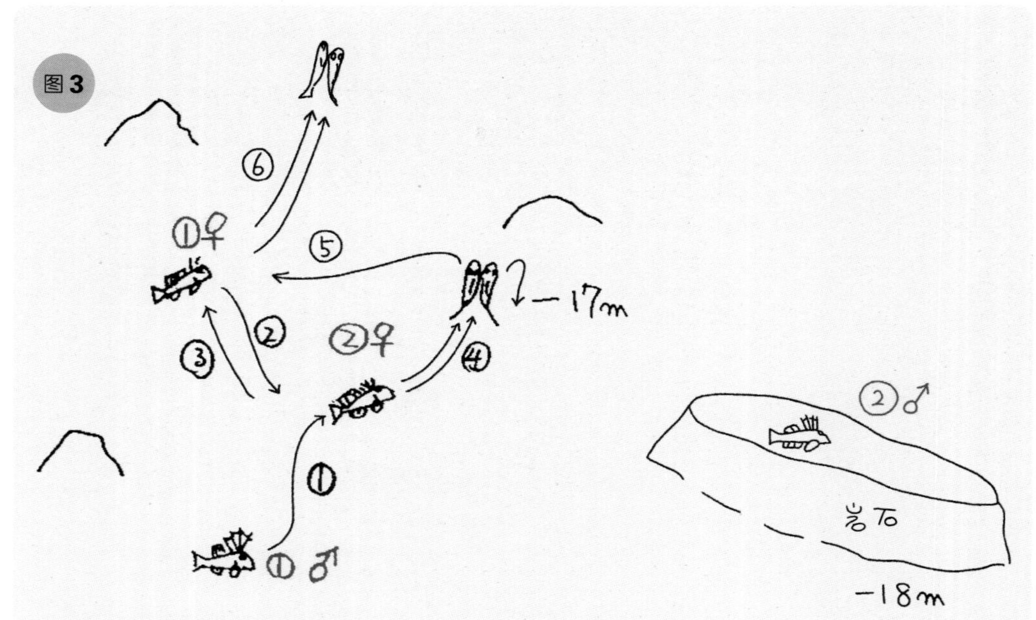

① ①♂开始向②♀求爱。
② ①♀从上方（浅水处）靠近①♂，①♂好像很在意①♀。
③ 几分钟后①♂离开②♀，开始向①♀求爱。①♀没有回应①♂的求爱，而是向上方游去了。
④ ①♂再次向②♀求爱。我还担心“花心鱼”能不能得到原谅，结果可喜可贺，①♂跟②♀产卵了。
⑤ ①♂产卵后返回海底时落在了①♀附近，马上开始向①♀求爱。
⑥ ①♂跟①♀也产卵了。
②♂始终待在岩石上，没有下来向任何♀求爱。

①♀求爱。①♂的求爱行为跟上次几乎一样，不过这次①♀的行为很有趣。①♀钻到了沙子里，①♂便骑在①♀身上求爱。但是①♀对求爱无动于衷，①♂只好放弃。①♂游到距离①♀大概 10 cm 远时，①♀从沙子里出来向①♂靠了过去。①♂马上做出反应，再次向①♀求爱。这种行为我看到了几次。然后它们开始产卵上升，但上升了 3 次都中断了。第 4 次后，它们于 17:20 产卵了。②♀和②♂都在 −17 m 处的大岩石上，②♂向②♀求爱，但②♀没有回应。同一时刻在离①♂、①♀大概 3 m 远的地方，③♂（长 6 cm）和④♂（长 8 cm）正在争斗。体形小的③♂占了上风。这场争斗持续了 35 分钟。③♂展开背鳍威吓④♂，还时不时地啃咬④♂的鳃盖和尾鳍根部。17:40 左右，③♂咬住④♂的鳃盖将它掀翻，④♂变成了腹部朝上的状态。

2003.7.6　大濑崎的湾内左侧　−16 m　水温 16 ℃　我在碎石地带的沙地上发现②♂在向①♀求爱，但是①♀没有回应。②♀离②♂非常近，也没有接受②♂的求爱。

2003.7.19　大濑崎的湾内左侧　−16 m　水温 20 ℃　我看到了②♂、④♀、①♀。两条♀没有回应求爱，所以我没有看到产卵。

2003.7.20　大濑崎的湾内左侧　−16 m　水温 20 ℃　我看到了②♂、④♀、①♀和③♀。②♂进行了求爱，但不怎么激烈，3 条♀都没有回应求爱。

2003.8.17　大濑崎的大川下　−6 m　水温 24 ℃　12:00 左右我看到了 4 条♂，还看到了♂之间的争斗——它们互相啃咬，展开背鳍威吓对手。如果♂之间优劣相差悬殊，劣势♂只要看到优势♂就会逃跑。

2003.8.30　大濑崎的大川下　−6 m　水温 24 ℃　我看到了数条♂和两条♀，还看到了♂之间的争斗。♂有求爱行为，♀的腹部也是鼓的，但 17:00 之前我没看到产卵。

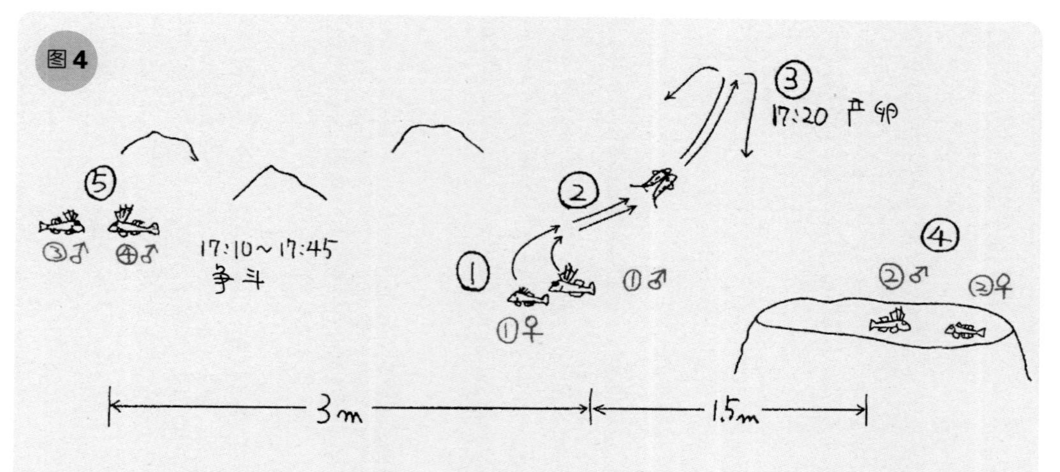

图 4

① ①♂向①♀求爱。
② ①♀钻到了沙子里，①♂便骑在①♀身上求爱。过了一会儿，不知是不是放弃了，①♂丢下①♀游走了。很快①♀便从沙子里出来追了过去，①♂马上回头开始向①♀求爱。
③ 17:20，①♂和①♀产卵了。①♂的策略管用了！
④ ②♂向②♀求爱，但是没有得到回应。②♂作为劣势雄鱼要面对的现实很残酷。
⑤ 激战中的③♂和④♂正在互相啃咬。

正在产卵的一对亲鱼。

雌鱼一结束产卵就会钻到沙子里睡觉。如果讨厌雄鱼的求爱，雌鱼也会钻到沙子里。

鲈形目

虾虎鱼科相模虾虎鱼属

Sagamia geneionema **相模虾虎鱼**

分布范围： 日本青森县至九州、伊豆大岛 **全长：** 7 ~ 15 cm ★★☆

1月	2月	3月	4月	5月	6月	7月	8月	9月	10月	11月	12月

0	1	2	3	4	5	6	7	8	9	10	11	12	13	14	15	16	17	18	19	20	21	22	23

产卵高峰期为 1 月至 3 月上旬的低水温期。求爱、产卵均在白天进行。配对产卵，产卵多发生在入口狭小的石头下面，因此很难观察。

一进入产卵期，雄鱼就会挖掘产卵用的巢穴。位于沙地、埋进沙中约 5 cm 且底部与海底平行的石头下面是最适合筑巢的地方。这样的地方从外面是看不出来的，所以雄鱼就会对几个自己中意的地方进行试掘。在石头下面挖出直径 20 cm 左右的空间后，雄鱼就会在巢穴的入口处等待。附近如果有雌鱼过来，雄鱼就会从巢穴中出来向雌鱼求爱。雄鱼的求爱没有太大的动作，由雌鱼来正式求爱。雌鱼的求爱跟雄鱼相比更激烈、热情。雌鱼屈曲身体、展开鱼鳍，或拉近距离或骑到雄鱼身上，非常积极。雌鱼如果用头去顶雄鱼的尾鳍根部，就说明求爱正式开始了。雄鱼也会去顶雌鱼的尾鳍根部，跟雌鱼首尾相对。然后，雄鱼会将雌鱼邀请到巢穴内持续求爱。它们在巢穴中仍会保持首尾相对状态。

卵被产在石头下面后会马上变成棒状。卵的颜色会在数日内改变，开始是淡粉色，接着是粉色、橘黄色，在临近孵化时会变成银色。护卵是雄鱼的任务。如果观察者不小心把石头掀翻，会带给雄鱼压力，它就会把卵都吃掉。如果是在马上要孵化的时候掀翻了石头，雄鱼则会强行孵化。孵化发生在白天的话，孵化出的仔鱼基本上都会被隆头鱼科的鱼捕食殆尽。因此，观察和拍摄时请务必小心。

雄鱼（左）迎接来到巢穴附近的雌鱼（右）。一般这种时候雌鱼大多不怎么有兴致。

雄鱼（上）在雌鱼（下）旁边开始求爱后，雌鱼迅速展开鱼鳍回应雄鱼的求爱。

正式求爱。雌鱼（右）用头触碰雄鱼（左）尾鳍的根部或用尾鳍触碰雄鱼的头部来求爱。

雌鱼和雄鱼保持首尾相对的状态。雌鱼求爱时像吵架一样。

进入巢穴准备产卵的亲鱼。产卵在狭小的空间里进行。石头的底部是平的。

在巢穴中也能看到求爱行为。它们互相啄脸或触碰，不过此时也是雌鱼更积极。

正在护卵的雄鱼。雄鱼的一天非常忙碌，它的任务包括护卵、清扫和整理巢穴。

暴风雨过后雄鱼会特别忙碌，把被掩埋的巢穴打扫干净也是它的工作之一。

捕食者会一直关注“父子俩”（雄鱼和卵）的巢穴。美拟鲈是相模虾虎鱼最大的敌人。

雄鱼正在守护马上要孵化的卵。

在护卵期间，不少雄鱼会因为多次和外敌发生争斗，或因修补巢穴而导致嘴巴变形。

恋爱模样不为人知的鱼儿们

弹涂鱼

雄鱼（远处）正在向雌鱼（近处）求爱。一般来说，雌鱼的体形和背鳍都比雄鱼大。（江户川放水路）

雄鱼（上）向雌鱼（下）进行侧面展示求爱。（江户川放水路）

弹跳着移动的弹涂鱼。雄鱼在求爱时也会弹跳起来。（佐贺县有明海）

在野外观察中，最难看到求爱和产卵行为的鱼类应该就是弹涂鱼和大弹涂鱼了，它们生活在底质为淤泥或泥沙的滩涂处。它们栖息地中的泥沙极其细腻，拍摄时甚至会钻进我的毛孔里。泥沙随着潮水的涨落飞扬，我往往连 5 cm 以外的东西都看不清。

春季至初夏能在滩涂上看到雄鱼向雌鱼求爱。退潮后，它们会用胸鳍灵活地在泥地上来回移动，雄鱼或蹭向雌鱼或快速赶走其他雄鱼。它们生而为鱼却几乎不游泳，只一个劲儿地在泥地上走来走去。得到雌鱼同意后，雄鱼会把雌鱼带到自己的巢穴。我的观察也只能到此为止了。进入巢穴后，有的雌鱼就长时间不出来，有的过一会儿就会跳出来。可能是因为有时候雌鱼进入巢穴后，两条鱼“情投意合”才会待很久，但也有时候雌鱼虽然进了巢穴，却有可能用胸鳍对着雄鱼使劲儿打然后跳出来。所有这些都是在巢穴中进行的。它们到底怎样求爱、怎样产卵、怎样育儿、产下的仔鱼怎样释放……所有这些都是谜团。

共生关系

日本钝塘鳢、丝尾鳍塘鳢和短脊鼓虾

潜水者通常对日本钝塘鳢和短脊鼓虾以及丝尾鳍塘鳢这三者的共生关系十分清楚。短脊鼓虾可为日本钝塘鳢提供巢穴，日本钝塘鳢负责在有危险的时候通知短脊鼓虾，它们相互“利用”来确保种族的存续。丝尾鳍塘鳢则在水体中层游动，以确保巢穴安全。但它们没有固定的巢穴，当危险临近时，无论在哪它们都会先躲到附近的巢穴中藏身。这种三者共生的关系实在是不可思议。短脊鼓虾是如何产卵的，会不会被日本钝塘鳢吃掉？日本钝塘鳢又是在何处产卵的？我也没有见过丝尾鳍塘鳢在巢穴外产卵。这样的话，是不是三者都在巢穴中产卵呢？据说跟日本钝塘鳢共生的短脊鼓虾以硅藻等为食，于是我做了这样的假设：短脊鼓虾自身抱卵养育后代时会在入口附近产仔，日本钝塘鳢则以某种方式将卵托付给短脊鼓虾（托卵），“老奸巨猾”的丝尾鳍塘鳢当然也会托卵。如果这个假设成立，短脊鼓虾就是日夜制作和整理巢穴、为其他物种养育后代的“大海中辛勤劳作的第一鱼”。

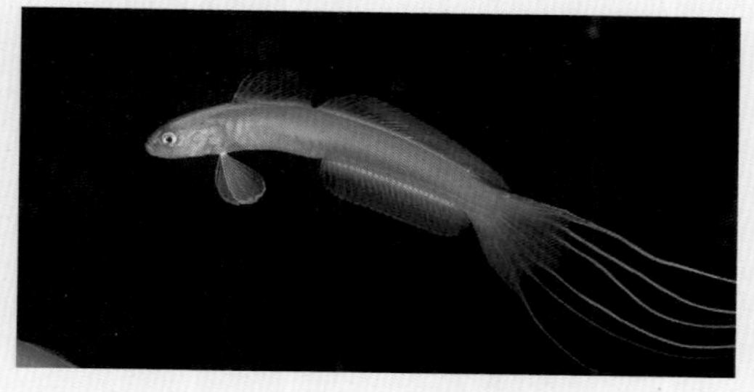

丝尾鳍塘鳢优雅的身姿深深地吸引着潜水者。

警戒中的日本钝塘鳢和丝尾鳍塘鳢。（和歌山县日高町）

短脊鼓虾、日本钝塘鳢和丝尾鳍塘鳢的典型的三者共生。（静冈县川奈）

鲈形目

虾虎鱼科高鳍虾虎鱼属

Pterogobius zonoleucus

白带高鳍虾虎鱼

分布范围：日本青森县至九州、伊豆大岛　**全长：**7 ~ 10 cm

★★

1月	2月	3月	4月	5月	6月	7月	8月	9月	10月	11月	12月

0 1 2 3 4 5 6 7 8 9 10 11 12 13 14 15 16 17 18 19 20 21 22 23

产卵高峰期为当年 12 月下旬至次年 2 月上旬，在水温较低的日本海一侧则会一直持续到 6 月中旬。求爱、产卵均在白天进行，配对产卵。产卵通常在石头交叠的狭小空隙或牡蛎壳等狭小空间的内部进行。在神奈川县的叶山町等地，它们的个体数较多，求爱行为不难观察到，但产卵或孵化都在狭小的空隙中进行，并且只要有一点儿外界影响配对的亲鱼就会分开，临近孵化的卵也会被抛弃，所以观察起来非常困难。

一到产卵期，雄鱼就会寻找适合产卵的地点。如前面所述，多在石头交叠的碎石地带或粘在岩石上的牡蛎壳上等处产卵。相模虾虎鱼在挖掘巢穴的时候会用尾鳍将沙子扇起来，所以很容易辨认，但白带高鳍虾虎鱼就不太好辨认了。如果在海底的石头缝隙间或牡蛎壳附近发现了白带高鳍虾虎鱼，那很有可能是正在制作巢穴的雄鱼。此时，雄鱼之间也会围绕巢穴展开争斗。雄鱼准备好巢穴后就会向着在水体中层形成鱼群的雌鱼游上来。在水体中层，雄鱼鼓起鱼鳃，俯首向雌鱼求爱后，雌鱼就会反过来激烈地向雄鱼求爱。雌鱼在求爱时会反复追赶雄鱼、靠近雄鱼、将头向上弯折朝向雄鱼等，比雄鱼求爱积极多了。这一阶段雌鱼之间的争斗也很多。特别是刚过了产卵初期，护卵的雄鱼开始变多，“单身男”变少，导致雌鱼之间的争斗爆发。配对后，雄鱼会带雌鱼进入巢穴。大部分情况都是雌鱼先进入巢穴，如果满意就在里面产卵，如果不满意就会马上出来。

雄鱼正在检查巢穴。（神奈川县叶山町）

雄鱼经常会为争夺巢穴展开争斗。它们会鼓起鳃盖、展开鱼鳍来威吓对手。（神奈川县叶山町）

雄鱼之间的争斗在二者力量对等的时候最为激烈。（神奈川县叶山町。后两页的照片也摄于此）

雄鱼（上）正在向雌鱼（下）求爱。求爱时雄鱼的婚姻色也变得更加美丽。（神奈川县叶山町）

正在被两条雄鱼求爱的雌鱼（中）。也有雄鱼和雌鱼反过来的模式。（神奈川县叶山町）

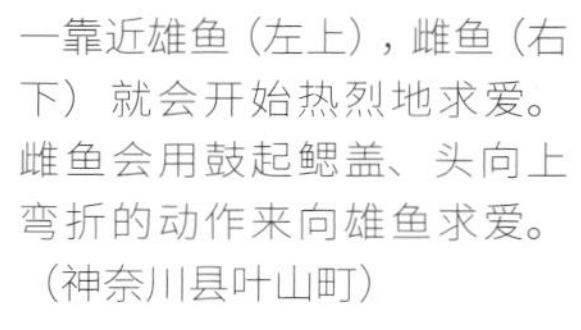

一靠近雄鱼（左上），雌鱼（右下）就会开始热烈地求爱。雌鱼会用鼓起鳃盖、头向上弯折的动作来向雄鱼求爱。（神奈川县叶山町）

雄鱼（下）正引导雌鱼（上）进入巢穴。雌鱼会先进入巢穴内检查巢穴情况。（神奈川县叶山町）

刚刚产下的卵和正在护卵的雄鱼。（神奈川县叶山町）

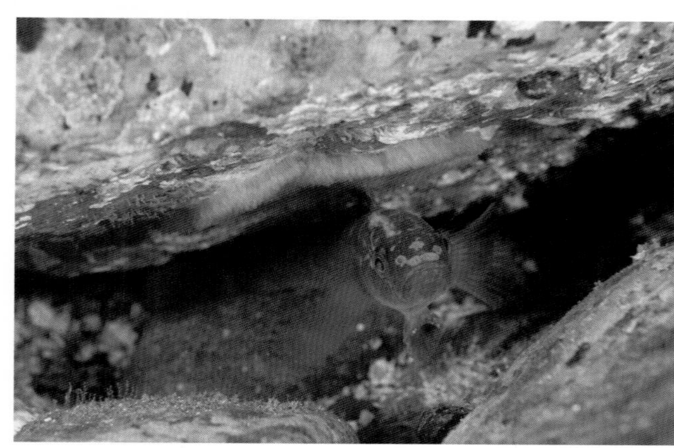

即将孵化的卵。没有看到孵化的场景，不过此处是隆头鱼科等鱼类多的地方，为了避免被捕食，应该是在快要日落时或日落后马上孵化的。（神奈川县叶山町）

鲈形目

虾虎鱼科高鳍虾虎鱼属

Pterogobius elapoides

蛇首高鳍虾虎鱼

分布范围：日本北海道至九州、伊豆大岛　**全长：** 7 ~ 14 cm

1月		2月		3月		4月		5月		6月		7月		8月		9月		10月		11月		12月	
0	1	2	3	4	5	6	7	8	9	10	11	12	13	14	15	16	17	18	19	20	21	22	23

产卵高峰期为夏季已经结束、水温开始逐渐降低的 9 月至 11 月。求爱和产卵均在白天进行，配对产卵。我的观察案例较少，还没有完全弄清楚它们的繁殖生态。它们主要的栖息地为藻类繁茂的海藻森林，求爱等也在此处进行，所以观察很困难。它们的求爱模式基本上跟白带高鳍虾虎鱼的一样，雄鱼会张开嘴、鼓起鳃、展开鳍向雌鱼求爱。在我观察的几个案例中，雌鱼不会马上接受雄鱼的求爱。雌鱼在被雄鱼求爱一段时间后也不会显出不高兴的样子，而是慢慢地向前移动，于是在其后追逐的雄鱼大多会再次开始求爱。之后它们基本上会消失在茂盛的海藻当中。

它们是拥有“日式优雅美貌”的虾虎鱼，在繁殖期会变得更加美丽。雄鱼的体色变得稍带金黄，黑色的横条纹颜色也会更深。以尾鳍为代表的一部分鱼鳍的蓝色部分会变得更加鲜艳。这种婚姻色在求爱时是最美的。而雌鱼在这一时期则会像掉色了一样体色变浅，呈现出一种柔嫩的美丽。

处于繁殖期的雌鱼像掉色了一样体色变浅。（石川县能登岛）

正在求爱的一对亲鱼。雄鱼（左）展现出鲜艳的婚姻色，雌鱼（右）也变得更加美丽。（石川县能登岛）

蛇首高鳍虾虎鱼分为太平洋型（生活在太平洋一侧）和日本海型（生活在日本海一侧）。太平洋型个体身上有 6 条横纹，如图。日本海型个体身上有 7 条横纹。（摄影：樱井季己）

鲈形目

虾虎鱼科裸叶虾虎鱼属

短身裸叶虾虎鱼

Lubricogobius exiguous

分布范围：日本东京湾至九州、山口县、伊豆大岛　**全长：**2.5 ~ 3.5 cm

1月	2月	3月	4月	5月	6月	7月	8月	9月	10月	11月	12月

0	1	2	3	4	5	6	7	8	9	10	11	12	13	14	15	16	17	18	19	20	21	22	23

产卵高峰期为 6 月下旬至 9 月。求爱方式不明，多在上午进行。我在黎明时看到过卵孵化，但是观察案例较少，所以无法断言。它们的栖息区域为 20 m 以深水域，由于无法长时间观察，所以我还有很多事情没有弄清楚。配对从幼鱼期（此时的幼鱼长 1~2 cm）就开始了，但是不是雌雄配对就不清楚了。它们会成对进入小型腹足类的空壳、海胆壳、被遗弃的空瓶子或空罐子等东西里，产卵期以外的时间也会在此生活，完全将这里当成了自己的巢穴。

繁殖期到来后，我经常能看到雌鱼停在巢穴上面啄食漂过来的食物，因为雌鱼此时腹部隆起，所以很容易辨别。雄鱼会打扫巢穴。卵被产在巢穴内部的顶面上，这样做应该是为了防止卵被瘤荔枝螺等肉食性小型腹足类捕食。如果人为地将卵的位置向下调整，基本上卵都会在夜间被腹足类吃掉。卵基本由雄鱼负责照顾，由雄鱼衔在口中孵化。雄鱼会在巢穴的出口处将衔在口中的仔鱼释放出去——这种行为是静冈县三保一家名为“铁”的潜店老板第一次确认并告诉我的。卵的孵化会受到水温的影响，如果水温保持在 22 ℃左右，卵会在 7 ~ 8 天内孵化。雌鱼会在当天或第二天再次排卵。在卵临近孵化时，只要有一点儿压力，亲鱼就会强制将卵孵化。可能是亲鱼认为在陷入危机时，与其由自己拼死守护，不如释放仔鱼。人为移动巢穴会给它们造成巨大的压力，所以要慎重。

正在产卵的一对亲鱼。产卵多在上午进行。卵一定会被产在贝壳或空瓶等内部的顶面上，这是为了避免杂物附着在卵上以及被肉食性贝类捕食。（和歌山县日高町）

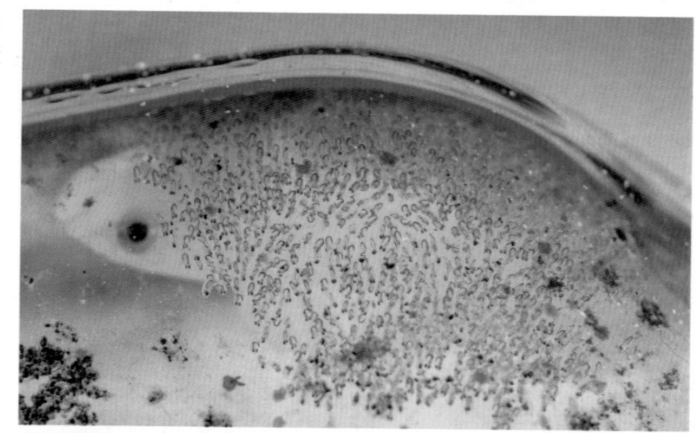

即将孵化的卵。刚产下的卵为黄色，之后会变成银色，临近孵化时则会微微变成金色。

亲鱼将仔鱼从口中放出。照片中的孵化是在阴天的上午 7 点多进行的。

空罐子、空瓶子是最受欢迎的巢穴。雌鱼会外出捕食，为产卵储备营养。

球鬘螺的壳也是很好的巢穴，但是常被寄居蟹盯上，所以我经常能看到短身裸叶虾虎鱼和寄居蟹的攻防战。

不知道是茶壶还是什么，只要是能用的东西都能成为短身裸叶虾虎鱼的巢穴。不过，它们不会选择太宽敞的地方作为巢穴。

跟短蛸共存的短身裸叶虾虎鱼。据说短身裸叶虾虎鱼体表有毒，肉食性的章鱼也不敢对它们出手。

象征安产的鱼

海鲋

海鲫科鱼类在日本主要有分布在日本海一侧的海鲋、分布在太平洋一侧的亚种太平洋海鲋、2007 年从海鲋分出来的乔氏海鲋，以及青色海鲋、兰氏褐海鲫。这些种类都可以在较浅水域的海藻丛中见到。海鲫科鱼类是胎生鱼的代表。根据我在东伊豆的观察，太平洋海鲋的交配期为 9 月 ~ 12 月上旬，产仔期为 5 月；兰氏褐海鲫的交配期为 10 ~ 12 月，产仔期为 5 ~ 6 月。以太平洋海鲋为例，雄鱼的领地多在岩石被遮蔽的地方，雌鱼一进入，雄鱼就会颤动身体靠近并求爱，然后交配。领地雄鱼求爱时会头朝下游动，因此，如果能找到这样的雄鱼就能观察到太平洋海鲋的求爱了。不过，想看到它们交配或产仔的瞬间是非常难的。

海鲫科鱼类作为食用鱼，人们很早就了解它们的繁殖生态了。江户时代的博物学家贝原益轩也曾在作品中有所记载。海鲫产仔时稚鱼的尾部会先出来，因此，在日本山阴地区，海鲫被称作“逆子”，不建议孕妇食用。不过，在日本东北地区，由于海鲫很多产，人们会食用这种鱼以祈祷怀孕和安产。

青色海鲋。较浅水域的海藻丛是海鲫科鱼类最喜欢的地方。（石川县能登岛）

婚姻色（线形花纹）很明显的太平洋海鲋的雄鱼（近处）。（静冈县富户。摄影：中村宏治）

正在产仔的兰氏褐海鲫。一条雌鱼会产下 9 ～ 17 条稚鱼。（新潟县佐渡岛。摄影：中村宏治）

鲽形目
鲽科木叶鲽属

Pleuronichthys cornutus **木叶鲽**

分布范围：日本北海道南部以南　**全长：** 15 ~ 30 cm

★★★

1月		2月		3月		4月		5月		6月		7月		8月		9月		10月		11月		12月	
0	1	2	3	4	5	6	7	8	9	10	11	12	13	14	15	16	17	18	19	20	21	22	23

我的观察案例极少，经常跟我一起拍摄的我的朋友樱井 2004 年 3 月在大濑崎拍到了它们的产卵行为，我以此次记录为基础进行讲解。

产卵高峰期为 2 月至 3 月的低水温期。在光线开始变暗时配对产卵，卵为分离浮性卵。雄鱼会巡回游动并跟雌鱼产卵。在繁殖期内，雄鱼的活动范围较广，直径达数百米。雄鱼拥有宽广的领地，在雄鱼的领地中，雌鱼又各自拥有小的领地，雌鱼的领地中有产卵场。繁殖模式应该也属于雄性访问型多配制。雄鱼基本上是依靠视觉前往散布在领地内的雌鱼的产卵场。有一次，在雄鱼求爱前我挪动了作为重要标志物的绳索等物，就看到雄鱼在那个地方停了下来，身体上浮，环视周围。不过，雄鱼好像有多个标志物，过了一会儿它就修正了路线，朝着雌鱼游去了。在雄鱼的领地内，除了领地雄鱼以外，还有入侵雄鱼也在寻找跟雌鱼产卵的机会。

雄鱼将身体向上弯折，应该是在求爱。

雄鱼将头稍微抬起、颤动着身体靠近雌鱼。（第 213 ～ 215 页的所有照片都是樱井季己拍摄的）

雌鱼（右）拒绝了雄鱼（左）的求爱，正要钻进沙子里。

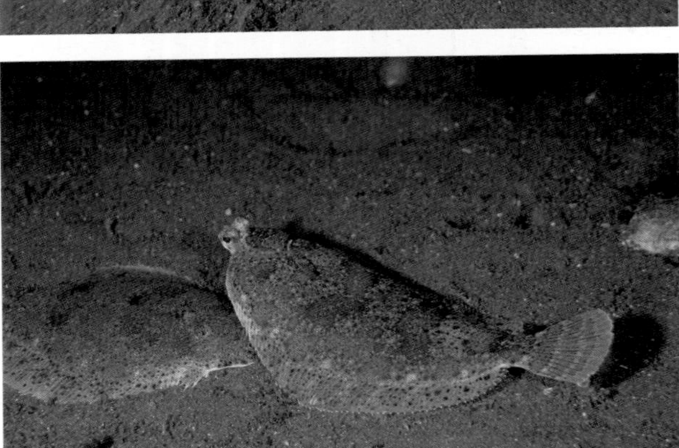

雄鱼（右）一边触碰雌鱼（左），一边向上弯折身体。除了求爱，雄鱼放哨时我也能看到它们的这种姿势。

雌鱼将头向上抬起就是接受求爱的信号。雄鱼会钻到雌鱼身下，托举着雌鱼开始产卵上升。

亲鱼上升了大概 2 m。

产卵的瞬间。雌鱼缓缓排卵，同时雄鱼排精。两条鱼右下方的白色部分就是排出的精子。

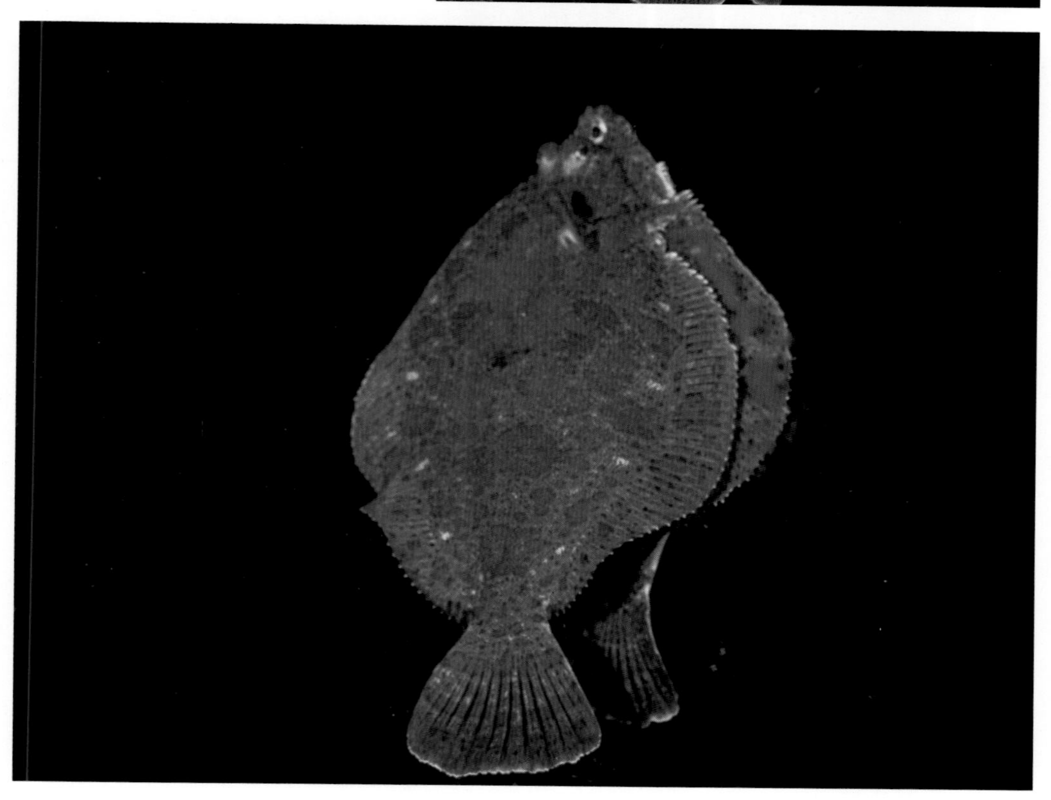

观察日记

2004.3.13 大濑崎的湾内 −17 m 水温 15 ℃ 弦月（小潮） 干潮 15:57 满潮 23:27

樱井成功进行了观察、拍摄。这应该是木叶鲽这种中型鲽类产卵行为首次被详细记录，这次的观察记录可以成为以后人们观察亲缘种产卵行为的参考。以下是樱井的观察记录。

“我路过湾内右侧的外海沉箱的前面，经过左侧引导绳附近时，看到一条非常兴奋的、弯着身体的♂（约 35 cm），于是从 16:10 开始观察。之后在附近看到了应该是♀（约 35 cm）的个体。♂紧紧依偎着♀，稍微抬头并颤动身体求爱。♀好像没什么兴致，钻到沙子里去了。♂后来骑到♀身上求爱，但♀看起来还是没什么兴致，一会儿逃跑一会儿钻进沙子里，这样重复了几次。16:30，♂一求爱，♀就向上抬头，两条鱼一起游起来，并开始产卵上升。上升了 1m 左右的时候，不知为何两条鱼都返回了海底，♀钻到沙子里去了。产卵上升时我打了两次闪光灯，不知道是不是闪光灯导致了上升中断。之后，它们又有两次相同的产卵上升，但都中断了。第二次、第三次上升都跟第一次一样，产卵上升都是从♀向上抬头开始的，所以♀抬头应该是产卵上升开始的信号。它们上升速度很慢。上升时，♂在下♀在上，几乎重叠在一起，♂像托举♀一样上升。在此期间，附近有其他 3 个个体数次接近这对亲鱼，不过亲鱼中的♂把其他入侵者赶走了（其他个体应该是♂）。16:50，它们开始了第四次上升，以 10° ~ 20° 角斜向上上升了约 50 cm，之后慢慢变成垂直方向，在距海底约 2 m 的地方产卵了。卵为分离浮性卵，我清楚地看到有很多棕色的小颗粒从♀腹部附近的地方出来。产卵结束后，♂和♀分别回到海底的不同地方，一动不动。”

2004.3.20 大濑崎的湾内 水温 14 ℃ 我去了上周樱井看到产卵的地方，从 16:00 开始观察。我在 −19 m 处看到了正在游动的♂，于是开始追踪，跟了将近一小时。这条♂的巡游范围是 −27 ~ −17 m 的水域，几乎囊括了湾内的整个区域。途中♂在几个地方停下来观察，所以应该是经过了多个产卵场，不过最后我也没看到♀。

2004.3.21 大濑崎的湾内 水温 14 ℃ 我继续昨天的搜索工作，但只看到两条正在寻找♀的♂。

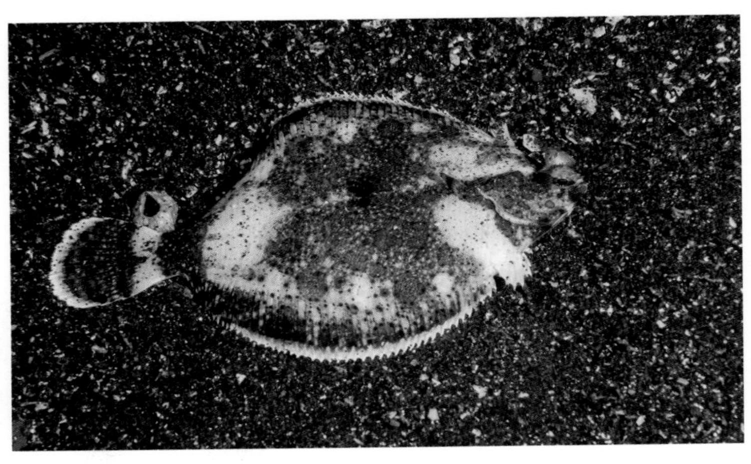

有着少见白色基调体色的木叶鲽。包括木叶鲽在内的鲽鱼可以根据周围沙子的颜色来改变自己的体色。

鲽形目
鳎科栉鳞鳎属

Aseraggodes sp. 一种栉鳞鳎

分布范围：日本相模湾以南的太平洋一侧及山口县以西的日本海一侧至冲绳县　**全长：**6 ~ 10 cm　★★★

1月	2月	3月	4月	5月	6月	7月	8月	9月	10月	11月	12月

0	1	2	3	4	5	6	7	8	9	10	11	12	13	14	15	16	17	18	19	20	21	22	23

产卵高峰期为 6 月至 8 月，产卵在日落后进行。配对产卵，卵为分离浮性卵。求爱在日落后水中完全变暗时进行。但在阴雨天水中非常暗的时候，偶尔我在傍晚就能看到求爱。求爱从雄鱼寻找雌鱼开始，之后雌鱼和雄鱼面向对方，雄鱼用自己的身体覆盖住雌鱼的头部至腮部。然后，雄鱼颤动身体接近雌鱼，这种行为差不多会进行数次。接受雄鱼求爱的雌鱼会稍微抬起上半身，以便雄鱼更容易钻到自己的身体下方。雄鱼钻到雌鱼下方后，两条鱼就这样身体交叠着斜向上游动，上升 50 cm ~ 1m 后产卵。在个体数多的地方，也有一条雄鱼依次和多条雌鱼产卵的情况。

它们对光非常敏感，潜水灯的光太强的话，它们就会停止求爱。使用红光潜水灯（特别是深红光的潜水灯）拍摄效果最好。

这种栉鳞鳎多栖息在沙地旁边的岩礁处。

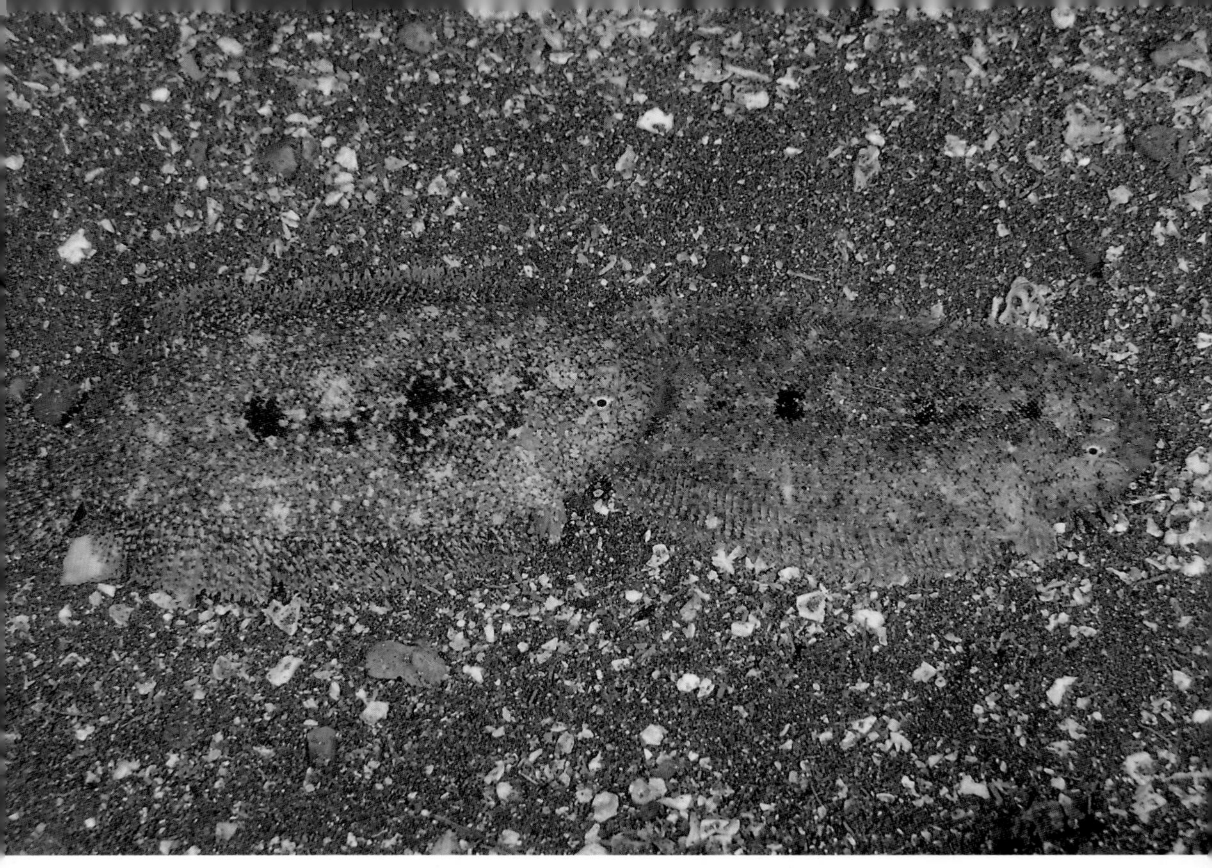

雄鱼（左）一边颤动身体一边接近雌鱼（右），试图覆盖在雌鱼身上。之后两条鱼开始产卵上升。

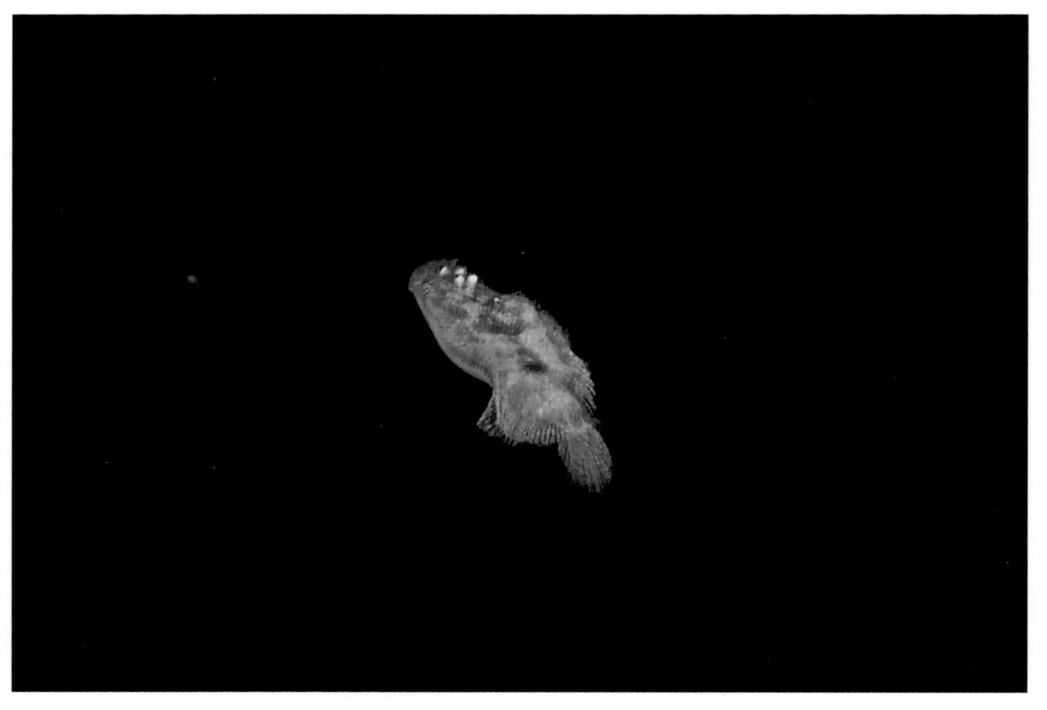

两条鱼身体交叠着上升 50 cm ～ 1 m 后产卵。

观察日记

2002.6.16	大濑崎的湾内　–5 m　水温 18 ℃　我看到一条腹部很鼓的♀，附近就有一条♂。我没有继续观察，它们后来应该产卵了。之后我又看到一对亲鱼。
2002.7.13	大濑崎的湾内　–7 ~ –3 m　我在海底陡坡附近看到很多怀卵的亲鱼，不过为了观察其他物种，我没有看到它们产卵。
2003.6.14	大濑崎的湾内　–5 m　○（大潮）　满潮 18:13　干潮 23:39　傍晚我在海底陡坡下部、岩石缝隙间的沙地处发现一对亲鱼，♂正在积极追逐怀卵的♀。不过由于潜水有时间限制，我放弃了观察。它们应该在当天夜里产卵了。
2003.7.20	大濑崎的湾内左侧　–5 m　水温 21 ℃　弦月 1 天前（中潮）　干潮 15:29　满潮 22:05　图 1　20:10 左右，我在海底陡坡下部的岩石上发现一对亲鱼。♂和♀呈面对面的状态，♂正在颤动身体求爱。之后♂将身体覆盖到了♀的鳃附近。这种行为我看到了数次。之后，♂将身体翻转 180°，从♀的斜后方覆盖上去。两条鱼身体交叠着开始上升，于 20:20 产卵。产卵上升的高度约为 60 cm。卵为分离浮性卵。
2003.8.30	大濑崎的湾内　水温 22 ℃　我看到了数条怀卵的♀，不过繁殖高峰期是不是也快结束了?
2003.9.6	大濑崎的湾内　水温 23 ℃　M 看到了产卵行为。
2004.5.8	大濑崎的湾内　水温 18 ℃　峰水 17:45 在 –6 m 处看到了产卵。
2004.7.17	大濑崎的湾内　–7 m　水温 24 ℃　20:30，我在大濑馆前面沉箱右侧碎石地带的岩石上发现了怀卵的♀。♂就在旁边，正在求爱，但是♀马上游到了相邻的岩石上。20:40，♀游到♂所在的岩石上后，♂靠近并迅速骑到♀头上开始求爱。♂多次骑在♀的头上并扇动鱼鳍求爱。这样重复了几次后，♀将上半身稍微向上抬，♂马上钻到下面托举起♀。两条鱼身体交叠着上升了大概 1 m，20:45 产卵。

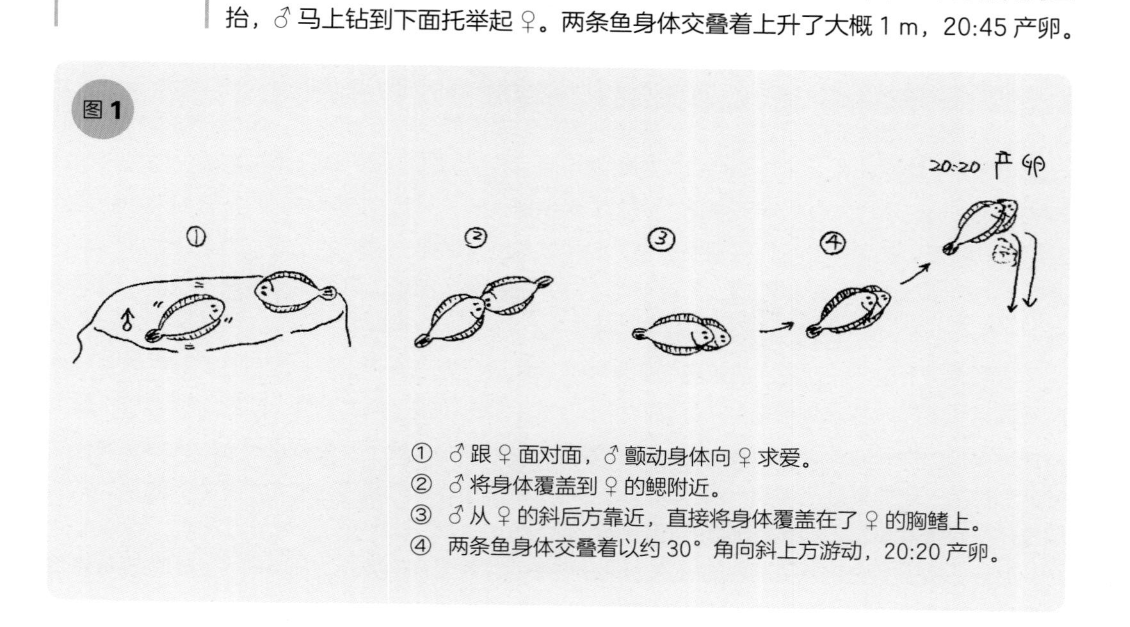

① ♂跟♀面对面，♂颤动身体向♀求爱。
② ♂将身体覆盖到♀的鳃附近。
③ ♂从♀的斜后方靠近，直接将身体覆盖在了♀的胸鳍上。
④ 两条鱼身体交叠着以约 30° 角向斜上方游动，20:20 产卵。

鲀形目
单棘鲀科冠棘单鳞鲀属

Stephanolepis cirrhifer 丝背细鳞鲀

分布范围：日本本州以南至九州、伊豆群岛　**全长：**15 ~ 25 cm　★★★

1月		2月		3月		4月		5月		6月		7月		8月		9月		10月		11月		12月	
0	1	2	3	4	5	6	7	8	9	10	11	12	13	14	15	16	17	18	19	20	21	22	23

产卵高峰期为 5 月至 8 月，几乎都是在白天的固定时间产卵。雄鱼拥有领地，领地内一般有 3 ~ 5 条雌鱼。雄鱼会在领地内巡游，挨个与雌鱼配对产卵。到了繁殖期，雌鱼会在散布岩石、沙袋的沙地上做产卵床。雌鱼会通过从口中喷水的方式来掘沙，乍一看这种行为跟它们在沙地捕食的行为很像。不过，在做产卵床时，它们不会挖得太深，而是会花很长时间来打扫很小的范围及平整产卵床，这和捕食行为有明显区别。如果雄鱼到来时雌鱼没有准备好，雌鱼就会很不高兴地向上游到水体中层。这样的话，雄鱼就会去往下一条雌鱼那里。雌鱼如果做好了准备，就不会逃走，而会继续做产卵床。之后雄鱼就开始求爱。

求爱时，下腹部逐渐变白的雄鱼会绕到雌鱼前面进行侧面展示求爱。雄鱼开始触碰雌鱼身体时就说明快要产卵了。两条鱼会并排面向斜上方水平游一小段距离并产卵，在这个过程中，雌鱼会保持泄殖孔埋在沙子里的状态。之后，多数情况下雄鱼会去往下一条雌鱼那里。而雌鱼会在原地突然倒下，好像累过头死去一般横倒在地，有时甚至在一段时间内一动也不动。然后就那么横着身体开始游来游去，应该是在为产下的卵盖上沙子。

另外，我还能看到繁殖期内的雄鱼之间为争夺领地而展开的争斗。争斗时，它们会追着对方的尾鳍一圈圈地转圈，此时它们体侧的竖条纹变得格外黑。

雄鱼之间的争斗方式是追着对方的尾鳍一圈圈地转圈。

获胜的雄鱼会将输了的雄鱼赶出领地，有时会追出去很远。

做产卵床的雌鱼正在喷水。它会花很长时间仔细掘沙。（高知县柏岛）

雄鱼（右上）靠近正在做产卵床的雌鱼（左下），展开鱼鳍、鼓起胸腹部来求爱。（和歌山县须江）

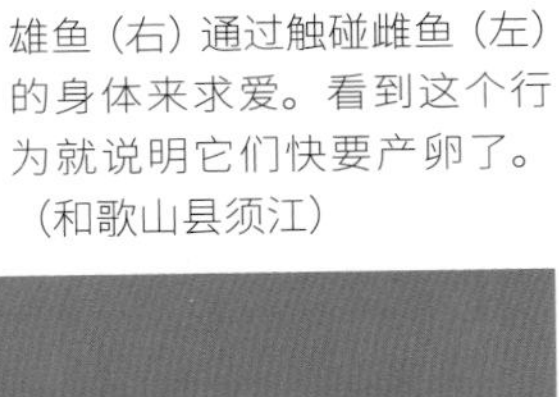

雄鱼（右）通过触碰雌鱼（左）的身体来求爱。看到这个行为就说明它们快要产卵了。（和歌山县须江）

临近产卵时，雌鱼（右）正要排卵，此时雄鱼（左）也倾斜身体准备排精。（和歌山县须江）

产卵结束后，雄鱼朝下一条雌鱼游去，雌鱼则将身体横过来贴近地面。（和歌山县须江）

产卵后，雌鱼突然身体横过来贴近地面，之后以这个姿势游来游去并往卵上扬沙子。（和歌山县须江）

观察日记

2003.6.8	大濑崎的门下　−13 m　水温 21 ℃　弦月（小潮）　干潮 5:57　满潮 11:09 结束对苔海马的观察返回海底陡坡下部时，我发现了应该是正在求爱的一对亲鱼。我听瓜生先生说，丝背细鳞鲀是在沙地上产卵的，所以我没抱希望地继续观察。我看到了♀在岩石上喷水松动沙土的行为。在这期间，♂不停地碰撞♀的腹部，催促♀排卵。7:58，两条鱼依偎着产卵了，产卵用时约 2 秒。产卵后♂离开，♀身体横着在卵上待了约 10 秒钟一动不动。之后，♀在卵上方来回绕圈，以将沙子盖在卵上。这一系列行为和瓜生先生在东伊豆观察到的一模一样。这是我在大濑崎对丝背细鳞鲀的首次观察记录，感谢瓜生先生告诉我这些信息。此外要说明的是，我在东伊豆和西伊豆观察到的产卵床、产卵时间不同，这非常有趣。
2004.5.3	大濑崎的湾内　水温 18 ℃　雨　竹女士 14:00 左右在 −17 m 处看到了产卵。
2004.5.4	大濑崎的湾内左侧　水温 18 ℃　能见度 10 m　雨　10:30，我在潜店曼波附近海堤的 −16 m 处看到了产卵。
2004.5.9	大濑崎的湾内左侧　水温 18 ℃　能见度 10 m　雨　10:53，我在潜店曼波附近海堤的 −16 m 处看到了产卵。在离此处大概 25 m 远的地方同样有亲鱼接连不断地产卵。产卵前 30 分钟，♀就不再大幅度地移动，而是一边进食一边寻找适合产卵的地方。此处的♂拥有 50 m 见方的领地，它会依次到♀身边产卵。
2004.5.15	大濑崎的湾内左侧　水温 17 ℃　晴　能见度 4 m　**图 1** 在潜店曼波附近海堤的 −15.7 m 处，我发现♀正在做甜甜圈状的产卵床。10:30 左右♂出现，♂鼓起胸腹部向♀求爱。但是♀不太有兴致，逃走了。过了 1 ~ 2 分钟，♀回到了原来的地方继续做产卵床。10:40，♂再次出现，这次♀主动上升并靠近♂。♂马上鼓起胸腹部向♀求爱。此时♀嘴巴前端的白色更加鲜明，体色变成棕色。在♀松动沙子的时候，♂触碰♀的腹部催促♀排卵。这种行为我看到好几次。♀在腹部被碰触时像痉挛一样开始快速颤动身体，之后两条鱼在 10:41 产卵了。产卵后♂马上离开了。♀将身体横过来，用鱼鳍往卵上扬沙。

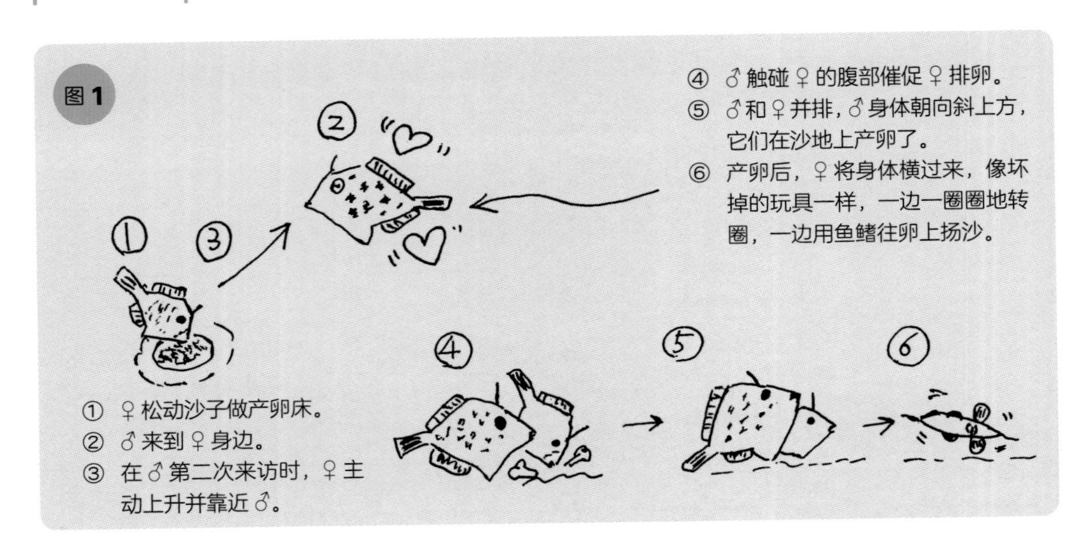

图 1

① ♀松动沙子做产卵床。
② ♂来到♀身边。
③ 在♂第二次来访时，♀主动上升并靠近♂。
④ ♂触碰♀的腹部催促♀排卵。
⑤ ♂和♀并排，♂身体朝向斜上方，它们在沙地上产卵了。
⑥ 产卵后，♀将身体横过来，像坏掉的玩具一样，一边一圈圈地转圈，一边用鱼鳍往卵上扬沙。

	♀快速颤动身体的行为应该是在告诉♂产卵的时机到了。
2004.5.16	大濑崎的湾内左侧　水温18 ℃　雨　能见度3 m　今天的观察地点与昨天相同。我去观察其他♀了，所以跟丢了昨天观察的那条♀。10:55左右，我在−14.8 m处发现了刚刚产下的卵。亲鱼好像是在10:30 ~ 10:55产卵的。产卵好像每天都是在几乎固定的时间段内进行的。
2004.5.22	大濑崎的湾内左侧　水温17 ℃　能见度3 m　观察地点跟上周相同。我在10:00 ~ 11:30进行了观察，但没看到产卵。
2004.6.13	大濑崎的湾内　水温19 ℃　能见度3 m　9:30，Y在海底陡坡下部看到了产卵。
2004.7.25	大濑崎的湾内　水温24 ℃　能见度6 m　11:30，我在湾内中央的海底陡坡下部−17 m处看到♀正在把沙子松动成甜甜圈的形状。♂也在附近待命，并赶走了入侵者。11:45左右，♂触碰♀体侧催促产卵，11:55两条鱼并排产卵了。产卵后，♂没有马上离开而是在♀附近待了2 ~ 3分钟，并有触碰♀体侧的行为。
2005.8.2	大濑崎的大川下　−7 m　水温21 ℃　10:40，我在碎石地带的沙地上发现了应该是刚刚产过卵的♀。

正在产卵的一对亲鱼。沙子被松动过的地方颜色更深。产卵时两条鱼依偎着，雄鱼(左)的位置略微靠上。

丝背细鳞鲀的幼鱼和条石鲷的幼鱼经常一起生活在浮藻中。

鲀形目
单棘鲀科副单角鲀属

日本副单角鲀 *Paramonacanthus japonicus*

分布范围：日本本州中部以南至冲绳县　**全长：**8 ~ 15 cm

1月	2月	3月	4月	5月	6月	7月	8月	9月	10月	11月	12月

0	1	2	3	4	5	6	7	8	9	10	11	12	13	14	15	16	17	18	19	20	21	22	23

产卵高峰期为 6 月至 8 月，在白天配对产卵。它们和丝背细鳞鲀为亲缘种，二者产卵时偏好的环境几乎一样，产卵行为也非常相近。

如果沙地上有不断喷水、几乎不移动的个体，那就是产卵前的雌鱼了。为了使沙土变得松软，方便扬到卵上面，雌鱼会非常细心地喷水来做产卵床。它们的雄鱼拥有比丝背细鳞鲀的雄鱼稍小的领地，会到领地里雌鱼的产卵场巡游。它们领地里雌鱼的数量也比丝背细鳞鲀的少。根据我的观察，基本上领地内会有 1 ~ 2 条雌鱼。只有一次我观察到领地内有 3 条雌鱼，但跟丝背细鳞鲀的相比要少得多。可能是因为跟丝背细鳞鲀相比，它们的个体数较少。到个体数多的地方观察可能又是另外一种状况。

求爱以雄鱼靠近正在做产卵床的雌鱼开始。雄鱼一边靠近雌鱼，一边鼓起胸腹部，然后进行侧面展示求爱。雄鱼触碰雌鱼腹部就说明它们要产卵了。它们的产卵行为跟丝背细鳞鲀的一样，两条鱼并排产卵。

正在通过喷水松动沙土来做产卵床的雌鱼。

雄鱼（右）正在向雌鱼（左）求爱。雄鱼有 2 ～ 3 次将身体横过来的动作，原因不明。（和歌山县日高町）

产卵后雌鱼突然倒地，之后用胸鳍扇动沙子并扬到卵上。（和歌山县日高町）

鲀形目
单棘鲀科粗皮鲀属

Rudarius ercodes 粗皮鲀

分布范围：日本青森县以南的各地　**全长：** 6 ~ 8 cm

1月	2月	3月	4月	5月	6月	7月	8月	9月	10月	11月	12月

0	1	2	3	4	5	6	7	8	9	10	11	12	13	14	15	16	17	18	19	20	21	22	23

产卵高峰期为 6 月中旬至 9 月。在白天配对产卵，会将卵产在海藻上。丝背细鳞鲀和日本副单角鲀产下卵就不管了，粗皮鲀则会守护卵直到孵化。它们的繁殖地点在海藻茂盛处，所以我无法完整地追踪整个繁殖过程，因此对我来说未解之谜还有很多。繁殖模式为一雌多雄的多配制。雄鱼找到准备好产卵的雌鱼后，会以非常快的速度接近。然后，它会像啪地把扇子打开那样，展开尾鳍并将尾鳍向上翘起进行求爱。雄鱼会追逐逃到海藻里的雌鱼积极求爱，它努力的模样十分惹人怜爱。据说有时候能看到数条雄鱼追逐一条雌鱼的“队列”。

它们会在块花柳珊瑚、马尾藻、大叶藻等藻类的根部产卵，具体范围是从海底往上数十厘米的高度，而不会将卵产在高处。产卵后由雌鱼负责护卵、清扫附着在卵上的杂物、抵御外敌等。如果在海藻的根部发现一条粗皮鲀一直不动，那它很有可能是在护卵。如果发现这样的个体，就能观察它护卵的过程了。

雄鱼（下）将尾鳍展开呈扇子状进行求爱。（石川县能登岛）

雌鱼会守护被产在大叶藻上的卵，以及清扫附着在卵上的杂物、抵御外敌等，不辞辛劳地照顾卵直到卵孵化。（石川县能登岛）

卵非常小，附着在海藻上，数日后就会孵化。（石川县能登岛）

鲀形目
四齿鲀科多纪鲀属

Takifugu niphobles 星点多纪鲀

分布范围：日本青森县至冲绳县、伊豆群岛　**全长：**16 ~ 25 cm

1月	2月	3月	4月	5月	6月	7月	8月	9月	10月	11月	12月

0	1	2	3	4	5	6	7	8	9	10	11	12	13	14	15	16	17	18	19	20	21	22	23

产卵高峰期为 6 月至 8 月。产卵在新月和满月的大潮时分进行，根据地区有所不同，大潮的前后 3 天是产卵最高峰。从时间段上看，产卵多发生在 16:00 ~ 18:00。另外，因西侧有山，太阳的阴影出现得更早，因此有些地方产卵从 15:30 左右就开始了。反过来说，在距离西侧开阔的、夕照强烈的海岸越近的地方，产卵开始时间就越晚，越接近 18:00。产卵多在海岸边进行，偶尔也会在水中进行。它们喜欢在人烟稀少的海岸、沙子较粗的沙滩或沙砾多的海岸产卵，有时也会在碎石较多的海岸上产卵。此外，产卵地最好是一直保持湿润或是附近有少量淡水流动的地方，或是附近有从沙滩等处突出的小岬角或岩礁丛。

13:00 左右鱼群开始变大，在离被作为产卵地的海岸数十米的远海处游动，游动时与海岸线保持平行。游动的距离很长，有时可达数百米。然后从 15:00 左右开始，鱼群会分成由数十条至数百条小鱼组成的“侦察部队”和由数千条鱼组成的“大部队”。“侦察部队”中的鱼或将眼睛从水面露出一瞬间，或在海浪的顶部乘着海浪游动，通过浮窥观察陆地的情况。此时如果陆地上有人长时间动来动去，它们就会转移到僻静的“第二候补地”产卵，所以需要注意。临近产卵时，“大部队”会聚集在产卵的海岸处，并表现得非常活跃。此时，像我在前文提到的小岬角或岩礁丛等应该会被它们认作标志物，鱼群会以此标志物为基点活动，雄鱼还有啃咬雌鱼身体的行为。

产卵前的“侦察部队”。它们会在产卵地周围成群游动——这是在放哨。（静冈县川奈）

“侦察部队”中的鱼浮窥时会利用海浪与海岸线保持平行。（静冈县川奈）

乘着海浪来到岸边的星点多纪鲀开始产卵。产卵在 30 分钟左右完成。（静冈县川奈）

雌鱼正在排卵。排下的卵会在这里受精，之后会通过海浪回到海中。（静冈县川奈）

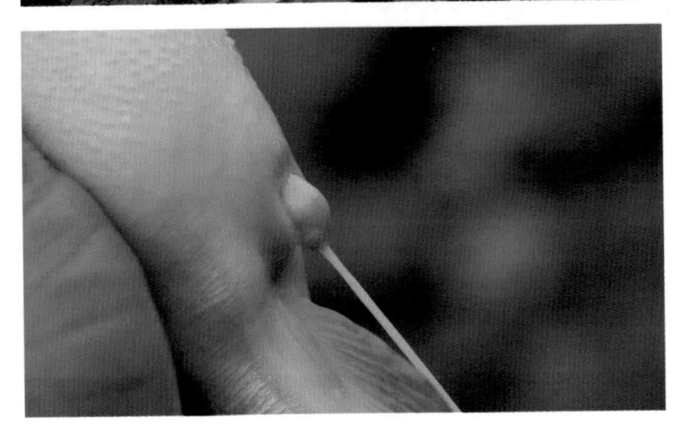

雄鱼正在排精。繁殖时，雌鱼面对的是 50 ～ 100 条雄鱼对一条雌鱼的严峻环境。（静冈县川奈）

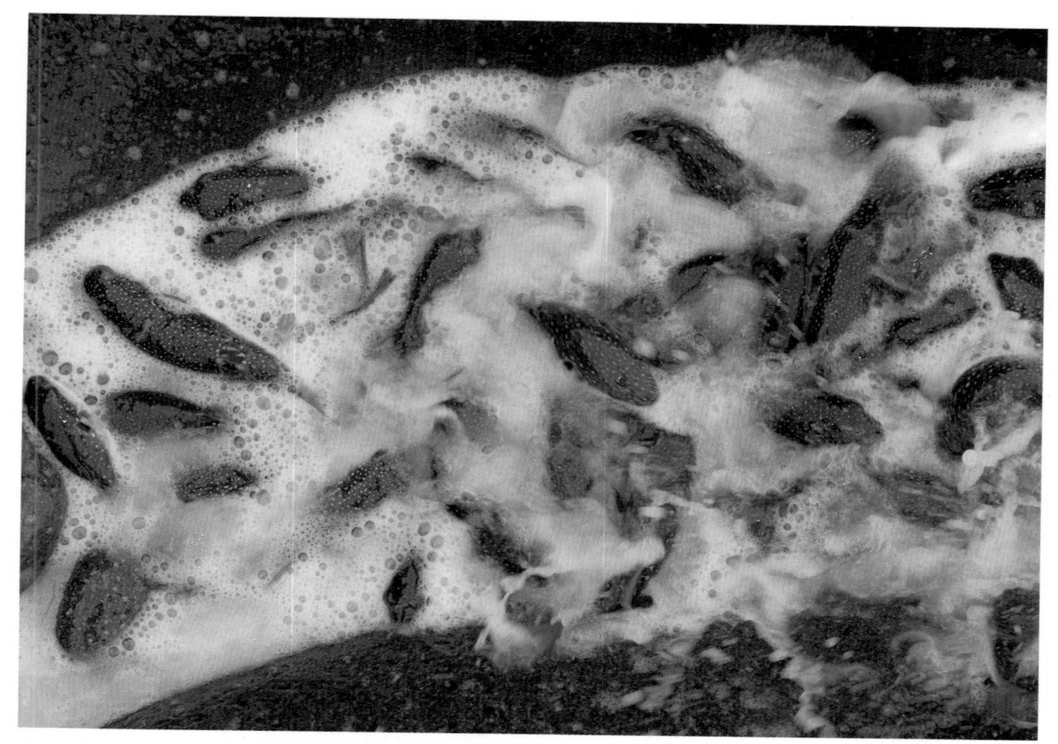

产卵开始后，雄鱼的精子会多到把附近的水面染得混浊。（静冈县川奈）

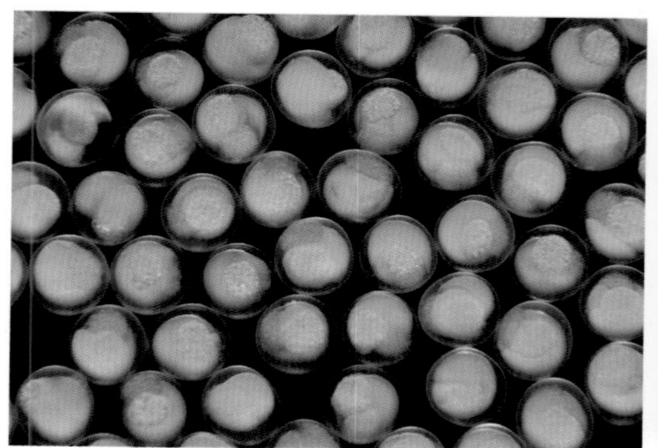

刚刚被产下的卵。

被产下后第 3 天的卵。

被产下后第 4 天的卵。

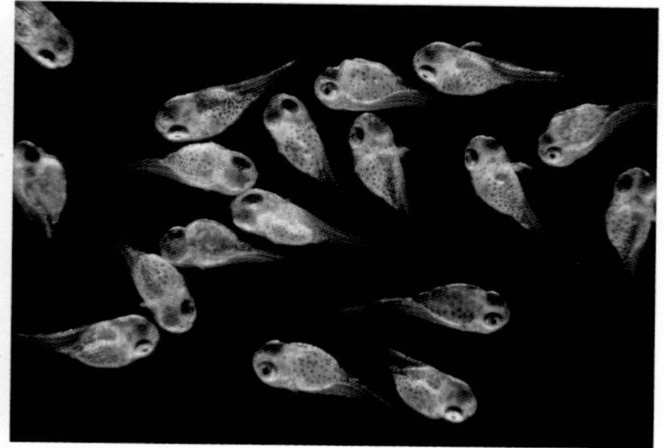

卵被产下后第 5 天就孵化了。

即使海浪退去被留在岸上，星点多纪鲀也能坚持将近 10 分钟。所以不用担心，它们会乘着接下来几次的海浪再回到水中。（静冈县川奈）

观察日记

2002.5.23	山口县光市　山本先生看到了产卵。视线范围内就有数千条。日本的星点多纪鲀分布地区中，光市应该是产卵个体数最多的地方了。
2002.5.24	神奈川县的观音崎、油壶海岸、荒崎海岸　荒崎海岸风景很好，能为亲鱼提供较好产卵条件的海湾很多，因此我很难确定具体的产卵地，于是我前往油壶海岸的新井浜观察。我在岸上看到了十几个个体，但没有观察到产卵行为。今天早些时候，我在岸边绕来绕去时被它们的“侦察部队”发现了，所以它们不会在这个地方产卵了。在它们产卵前的几个小时内，应注意不要靠近岸边。
2002.6.30	油壶海岸的长井浜　○ 5 天后（中潮）　干潮 14:30　满潮 21:30　我 17:30 开始观察，在距离岸边 8 m 的位置等待。据先来的人说，17:05 左右他们在水下大概 10 cm 的地方看到了产卵，但后来直到 18:00 几乎什么都没看到。不过从 18:30 开始，我在沙滩上看到了数十个个体的小规模产卵。产卵的多为小型个体。我在岸边看到了很多♂，但完整的产卵行为只看到 10 次。一旦亲鱼开始产卵，海水就会因♂排精而变白、变混浊。在亲鱼产卵时，如果有人靠近，它们就会停止产卵。
2002.7.27	三浦半岛、荒崎海岸　○ 4 天后（中潮）　我 17:30 开始观察，但没看到产卵。
2002.8.3	大濑崎的湾内左侧　−1 m　水温 27 ℃　这个时间还能看到怀卵的♀。

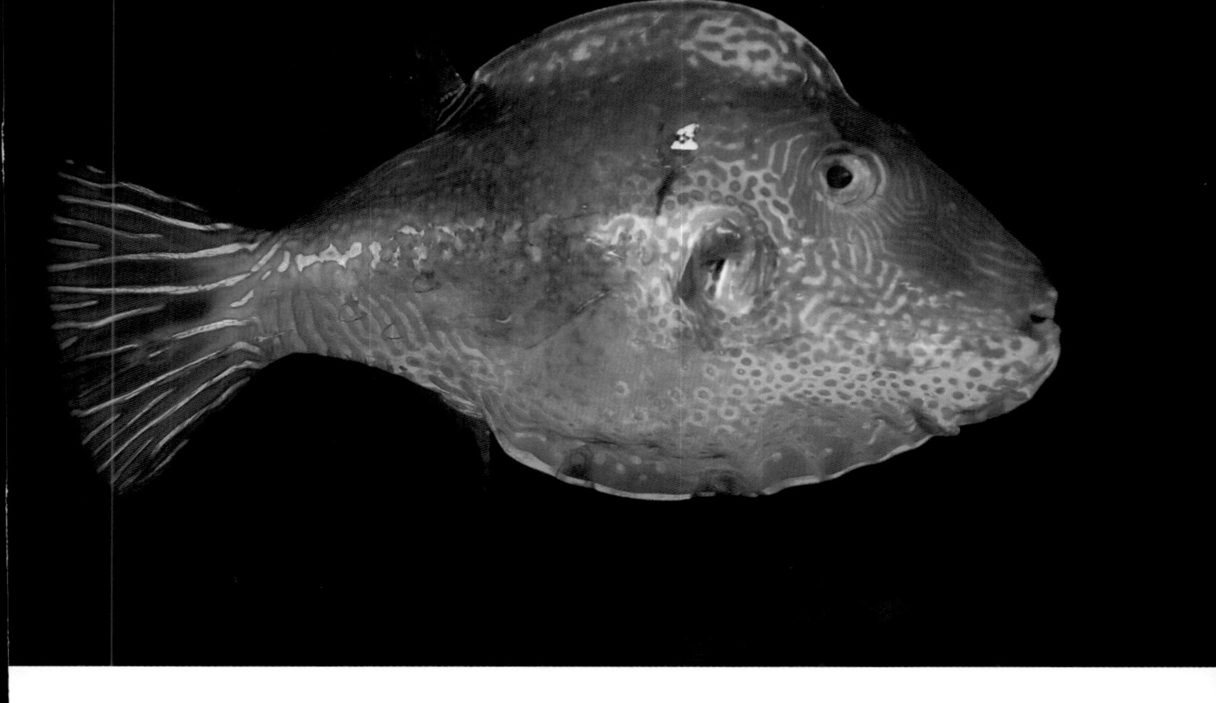

鲀形目

四齿鲀科扁背鲀属

Canthigaster rivulata 水纹扁背鲀

分布范围：日本千叶县以南的太平洋沿岸、伊豆群岛、本州中部以西的日本海沿岸、冲绳县　**全长：**5 ~ 15 cm

1月 2月 3月 4月 5月 6月 7月 8月 9月 10月 11月 12月

0 1 2 3 4 5 6 7 8 9 10 11 12 13 14 15 16 17 18 19 20 21 22 23

产卵高峰期为 6 月至 8 月。配对产卵，时间集中在 9:00 之后至 14:00 之前。雄鱼拥有宽阔的领地，其中散布着雌鱼的产卵场。进入繁殖期的雌鱼会啄下附在岩石上的低矮海藻来做产卵床。此时的雌鱼几乎不动，但在啄海藻的时候它们会移动，因此可以分辨出来。没做好产卵准备的雌鱼在雄鱼靠近时会游到水体中层，这时雄鱼会绕着雌鱼游一会儿，然后朝下一条雌鱼游去。而做好产卵准备的雌鱼在雄鱼靠近时不会游到水体中层，而是继续做产卵床。雄鱼会背部隆起呈三角形，跟在雌鱼身后，最后触碰雌鱼的腹部来求爱。这种行为很常见。如果雌鱼停止做产卵床，将泄殖孔抵在海藻的根部“扭来扭去”，雄鱼就会与雌鱼呈首尾相对状态，然后产卵。

繁殖期雄鱼之间的争斗行为也很值得观察。瞄准领地来挑战的雄鱼如果跟领地雄鱼实力差距较大，就会改变体色；如果二者势均力敌，就能看到一场动人心魄的有威吓和撕咬行为的较量。

水纹扁背鲀因抢食鱼饵而不受钓鱼者欢迎。

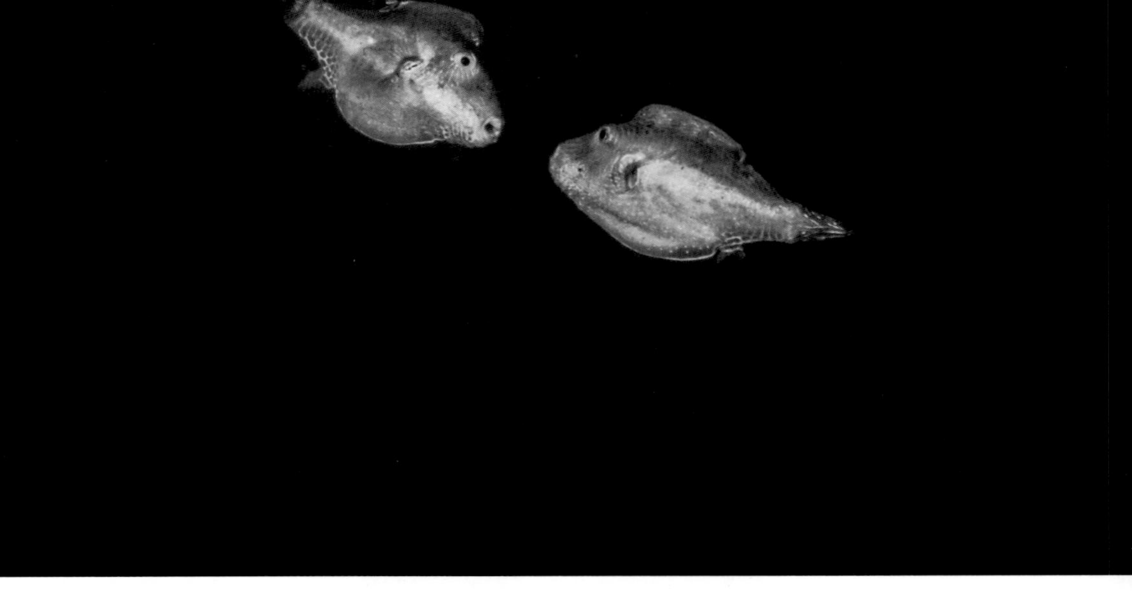

雄鱼之间会为争夺领地展开争斗，此时它们的身体会出现蓝色花纹，非常漂亮。

雄鱼（左下）靠近做好产卵准备的雌鱼（右上）。此时雄鱼背部隆起呈三角形。

雄鱼触碰前面的雌鱼来求爱。雌鱼正专心致志地用嘴啄用来做产卵床的小型海藻。

临近产卵时，雌鱼（右）会努力做产卵床。在此期间，雄鱼（左）一会儿触碰雌鱼身体，一会儿靠在雌鱼旁边。

产卵的瞬间。雌鱼和雄鱼呈首尾相对状态。产卵结束后，雄鱼就会去寻找下一条雌鱼。

准备在海藻中间位置产卵的一对亲鱼。但最后它们并没有在这个地方产卵。

观察日记

2000.8.5　大濑崎的湾内中央　−23 m　我看到了求爱行为。

2003.6.7　大濑崎的湾内　水温 21 ℃　湾内随处可见求爱行为。

2004.7.18　大濑崎的一本松　−2.7 m　水温 23 ℃　图1　8:45 左右，我发现一条♀正在啄岩石上低矮海藻的根部来做产卵床。在离♀非常近的地方发现了♂。♀在啄海藻根部的时候，♂微微“驼背”并触碰♀的身体。这个行为应该是在催促♀排卵。9:00 左右，♀和♂先是头对头，之后呈首尾相对状态在海藻根部产卵了。产卵后♂马上离开了，而♀留在原地扇动着胸鳍、臀鳍在卵附近转圈游动——这种行为跟丝背细鳞鲀在产卵后往卵上扬沙的行为类似。我曾看到过在湾内浅水区（水深不到 2 m）的海藻上配对产卵的水纹扁背鲀。

2005.8.2　大濑崎的大川下　−7 m　水温 21 ℃　10:45 左右，在礁石和沙地的交界处，我发现了正在啄低矮海藻的♀和靠在旁边的♂，它们就在一大块岩石的中间位置（45° 左右的斜面）。在产卵床上方大概 2 m 处有其他个体（应该是♂）接近，亲鱼中的♂立马离开♀开始追赶入侵者，一直追到看不到入侵者身影的地方。♂把入侵者赶走后，马上回到了♀身边。这种行为在亲鱼产卵前我看到了好几次。从我发现它们的 10 分钟内，为选择适合做产卵床的地点，♀啄了好几处海藻，一直到产卵前 5 分钟好像才选好了地点，专心在一个地方啄海藻了。到了这个时候，♂开始积极地触碰♀的腹部。11:02，♀和♂首尾相对产卵了。产卵后，♂触碰♀的身体将♀从产卵床附近赶走了。♂自己也离开了，去了浅水区。

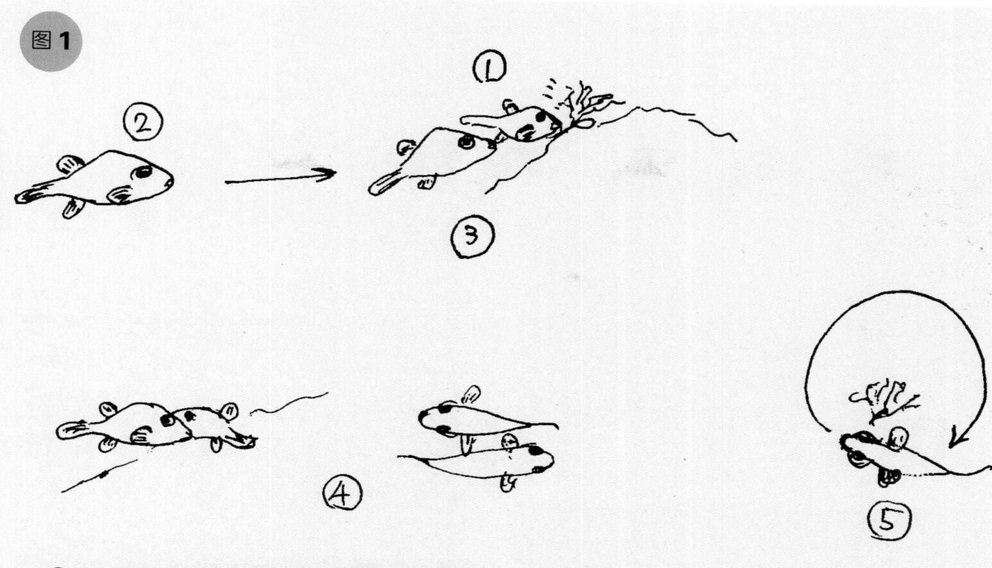

① ♀啄岩石上低矮海藻的根部来做产卵床。
② 正在巡游的♂向♀靠近。
③ ♂向♀求爱。此时♂背部隆起呈三角形，并触碰♀的身体催促♀排卵。
④ ♀和♂先头对头，之后呈首尾相对状态产卵了。
⑤ 产卵后，♀围着卵转来转去。

水纹扁背鲀不可思议的毒性

水纹扁背鲀的日语名是“北枕”①，给人一种毒性很强的印象，但实际上它们在鲀类中不算毒性强的。它们的皮肤虽然有剧毒，但其他部位是弱毒或无毒的。可能是因为它们的婚姻色偶尔会让人看起来毒性很强，所以才有了这样一个名字吧。水纹扁背鲀的皮肤毒素能够有效防御捕食者。如果只是具有“吃了才会致死”的毒，那么水纹扁背鲀也会因为被吃掉而死亡，这种毒对生物来说就没有防御效果。但如果具有只要被咬一口就立马能使捕食者吐出来的皮肤毒素，即使自己会受到伤害，这种毒素仍然有助于生物生存。不过，水纹扁背鲀的皮肤毒素不知为何好像只对狗母鱼不管用，在水中经常能看见水纹扁背鲀被狗母鱼捕食的场景。是不是狗母鱼能够抵抗水纹扁背鲀的毒素呢？

捕获了水纹扁背鲀的肩斑狗母鱼。为了不被吞掉，水纹扁背鲀会使身体膨胀以此抗衡。即使环纹蓑鲉或鲬类捕捉到水纹扁背鲀，最终也不会将其吃掉，只有狗母鱼会吃掉水纹扁背鲀。真是太不可思议了！

① 北枕即头枕北方，一般逝者停灵时头朝北方，因此被认为有不吉之意，遭人忌讳。——译者注

好似繁花的婚姻色

轴扁背鲀

鼓起腹部正要求爱的雄鱼。

产卵前，雄鱼（右）触碰雌鱼（左）的身体。

在高知县柏岛，我目击了轴扁背鲀的求爱行为。这一页的照片都是在 6 月拍摄的，对照亲缘种的水纹扁背鲀的产卵期，可以猜想轴扁背鲀的产卵期应该在夏天。产卵是在白天配对进行的。照片中这条领地雄鱼的巡游直径约有 50 m。途中，这条领地雄鱼遇到了其他小型个体（可能是雄鱼），并向其靠近。在看到领地雄鱼的身影后，小型个体马上回到了海底。领地雄鱼为了寻找雌鱼也游走了。当领地内有势均力敌的雄鱼时就会发生争斗。轴扁背鲀的雌鱼选择产卵床的地点以及做产卵床的方法等都跟水纹扁背鲀的非常相似。也就是说，雌鱼会用嘴啄岩石上面生长的低矮海藻，使海藻松散开来。雄鱼的求爱也跟水纹扁背鲀的相似，在雌鱼做产卵床的时候配合着雌鱼的动作来求爱。然后雄鱼触碰雌鱼的身体催促产卵。最让我惊讶的是它们的体色：雄鱼的体色会变得异常鲜艳；而雌鱼的体色跟平时相比棕色会变深，整体也会变得更加鲜艳。

雌鱼（近处）正在做产卵床，雄鱼（远处）不离雌鱼片刻。（这一页的 3 张照片均摄于高知县柏岛）

多种多样的繁殖方式

鲨鱼

鲨鱼和鳐鱼虽然是软骨鱼，但它们的繁殖跟硬骨鱼中的褐菖鲉等一样，也是通过交配在体内受精。雄鱼腹鳍的一部分就是交配器（鳍脚），以此就能辨别雌雄。另外，鲨鱼和鳐鱼多数都是胎生。特别是鲨鱼，繁殖方式实在是多种多样：有胎仔在母体内通过吸收卵黄的营养成长的（如鲸鲨），有胎仔通过胎盘从母体内获取营养成长的（如双髻鲨），还有胎仔通过摄食母体子宫内未受精的营养卵甚至是受精卵来获取营养的（如噬人鲨、锥齿鲨等）。

卵生的鲨鱼很少，只有虎鲨、猫鲨、斑竹鲨等体形较小的底栖鲨鱼以卵生的方式繁殖。其中，潜水者熟知的宽纹虎鲨和阴影绒毛鲨都会产卵，然后让卵沉入海底。宽纹虎鲨的卵在岩石缝隙等处成熟。阴影绒毛鲨的卵有线状附属物，会缠在海藻等处成熟。从产卵到孵化受水温影响，大概需要半年到一年时间。虽然有机会看到海底的卵或刚出生的稚鱼，但由于宽纹虎鲨和阴影绒毛鲨都是夜行性动物，所以很遗憾，我没有找到观察它们交配或产卵的机会。

宽纹虎鲨白天多在海底的岩石背阴处等地方睡觉。(和歌山县须江)

宽纹虎鲨的卵呈圆锥状，有螺旋状褶皱。（摄影：中村宏治）

阴影绒毛鲨的卵。被打到海岸上的卵鞘被称为“人鱼的钱包”。（摄影：中村宏治）

枪形目
枪乌贼科拟乌贼属

莱氏拟乌贼 *Sepioteuthis lessoniana*

分布范围：日本本州中部以南的日本西南部沿岸　**全长：**20 ~ 35 cm

★★★

1月		2月		3月		4月		5月		6月		7月		8月		9月		10月		11月		12月	
0	1	2	3	4	5	6	7	8	9	10	11	12	13	14	15	16	17	18	19	20	21	22	23

产卵高峰期为 5 月至 7 月，产卵在白天进行。大部分个体都在水温保持在 15 ℃这段时间的后半段开始出现繁殖行为，水温达到 16 ℃以上繁殖行为将变得活跃。自然状态下，在 5 月至 6 月的产卵初期，它们会在大概 −5 m 处的海藻茂盛处产卵。6 月以后，水温会上升。到了梅雨季节，它们会转移到更深处产卵，大概在 −12 m 处。然后到了盛夏，它们会移向更深的地方，大概 −18 m 处，将卵产在柳珊瑚等处。另外，在河川入海的海湾深处等地，从初夏开始受雨水的影响，这里的海水盐分浓度会降低，产卵也会因此结束。在雨水多的年份，它们有时也在初秋产卵。

产卵行为在白天最活跃，清早或傍晚不活跃。并且，水下能见度越高，产卵行为越活跃。特别是有很多潜水者造访的地方，水下能见度较高，也容易接近它们。它们的眼睛非常发达，当我们为了拍摄游向产卵床时，它们很快注意到了我们。因为我们是从较浅处接近产卵床的，所以它们能够清晰地看到我们。于是它们会暂时离开产卵床，接着会有一两个“侦察部队”的成员从我们的身后靠近产卵床来确认情况。此时如果我们离产卵床太近，或在产卵床上方游动，之后的大部队就基本上不会来这里产卵了。“侦察部队”成员在确认好情况后就会暂时离开，接着雌性就会出现在产卵床附近。此时“侦察部队”成员也会在产卵床附近游来游去，确认安全后就会召唤大部队来产卵。产卵时，在离产卵床较远的地方也可以观察到交配的个体或正在争斗的雄性。

过了产卵期中期后，雌性莱氏拟乌贼的数量会变少，因此雄性之间为了争夺雌性而展开的争斗会变多。

莱氏拟乌贼的争斗以上下挤压的形式展开。最终好像是夺取上方的一方获胜。（和歌山县须江）

莱氏拟乌贼交配时，雌性（远处）腹部侧面会变透明，仿佛要向雄性（近处）展示自己的卵巢一般。雄性从下方靠近雌性，此时雄性的背部稍微变得透明，以便雌性看到精巢。然后雄性会将两条腕缠到雌性的腕上，开始交配。雄性会将交接腕伸到雌性体内。

聚集到产卵床的一对莱氏拟乌贼（下面的两只）。下面的是雌性，它身体发白的部分是卵巢。上面的雄性背部的精巢隐约可见。可以调控身体透明度的它们，会通过给对方看自己的身体内部来展示性魅力。

莱氏拟乌贼会到布置好的产卵床产卵。因为产卵地点以及海藻和珊瑚的形状不同，聚集到产卵床的个体数量也不同。

莱氏拟乌贼基本上是雌雄配对交配，但有时入侵雄性也会横插一脚。

产卵期前期，较浅海域的大叶藻对莱氏拟乌贼来说是很好的产卵床，但是附近好像必须有大块岩石等标志物。

产卵期前期至中期，莱氏拟乌贼最合适的产卵床是马尾藻。

快到夏天时，莱氏拟乌贼会转移到水温稍低的深水区产卵。柳珊瑚是莱氏拟乌贼在产卵期后期最喜欢的产卵床。

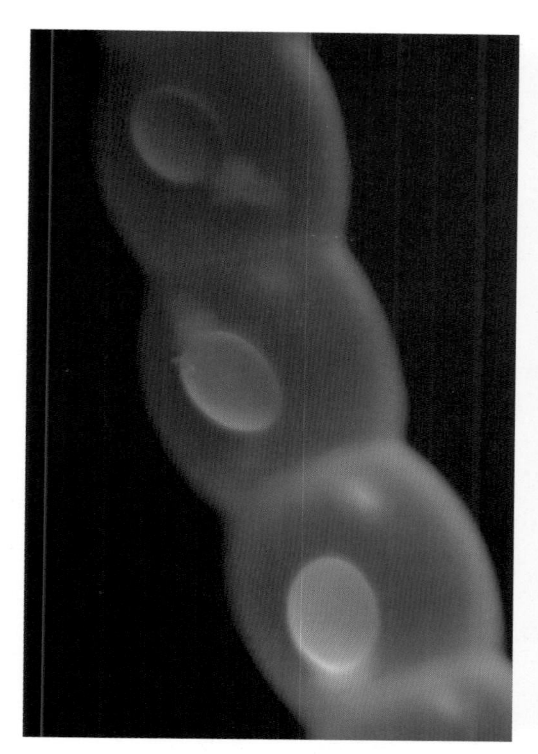

刚刚产下的卵。这些卵会在几分钟内吸水变大。

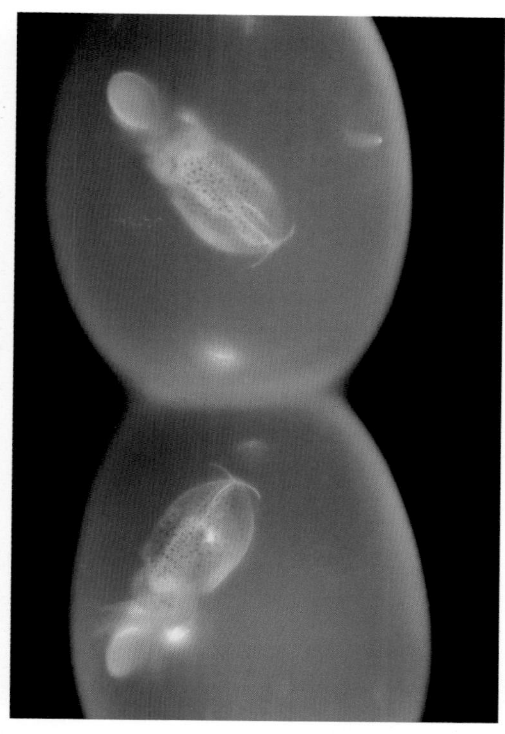

被产下后第 25 天的卵。卵中已经出现了乌贼的形状，马上就要孵化了。

孵化出的稚乌贼。孵化在日落后进行。（照片是在水槽中拍摄的）

这只稚乌贼躯干长约 7 mm，在稚乌贼里算大的。此时它已经可以吐墨了。（照片是在水槽中拍摄的）

乌贼目
乌贼科乌贼属

Sepia latimanus 白斑乌贼

分布范围：日本纪伊半岛以南至冲绳县　**全长：**30 ~ 50 cm

1月	2月	3月	4月	5月	6月	7月	8月	9月	10月	11月	12月

0	1	2	3	4	5	6	7	8	9	10	11	12	13	14	15	16	17	18	19	20	21	22	23

产卵高峰期为 3 月至 6 月上旬。在白天配好对，卵被产在滨珊瑚等枝干茂密、体形较大的珊瑚上。环境好的珊瑚上会聚集很多配好对的个体，除此之外还有很多入侵雄性。为了不让入侵雄性抢走雌性，配好对的雄性会紧紧跟随并守护雌性。繁殖行为由雌性乌贼主导，雄性追随其后。如果雌性向着入侵雄性游去，配好对的雄性就会马上把路堵死来阻止雌性。个头大、力量强的入侵雄性为了争夺雌性，会向配好对的雄性发起挑战。争斗时两只乌贼并排，微微将身体朝向对方，纵向伸展身体。取得优势位置或接近对方并压过对方时，好像就分出胜负了。在和入侵雄性的争斗中，配好对的雄性会将背部的一半变成黑色来威吓对手，而面向雌性的那一半身体则会变成白色。有趣的是，入侵雄性之间为争夺第二名、第三名而进行的争斗也很多，它们会在配好对的个体附近开战，把整个背部都变成黑白分明的花纹来互相威吓。

雌性会在产卵床附近将卵从体内转移到腕中。此时它们会将腕卷起来形成独特的姿势，因此易于分辨。腕中的卵会立马被产在珊瑚上。在此期间，雄性不会帮忙，而是贴近雌性防范其他雄性入侵。产卵会给雌性带来体力上的挑战，产卵数次后雌性就会休息一会儿，但对雄性来说，此时正是交配的机会。交配时雄性和雌性会面对面，腕互相缠绕，就像扭在一起一样。

为了争夺远处已配好对的一对乌贼中的雌性，位于近处的两只入侵雄性正在争斗。（第 250 ～ 255 页照片全部拍摄于冲绳县西表岛）

雄性白斑乌贼通常改变背部一半的体色来威吓对手。这张照片中的白斑乌贼改变了它背部后半部分的体色，来威吓长时间跟随着它的我。

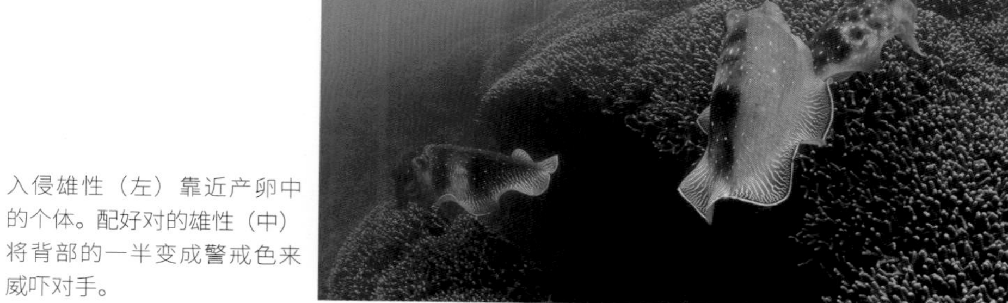

入侵雄性（左）靠近产卵中的个体。配好对的雄性（中）将背部的一半变成警戒色来威吓对手。

争斗中的雄性会将身体变成有黑白条纹的样子，伸展腕并上下伸展身体来威吓对手。

白斑乌贼交配时，雄性（右）会与雌性（左）面对面。

白斑乌贼交配时会结结实实地抱在一起，并且这种状态会持续一段时间。

产卵中的个体。雌性（下）会慎重地选择产卵地点，将卵产在珊瑚深处。

卵被一粒一粒地产在珊瑚枝之间，卵的直径为 2 ～ 3 cm。

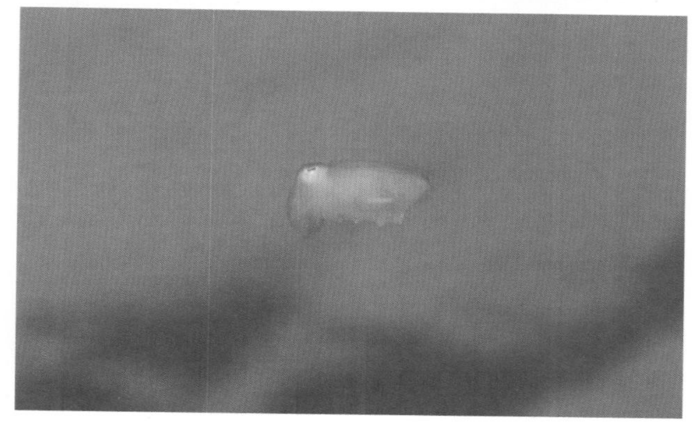

刚刚孵化的稚乌贼。外形和亲代一样，胴长为 1 ～ 1.5 cm。

种类不同，繁殖方式也不同

贝类

正在产卵的长吻龟螺。（摄影：樱井季己）

贝类有腹足类、双壳类等类群，繁殖方式也各式各样。腹足类中有的种类会在交配后将卵产在产卵床上，有的种类会在体外受精。贝类一般不会将卵产在岩石缝隙深处那样的产卵床上，而倾向于将卵产在水流活跃处的石头上。栖息在柳珊瑚和软珊瑚上的卵梭螺有覆盖贝壳的外套膜，十分美丽，受人喜爱。卵梭螺会将卵产在自己生活的珊瑚上，因此如果发现了卵梭螺，你可以尝试仔细观察它所处珊瑚的枝干或表面，极有可能发现它的卵。另外，像右下图中这种拉丁学名为 *Omphalius pfeifferi pfeifferi* 的马蹄螺（属于体外受精的贝类），其产卵会受潮汐影响。大潮时产卵的马蹄螺个体最多，潮流涌向外海时就可以看到。顺便一提，双壳类的繁殖方式基本上都是体外受精。

很受潜水者欢迎的海蛞蝓，如果两只相遇，那么它们交配的可能性就很高。不同种类的海蛞蝓产卵高峰期不同，一般应该在冬天至初夏产卵。但是，如果是成群的海蛞蝓，我们就无法确定是否所有的个体都会在这段时间内交配和产卵。海蛞蝓的交配虽然跟潮汐、月龄没有关系，但幼体的孵化应该会受到水流等因素的影响。

正在交配的 *Goniobranchus hintuanensis*（一种海蛞蝓）。

正在产卵的 *Kelletia lischkei*（一种峨螺）。（摄影：樱井季己）

正在产卵的 *Omphalius pfeifferi pfeifferi*。

繁殖过程中可以感知环境变化

棘皮动物

海参、海胆、海星等棘皮动物一般是体外受精的。从过去的数据和记录来看，它们多在大潮时产卵。但是，如果大潮时有暴风雨，它们就会在大潮前后产卵。特别是大潮时受台风等影响风暴骤降的时候，它们就会在之后的小潮时产卵。据我观察，珊瑚产卵时也会出现这样的现象。这可能是它们规避风险的一种方式吧——它们可以感知水流的大小和方向变化，从而保证自身顺利产卵以及幼体的安全。

我们知道，海参和海胆会受到水温或水质变化等的刺激而产卵。现在，在海参的种苗生产中，人们已经开始使用海参自身产生的促进产卵的物质——神经肽（Cubifrin，因海参在排卵时有甩头动作而得名）了，以前还是通过使水槽的水温极速上升来促使海参产卵的。这可能是因为海参可以通过多种方式来感知环境的变化，从而可以选择更好的繁殖条件吧。我们还知道，生活在同一个区域的棘皮动物会在同一天内同步产卵。为何它们可以做到这一点？棘皮动物的繁殖还有很多未解之谜。

Stichopus naso（一种刺参）正翘起身体排精。

正在排精的光棘球海胆。跟平时不同，为了排精，它们在白天就陆续来到了岩石上。（积丹半岛幌武意）

正在排卵、排精的中间球海胆。中间球海胆上面的白色物质是精子，黄色物质是卵。（知床半岛罗臼）

十足目
相手蟹科螳臂蟹属

Chiromantes haematocheir **红螯螳臂蟹**

分布范围：日本岩手县以南的太平洋一侧、秋田县以南的日本海一侧至鹿儿岛县（奄美群岛除外） **甲宽：**3.5 cm ★

1月	2月	3月	4月	5月	6月	7月	8月	9月	10月	11月	12月

0	1	2	3	4	5	6	7	8	9	10	11	12	13	14	15	16	17	18	19	20	21	22	23

产仔期为 6 月下旬至 9 月，其中高峰期为 7 月至 8 月。大潮的傍晚到日落不久后这段时间内产仔的最多，再晚些时候（20:00 左右）就结束了。新月和满月时产仔个体数差异不大，但还是新月时更多。抱卵的雌蟹傍晚就会从森林里出来，谨慎地挑选产仔地点。它们大多喜欢海岸处石头较多的能立住脚的地方，也有一些个体会选择波浪稳定的内湾，从海滩上直接进入海水中产仔。从森林里出来的雌蟹会在海岸附近植物茂密处的边缘等待产仔的合适时机。此时我如果发出较大声响走来走去，或用闪光灯连拍，或用强光照射，它们就会退回植物丛中，甚至会改变产仔地点。

等到天色稍稍变暗后，抱卵的雌蟹就会缓缓地从植物丛向海滩移动。此时它们非常敏感，因此它们动我也动，它们停下来我也停下来，就像在玩"123 木头人"一样。只要到了海滩上，即使打开闪光灯也没有关系，但还是应该避免猛地将光照上去。到达海滩的雌蟹会先让身体沾一下水，不产仔就回来。这应该是为了把卵沾湿以便卵能够顺利孵化。然后它们会再次来到海滩并进入海水中，当它们停止动作时，产仔就开始了。当它们将身体向前向后"咔、咔"移动的时候，就会释放同时孵化的溞状幼虫。结束产仔的雌蟹会清洗自己的腹部，然后从海水中回到森林中。不过，有的雄蟹也会瞄准这个时机交配，所以我也能看到产仔后的交配。

2008 年，栖息在奄美群岛和冲绳县的红螯螳臂蟹被作为单独的物种——琉球螳臂蟹，从原先的类群——红螯螳臂蟹中独立了出来，不过它们的产仔行为应该是类似的。

红螯螳臂蟹的栖息环境。它们平时栖息在森林里，比较喜欢潮湿的、有河道的地方。（第258~263页的照片均摄于神奈川县小纲代，其中红螯螳臂蟹的照片在小纲代森林滩涂保护会的协助下拍摄）

到了傍晚，从森林里出来的雌蟹会谨慎地向海滩移动。

在海滩上，体形更大、力量更强的天津厚蟹会捕食抱卵的雌性红螯螳臂蟹。

为产仔而聚集到海边的雌蟹。

抱卵的雌蟹先来到海滩上用海水把卵沾湿。

沾湿卵后，雌蟹会先从海滩回到森林，然后又马上前往海滩，进入海水中产仔。

雌蟹正在产仔。被放出来的溞状幼虫呈细小的颗粒状。产仔的同时，其他鱼类的幼鱼会聚集过来捕食被放出来的红螯螳臂蟹的幼体。生存的严峻考验从此刻就已开始。

有的雌蟹会将身体完全浸入水中产仔。后面闪着银光的是来捕食红螯螳臂蟹幼体的幼鱼。

等候多时的雄蟹（上）在逮到结束产仔的雌蟹（下）后，就会与其交配。雌蟹在一个繁殖季内会产仔 2 ～ 3 次。

从雄蟹逮到雌蟹到交配所花费的时间每次都不一样，有时候时间很长，这会导致它们鳃内的水分逐渐减少，于是它们就会吐出泡沫。

十足目
梭子蟹科蟳属

Charybdis natator **善泳蟳**

分布范围：日本相模湾至纪伊半岛、高知县、鹿儿岛县　**甲宽：** 5 ~ 7 cm　★★☆

1月	2月	3月	4月	5月	6月	7月	8月	9月	10月	11月	12月

0	1	2	3	4	5	6	7	8	9	10	11	12	13	14	15	16	17	18	19	20	21	22	23

产仔高峰期为 5 月至 8 月，产仔在日落后在岩礁带进行。产仔时，雌蟹会向岩石顶附近爬去。所以在日落后潜水时，如果你在大岩石顶附近发现抱卵的雌蟹并且看到卵发黑，看到产仔的可能性就很大了。此外，如果你看到从岩石下面向岩石上爬的个体，或看到在岩石顶附近好像马上要跳下来的个体，也需要特别注意，它们很可能也即将产仔。到达岩石顶附近后，它们会暂时维持姿势一动不动。等到快要产仔时，它们会把身体向上抬，呈现马上要往下跳的姿势。然后，它们会将游泳足从岩石上向后伸出并开始游动。向上游 1 ~ 2 m 后，它们会停止游动，一边旋转身体一边产仔。产仔结束后，它们会缓缓回到海底。

在拍摄它们产仔时，红光潜水灯是非常重要的装备。如果你使用普通潜水灯，它们就会从岩石上下来，躲到岩石后面去。即使正在产仔，如果你打开普通潜水灯，它们就会停止产仔回到海底。红光潜水灯不仅适用于拍摄善泳蟳，还适用于拍摄其他蟹类以及龙虾等虾类，这是因为甲壳类动物对光十分敏感。深红光的潜水灯效果更好，浅红光或橘光效果则稍差。

潮流是影响善泳蟳产仔的重要因素。从过去的观察案例来看，多数情况下，它们会在潮流流向外海一侧时产仔，潮流停滞的话，它们则会等待潮流再一次流动才开始产仔。观察者可以通过观察水中漂浮物的流动方向来确定潮流的流动方向。

上图：抱卵的雌蟹。日落后雌蟹会从岩石后面出来，前往适合产仔的地点。

左页图：交配的场景。雄蟹（上）好像抱着雌蟹（下）一般，它们面对面交配。

在岩石顶附近，雌蟹好像马上要游起来一般抬起身体，然后一口气向着斜上方游去。

游起来的雌蟹。它会暂时保持这种状态在水体中层游动一段时间，然后产仔。善泳蟳对光非常敏感，如果用普通潜水灯照射，它们就会不产仔直接回到海底。

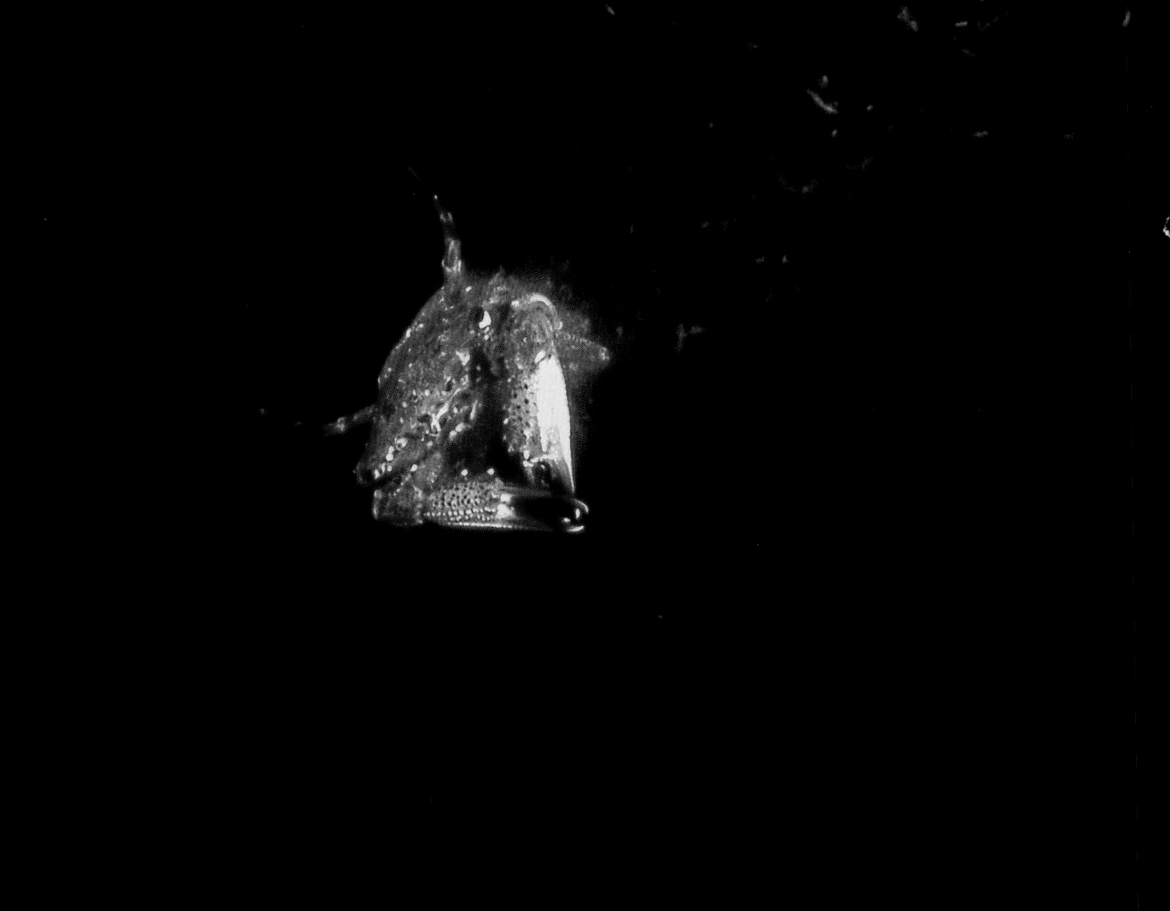

雌蟹在水体中层像画圈一样开始缓慢游动并快速产仔。

观察日记

2004.5.29	大濑崎的湾内中央　-6 m　水温 20 ℃　20:10 左右，我在海底陡坡下部的岩石顶上发现了一个身体向上抬起的抱卵的个体。我没用潜水灯直射它，而是在较暗的光线下开始观察。20:15 左右，我正在调整相机曝光度时，它突然从岩石的顶部以较快的速度游动起来并开始产仔。此时潮流正在向洋面一侧流动。
2004.6.19	大濑崎的湾内中央　-6 m　水温 21 ℃　20:00 左右，我在海底陡坡下部的岩石上发现了一个抬起身体的个体。观察时我使用的是红光潜水灯，但途中为了拍摄，我用普通潜水灯照了一下，它马上就躲到岩石后面去了。它从小的岩石上爬上爬下数次，20:15 开始向大岩石爬去。在岩石顶附近停下来后，它将足脚伸出，把身体抬了起来，然后将游泳足向后方伸出。20:20，它从岩石上下来向上游去，游了大概 1 m 后停止，然后仿佛在画圈一样开始缓缓游动并快速产仔。产仔后它缓缓返回海底。接着我又发现了另一个个体，20:40 和 20:50 它游动了两次，不过在我打开拍摄用潜水灯时，它就停止游动回到海底去了。

“活化石”的新颖产卵行为

中国鲎

中国鲎作为“活化石”被人熟知。海岸环境的恶化导致它们的个体数量显著减少，不过在日本濑户内海的广岛县和山口县沿岸、北九州等地区，依旧可以观察到它们的产卵行为。中国鲎多在海浪平静的内湾（水深在数十厘米到 2m 左右）寻找水质较好、沙砾较为粗糙的沙地产卵。中国鲎的产卵高峰期为 6 月至 8 月，产卵多集中在 7 月。它们只在满潮时产卵，并且白天和晚上都会产卵。不过根据我的观察，还是在晚上产卵的更多一些。

产卵时，两只中国鲎首尾相连，仿佛推土机一样，一边缓缓前进，一边将身体一点点埋进沙里，然后在沙中产下数百粒卵。之后再次边前进边产卵，如此反复。此时会有被称为“产卵气泡”的泡泡产生，因此即使水下能见度不高，无法在水中观察的时候，在陆地上也很容易辨认。到了晚秋时节就可以看见小小的稚中国鲎。中国鲎数量已显著减少，在日本的大多数地区都被指定为保护动物，因此最好跟当地政务部门确认后再去观察。

中国鲎在浅滩产卵。

中国鲎在产卵时会放出“产卵气泡”。

两只中国鲎首尾相连将身体埋到沙里产卵。（这一页的 3 张照片均摄于佐贺县伊万里市）

繁殖时间一览表
（表中的时间为适宜进行繁殖生态观察的时间）

1月

物种	时间
白带高鳍虾虎鱼（求爱、产卵）	白天
长枪乌贼（交配、产卵）	日落后
豹纹蛸（交配）	白天
带斑鳚杜父鱼（产卵）	白天
东京乌贼（产卵）	白天
褐菖鲉（产仔）	日落后
黑尾史氏三鳍鳚	白天（上午更活跃）
金乌贼（交配、产卵）	白天
鲈形鳚杜父鱼（交配、产卵）	白天
平鲉（产仔）	日落后
平鲉（交配）	日落后
相模虾虎鱼（求爱、产卵）	白天
远东拟隆头鱼	白天

2月

物种	时间
白带高鳍虾虎鱼（求爱、产卵）	白天
长枪乌贼（交配、产卵）	日落后
带斑鳚杜父鱼（产卵）	白天
东京乌贼（产卵）	白天
褐菖鲉（产仔）	日落后
黑尾史氏三鳍鳚	白天（上午更活跃）
金乌贼（交配、产卵）	白天
平鲉（产仔）	日落后
柔毛寄居蟹（产仔）	日落后
相模虾虎鱼（求爱、产卵）	白天

3月

物种	时间
白斑乌贼（交配、产卵）	白天
长枪乌贼（交配、产卵）	日落后
东京乌贼（产卵）	白天
黑尾史氏三鳍鳚	白天（上午更活跃）
金乌贼（交配、产卵）	白天
木叶鲽	下午
平鲉（产仔）	日落后
日本红娘鱼	不确定（应该是日落前后）
相模虾虎鱼（求爱、产卵）	白天

4月

物种	时间
白斑乌贼（交配、产卵）	白天
黑刺鲷	下午
黑尾史氏三鳍鳚	白天（上午更活跃）
金乌贼（求爱、产卵）	白天
日本无针乌贼（求爱、产卵）	白天

5月

物种	时间
大弹涂鱼	干潮时的白天
饭岛氏新连鳍䲗	17:00 至日落
绯䲗	16:30 至日落
黑斑绯鲤	日落后
黑刺鲷	下午
红鳍拟鳞鲉	日落后
莱氏拟乌贼（交配、产卵）	白天（黎明和下午不活跃）
美肩鳃鳚	白天（上午更活跃）
美拟鲈	早晨
日本美尾䲗	下午
丝背细鳞鲀	白天
小口鲉	不确定（应该是日落后）
长鳍高体盔鱼	15:00 后
长踦无毛蛛蟹（交配）	白天
壮体小绵鳚	白天

6月

物种	时间
Aseraggodes sp.（一种栉鳞鳎）	日落后
白斑乌贼（交配，产卵）	白天
背斑拟鲈	下午至日落
侧带拟花鮨	白天
长鳍高体盔鱼	15:00 至日落
大弹涂鱼	干潮时的白天
稻氏鹦天竺鲷（产卵、产仔）	日落后

杜父拟鲉　日落后
短蛸（交配）　下午至日落后
短头跳岩鳚　白天
饭岛氏新连鳍䲗　17:00 至日落
冠海马　早晨至上午产卵，早晨产仔
黑斑绯鲤　日落后
红斑狗母鱼　日落后
红鳍拟鳞鲉　日落后
虎斑乌贼　白天
黄带鹦天竺鲷　下午产卵，日落后产仔
金黄突额隆头鱼　白天
锯齿鳞鲉　日落后
莱氏拟乌贼（交配、产卵）　白天（早晨、下午不活跃）
裂唇鱼　白天
美肩鳃鳚　白天（上午更活跃）
美拟鲈　早晨
魔拟鲉　日落后
拟目乌贼　白天
日本绯鲤　日落后
日本鳗鲇　白天
日本美尾䲗　17:00 至日落
筛口双线鳚　白天（上午更活跃）
善泳蛲　日落后产仔
双点鹦竺鲷（产卵）　白天
水纹扁背鲀　白天（上午至中午）
丝背细鳞鲀　上午较多
苔海马　早晨至上午产卵，早晨产仔
西里伯斯鲉鲉　日落后
细棘海猪鱼　白天
星点多纪鲀　大潮满潮时的下午
须拟鲉　日落后
烟色光鳃鱼　白天
鲉　不确定（应该是下午至日落后）
中间角鲆　下午至日落后
壮体小绵鳚　白天

7月

Aseraggodes sp.（一种栉鳞鳎）　日落后
半线鹦天竺鲷（产卵）　日落后
背斑拟鲈　下午至日落
侧带拟花鮨　白天
长鳍高体盔鱼　15:00 至日落
条纹躄鱼　日落后
丁氏丝隆头鱼　15:00 至日落
短蛸（交配）　下午至日落后
短身裸叶虾虎鱼（产卵）　白天
短头跳岩鳚　白天
饭岛氏新连鳍䲗　17:00 至日落
福氏角箱鲀　下午
冠海马　早晨至上午产卵，早晨产仔
黑斑绯鲤　日落后
红螯螳臂蟹（产仔）　大潮满潮的日落时
花斑短鳍蓑鲉　日落后
红斑狗母鱼　日落后
红鳍拟鳞鲉　日落后
环纹蓑鲉　下午至日落
黄带鹦天竺鲷　下午产卵，日落后产仔
金黄突额隆头鱼　白天
克氏双锯鱼　白天
宽海蛾鱼　不确定（应该是 15:00 至日落）
莱氏拟乌贼（交配、产卵）　白天（早晨、下午不活跃）
裂唇鱼　白天
美拟鲈　早晨
魔拟鲉　日落后
霓虹雀鲷　白天
钱斑躄鱼　日落后
日本绯鲤　日落后
日本副单角鲀　白天
日本鳗鲇　白天
日本美尾䲗　17:00 至日落
筛口双线鳚　白天（上午更活跃）
少鳞鱚　不确定（应该是日落后）

双点鹦竺鲷（产卵）	白天
水纹扁背鲀	上午至中午
丝背细鳞鲀	上午更活跃
丝尾鳍塘鳢	不确定
苔海马	早晨至上午产卵，早晨产仔
伟鳞短额鲆	下午至日落后
西里伯斯缢鳚	日落后
细棘海猪鱼	下午至日落
星点多纪鲀	大潮满潮的日落时
烟色光鳃鱼	白天
异尾拟蓑鲉	下午至日落后
鲬	不确定（应该在下午至日落后）
中国鲎（产卵）	大潮满潮时
中华蛸（交配）	下午至日落后
中间角鲆	下午至日落后

8月

Aseraggodes sp.（一种栉鳞鳎）	日落后
暗纹动齿鳚	白天
白尾光鳃鱼	白天
半线鹦天竺鲷（产卵）	日落后
背斑拟鲈	下午至日落
侧带拟花鮨	白天
长鳍高体盔鱼	14:30 至日落
粗皮鲀	上午
条纹躄鱼	日落后
丁氏丝隆头鱼	14:30 至日落
杜父拟鲉	日落后
短蛸（交配）	下午至日落
短身裸叶虾虎鱼（产卵）	白天
短头跳岩鳚	白天
饭岛氏新连鳍䲗	16:30 至日落
福氏角箱鲀	下午
冠海马	早晨至上午产卵，早晨产仔
红螯螳臂蟹（产仔）	大潮满潮的日落时
红斑狗母鱼	日落后
红鳍冠海龙	早晨
红鳍拟鳞鲉	日落后
花斑短鳍蓑鲉	日落后
黄带鹦天竺鲷	下午产卵，日落后产仔
肩斑狗母鱼	日落后
克氏双锯鱼	白天
棱须蓑鲉	下午至日落后
裂唇鱼	11:30 至 12:30
龙虾（交配、产卵）	日落后
美肩鳃鳚	白天（上午会更活跃）
魔拟鲉	日落后
霓虹雀鲷	白天
钱斑躄鱼	日落后
日本副单角鲀	白天
日本美尾䲗	16:30 至日落
蠕纹裸胸鳝	不确定（应该是下午至日落后）
筛口双线鳚	白天（上午更活跃）
少鳞鱚	不确定（应该是日落后）
双点鹦竺鲷（产卵）	白天
水纹扁背鲀	上午至中午
丝背细鳞鲀	上午较多
苔海马	早晨至上午产卵，早晨产仔
弹涂鱼	白天
尾斑光鳃鱼	白天
伟鳞短额鲆	下午至日落后
细棘海猪鱼	下午至日落
细吻剃刀鱼	白天产卵，早晨孵化
星点多纪鲀	大潮满潮的日落时
须拟鲉	日落后
烟色光鳃鱼	白天
鲬	不确定（应该是下午至日落后）
中国鲎（产卵）	大潮满潮时
中华蛸（交配）	白天至日落

9月

白尾光鳃鱼	白天
侧带拟花鮨	白天
丁氏丝隆头鱼	14:30 至 16:00
短蛸（交配）	下午至日落后
红鳍冠海龙	早晨

莱氏拟乌贼（当年气候会带来改变）	白天 （早晨、下午都不会产卵）
棱须蓑鲉	不确定（应该是下午）
铃木氏暗澳鮨	15:00 至日落
魔拟鲉	日落后的 19:30 至 20:30
日本美尾鮗	16:00 至日落前
蠕纹裸胸鳝	不确定（应该是下午至日落后）
少鳞鱚	不确定（应该是在日落后）
蛇首高鳍虾虎鱼	白天
双斑尖唇鱼	白天
丝鳍拟花鮨	16:00 至日落
尾斑光鳃鱼	白天
西氏拟隆头鱼	白天
细棘海猪鱼	白天至日落
细吻剃刀鱼	白天产卵，早晨孵化
远东拟隆头鱼	白天
珠樱鮨	16:00 至日落

10 月

白尾光鳃鱼	白天
鲍氏腹瓢虾虎鱼	白天
带斑鳚杜父鱼（交配）	白天
褐菖鲉（交配）	16:00 至日落
红鳍冠海龙	早晨
环带锦鱼	白天
铃木氏暗澳鮨	15:00 至日落
米氏腹瓢虾虎鱼	白天
平鲉（求爱）	白天
日本美尾鮗	16:00 至日落 （10 月为其产卵期终期）
蠕纹裸胸鳝	不确定（应该是下午至日落后）
双斑尖唇鱼	白天
丝鳍拟花鮨	15:00 至日落
西氏拟隆头鱼	白天
细吻剃刀鱼	白天产卵，早晨孵化
新月锦鱼	白天
远东拟隆头鱼	白天
珠樱鮨	下午至日落

11 月

鲍氏腹瓢虾虎鱼	白天
带斑鳚杜父鱼	白天
褐菖鲉（交配）	16:00 至日落 （但在 11 月中旬之后没有观察案例）
红带拟花鮨	不确定（应该是下午）
环带锦鱼	白天
平鲉（求爱）	白天
双斑尖唇鱼	白天
丝鳍拟花鮨	15:00 至下午 （11 月中下旬是 14:00 至 15:30）
西氏拟隆头鱼	白天
新月锦鱼	白天 （11 月中旬之后没有观察案例）
亚细腕乌贼（求爱）	白天
远东拟隆头鱼	白天
珠樱鮨	下午至日落 （11 月中下旬是上午至 15：00）

12 月

豹纹蛸（交配）	白天
长枪乌贼（交配、产卵）	日落后
带斑鳚杜父鱼（交配、产卵）	白天
褐菖鲉（产仔）	日落后
黑尾史氏三鳍鳚	白天
平鲉（求爱）	白天
丝鳍拟花鮨	14:00 至 16:00
西氏拟隆头鱼	白天
远东拟隆头鱼	白天

致谢

在本书收录的观察记录中，即使是十分微小的信息也能成为生态观察的线索，很多情况下，这些线索对我们探索海洋生物的繁殖生态至关重要。

在和专家、前辈以及我无可替代的朋友们交流的过程中，我获得了很多用以解开生态谜题的线索以及摄影的灵感，这为我提供了精神上的支持。谢谢他们，如果没有他们，我一个人是不可能坚持到现在的。

活跃在日本的大濑崎以及全国各地的潜导们的观察力令我十分震惊，他们简直就是海上的夏尔巴人，他们的工作让我深受感动。如果没有他们，我的摄影工作是无法顺利进行的。在此向他们致以诚挚的谢意。

在学习生态观察和摄影的过程中，我成了益田一老师（已故）的门生，他给了我非常多的建议和帮助。摄影师中村宏治先生让我知道了深度思考在生态摄影中的重要性。对于让我认识到了摄影的深奥、困难和乐趣的前辈摄影师吉野雄辅先生，我的感谢无以言表。此外，我要向我的好朋友，同时也是我的合作者、优秀的潜水员樱井季己表示感谢，他尽心尽力整理了本书中生态观察的数据，使它们变得清晰明了。最后，我要向编辑安延尚文先生表示衷心的感谢，是他将我拙劣的文章、观察日记以及全部内容整理成书的。

阿部秀树

作者

阿部秀树

水下摄影师，1957 年出生于日本神奈川县，毕业于日本立正大学文学部。在以海洋为游乐园的环境中长大，22 岁开始潜水。曾在众多摄影大赛中获奖，之后成为独立摄影师。擅长以水中生物的繁殖行为、夜晚的海洋、浮游生物和水中的四季为主题进行拍摄，拍摄的头足类摄影作品获得了国际广泛好评。目前在与多国研究者合作。出版了多部海洋生物科普作品，其中已被译成中文出版的有《浮游：幽暗海洋中的奇幻生命》。还为杂志、图鉴、专著和报纸供图，参与电影、科普主题的电视节目的拍摄。

编辑

安延尚文

自由撰稿人，出生于日本神奈川县。曾任理科类图书编辑，后成为独立出版人。主要出版以自然科学、户外活动为主题的图书，其中有很多图鉴类作品。还参与杂志报道的撰写与编辑工作。

照片协助者

赤堀智树、樱井季己、中村宏治

器材协助者

Fisheye（株式会社フィッシュアイ）、INON（有限会社イノン）、SEA & SEA（株式会社 シーアンドシー・サンパック）、TUSA（株式会社タバタ）、ZERO（株式会社ゼロ）、Fourth Element Japan、有限会社アンティス、RGBlue（株式会社エーオーアイ・ジャパン）、 JUNON

摄影协助者（当地潜点、团体）

知床ダイビング企画（北海道罗臼）、幌武意アクアキャット（北海道积丹半岛）、葉山 NANA（神奈川县叶山町）、川奈日和（静冈县川奈）、獅子浜シーマンズ（静冈县沼津市）、大瀬館マリンサービス（静冈县大濑崎）、シーキング（静冈县大濑崎）、はまゆうマリンサービス（静冈县大濑崎）、はごろもマリンサービス（静冈县大濑崎）、井田ダイビングセンター（静冈县井田）、三保アイアン（静冈县三保）、佐渡ダイビングセンター（新潟县佐渡岛）、能登島ダイビングリゾート（石川县能登岛）、日高ダイビングセンター（和歌山县日高町）、須江ダイビングセンター（和歌山县须江）、アクアス（高知县大月町柏岛）、シーアゲイン（山口县山口市）、むがむがダイビング（鹿儿岛县冲永良部岛）、ダイブ・エステバン（冲绳县久米岛）、ダイブサービス YANO（冲绳县西表岛）、いとう漁業協同組合 川奈支所、内浦漁業協同組合、大瀬海浜商業組合、小網代の森と 干潟を守る会、NPO 法人小網代野外活動調整会議、長谷川造船所

著作权合同登记号　图字：01-2022-0028

图书在版编目（CIP）数据

海面下的性与爱：从求爱到离别的自然观察手记 /（日）阿部秀树著；马琳译. —北京：北京科学技术出版社，2023.8
ISBN 978-7-5714-2580-7

Ⅰ. ①海… Ⅱ. ①阿… ②马… Ⅲ. ①海洋生物－繁殖－科普读物 Ⅳ. ① Q178.53-49

中国版本图书馆 CIP 数据核字（2022）第 172312 号

策划编辑： 岳敏琛
责任编辑： 汪　昕
责任校对： 贾　荣
封面设计： 异一设计
图文制作： 天露霖文化
责任印制： 张　宇
出 版 人： 曾庆宇
出版发行： 北京科学技术出版社
社　　址： 北京西直门南大街16号
邮政编码： 100035
电　　话： 0086-10-66135495（总编室）　0086-10-66113227（发行部）
网　　址： www.bkydw.cn
印　　刷： 北京捷迅佳彩印刷有限公司
开　　本： 710 mm × 1000 mm　1/16
字　　数： 303千字
印　　张： 18
版　　次： 2023年8月第1版
印　　次： 2023年8月第1次印刷
ISBN 978-7-5714-2580-7

定　　价： 196.00元